AF357655

ÉLÉMENS

DE

CHYMIE-PRATIQUE.

TOME PREMIER.

ÉLÉMENS

DE
CHYMIE-PRATIQUE,

CONTENANT

La Defcription des Opérations fondamentales de la Chymie, avec des Explications & des Remarques fur chaque Opération.

Par M. MACQUER, de l'Académie Royale des Sciences, & Docteur-Régent de la Faculté de Médecine en l'Univerfité de Paris.

SECONDE EDITION,
revûe & corrigée.

TOME PREMIER.

A PARIS,

Chez JEAN-THOMAS HÉRISSANT, rue Saint Jacques, à S. Paul & à S. Hilaire.

M. DCC. LVI.

Avec Approbations & Privilége du Roi.

AVANT-PROPOS.

LEs Elémens de Chymie-théorique, que j'ai donnés au Public, étant deſtinés à être lus par des perſonnes auſquelles je ne ſuppoſois aucune connoiſſance de la Chymie, ne devoient contenir que des principes fondamentaux, préſentés de maniere qu'on paſſât toujours du ſimple au compoſé, du connu à l'inconnu ; il ne convenoit pas par cette raiſon d'obſerver dans ce Livre l'ordre ordinaire de l'Analyſe chymique, qui n'eſt pas ſuſceptible de cette méthode. J'ai donc ſuppoſé toutes les analyſes faites, & les corps réduits à leurs principes les plus ſimples, afin qu'après avoir reconnu les principales propriétés de ces premiers Elémens, on pût les fuivre dans leurs différentes combinaifons , & avoir en quelque forte des connoiffances préliminaires fur celles des compofés qui réfultent de leurs unions.

Il n'en eft pas de même de l'Ouvrage que je préfente aujourd'hui au Public : c'eft un Livre de pratique, qui doit contenir la maniere de faire les principales opérations chymiques ; celles qui fervent de modèle à toutes les autres , & qui font les preuves des vérités fondamentales énoncées dans la théorie.

Prefque toutes ces opérations étant des analyfes & des décompofitions, il n'y avoit point à balancer fur l'ordre qu'il falloit obferver : il eft évident que c'eft celui de l'analyfe même.

Mais tous les corps qui peuvent être le fujet des opérations chymiques, étant naturellement divifés en trois claffes ou regnes, le minéral, le végétal, & l'animal, il réfulte auffi de-là trois divifions naturelles dans l'analyfe ; & elle devient fufceptible de quelques différences par rapport à la maniere dont elle doit être diftribuée.

Les raifons qui peuvent déterminer à commencer par un regne plutôt que par l'autre, n'ayant pas été bien difcutées, & pouvant fe contrebalancer réciproquement, quand elles font envifagées dans un certain fens, les Auteurs qui ont donné des Traités de Chymie, penfent différemment les uns des autres fur cet article. Pour moi, fans entrer dans la difcuffion des motifs qui ont pû déterminer ceux qui ont fuivi un ordre différent de celui que j'obferve, je me contente d'expofer les raifons qui m'ont engagé à commencer par le regne minéral, à lui faire fuccéder le végétal, & à finir par l'animal. Les voici.

La premiere, c'eſt que les végétaux tirant leur nourriture des minéraux, & les animaux tirant la leur des végétaux, les corps qui compoſent ces trois regnes paroiſſent produits les uns des autres par une eſpece de filiation qui leur aſſigne un rang naturel.

La ſeconde, c'eſt que cette diſpoſition procure l'avantage de ſuivre les principes depuis leur ſource, qui eſt le regne minéral, juſque dans les dernieres combinaiſons où ils peuvent entrer, c'eſtà-dire, dans les matieres animales, & de remarquer les altérations qu'ils éprouvent ſucceſſivement en paſſant d'un regne dans un autre.

La troiſieme enfin, c'eſt que je regarde l'analyſe des minéraux comme étant la plus facile de toutes, tant parcequ'ils ſont compoſés

de moins de principes que les végétaux & les animaux ; que parcequ'ils peuvent prefque tous éprouver l'action du feu le plus violent ,
quand cela eft néceffaire pour les
décompofer, fans que les principes
qu'on en retire foient altérés &
changés confidérablement, comme cela arrive fouvent à ceux des
autres fubftances.

Au refte, je ne fuis pas le feul
qui ai diftribué de la forte les trois
regnes des corps fujets à l'analyfe
chymique : cette difpofition étant
la plus naturelle, a été fuivie par
plufieurs de ceux qui ont donné
des Traités de Chymie ; on peut
même dire, par le plus grand nombre. Mais il y a quelque chofe qui
m'eft particulier dans la maniere
dont eft traitée l'analyfe de chaque regne. On trouvera, par exemple, dans le regne minéral un affez
grand nombre d'opérations , qui
ne font pas dans les autres Traités

a iij

de Chymie, parcequ'apparemment on les a regardées comme inutiles ou étrangeres en quelque forte à des livres élémentaires, & comme faifant enfemble un art particulier. Je veux parler des procédés par lefquels on retire les fubftances falines & métalliques des minéraux qui les contiennent.

Cependant fi l'on confidere que les Sels, les Métaux, & demi-Métaux font bien éloignés de nous être préfentés par la Nature dans l'état de perfection, & le degré de pureté où on les fuppofe ordinairement quand on commence à en parler dans les Traités de Chymie, & qu'au contraire ces fubftances font originairement confondues les unes avec les autres, & altérées par le mêlange de matieres hétérogènes avec lefquelles elles forment des minéraux compofés; on conviendra, je crois, que les opérations par lefquelles on dé-

compofe ces minéraux pour en féparer les Métaux, demi-Métaux,
& autres fubftances plus fimples,
étant fondées d'ailleurs fur les propriétés les plus intéreffantes de
ces fubftances, bien loin d'être
inutiles ou étrangeres à un Traité
élémentaire, y font au contraire
abfolument effentielles.

Il m'a paru, après avoir fait ces
réflexions, qu'une analyfe minérale dans laquelle on traiteroit des
fubftances falines & métalliques,
fans rien dire de la maniere dont
il faut analyfer leurs mines pour
les en retirer, ne feroit pas moins
défectueufe qu'un Traité qu'on
donneroit pour une analyfe végé-
tale, & dans lequel on parleroit
des Huiles, des Sels effentiels, des
Alkalis fixes & volatils ; fans rien
dire de la maniere d'analyfer les
plantes dont font tirées toutes ces
fubftances. Je me fuis donc cru
indifpenfablement obligé de dé-

crire la maniere de décompofer chaque mine ou minéral, avant de parler de la fubftance faline ou métallique qui lui doit fon origine.

L'Acide vitriolique, par exemple, dont je parle d'abord dans mon analyfe minérale, étant originairement contenu dans le Vitriol, le Soufre & l'Alun; & ces fubftances devant elles-mêmes leur origine aux pyrites fulphureufes & ferrugineufes, les premieres opérations, dont je fais mention au fujet de cet article, font les procédés par lefquels on décompofe les pyrites pour en retirer le Vitriol, le Soufre & l'Alun. Je paffe enfuite à l'analyfe particuliere de chacune de ces fubftances, pour en féparer l'Acide vitriolique : après quoi je rapporte fuivant leur ordre les autres opérations qu'on fait ordinairement fur cet Acide. On voit par-là que cette fubftance faline occafionne la defcription de l'analyse des pyrites , du Vitriol , du Soufre & de l'Alun. Tout le reste du Traité des minéraux est suivi sur le même plan.

Les opérations par lesquelles on décompose les mines & minéraux , sont de deux sortes : celles qui servent aux travaux en grand , & celles par lesquelles on essaie en petit ce que peut produire chaque mine. Ces deux sortes d'opérations different quelquefois un peu les unes des autres ; mais dans le fond elles sont les mêmes , parcequ'elles sont fondées sur les mêmes principes, & qu'elles ont les mêmes résultats.

Comme j'ai eu principalement intention de décrire les procédés qui peuvent se pratiquer commodément dans les Laboratoires , j'ai choisi ceux des essais en petit , dans lesquels il y a d'ailleurs ordinairement plus de précision & d'exactitude , que dans ceux des

travaux en grand ; & je dois avertir ici, que j'ai tiré de la *Docimafie*
ou de l'Art des Effais de M. Cramer, toutes les opérations de cette
efpece qui font dans mon analyfe
minérale. L'Ouvrage que M. Hellot a publié depuis peu fur la même
matiere, n'ayant paru que depuis
que j'ai eu achevé celui-ci, la Docimafie de M. Cramer, qui joint
à une théorie très-faine une pratique fort exacte, étoit le meilleur
Livre de cette efpece que je puffe
confulter alors. Ainfi je l'ai pré-
féré à tous les autres ; & comme
je ne l'ai pas cité dans le Traité
des Minéraux, attendu que les citations auroient été trop fréquen-
tes, ce que j'en dis ici doit fervir
de citation générale. J'ai nommé
avec exactitude, toutes les fois que
l'occafion s'en eft préfentée, les autres Auteurs dont j'ai tiré quelques
procédés : c'eft un tribut qu'il eft
bien jufte de payer à ceux qui ont

fait part de leurs découvertes au Public.

Quoique j'annonce ici qu'on trouvera dans mon analyse minérale les procédés pour retirer de chaque mine les substances salines ou métalliques qu'elle contient, cela ne doit pas faire regarder ce Livre comme renfermant tout ce qui est nécessaire pour mettre ceux qui le liront en état de reconnoître par un essai exact ce que contient chaque minéral : mon intention n'a point été de donner un Traité de *Docimasie* ; ainsi je n'en ai pris que ce qui étoit absolument nécessaire pour faire bien entendre l'analyse minérale, & la rendre aussi complete qu'elle le doit être dans un Traité élémentaire. Je n'ai donc décrit que les principales opérations de cette espece ; celles qui font fondamentales, & qui, comme je l'ai déja dit, doivent servir de modele pour les autres,

& j'ai fupprimé tous les détails ac-
ceſſoires ; qui ne ſont néceſſaires
que pour l'art des eſſais proprement dit.

Ainſi les perſonnes qui voudront
acquérir ſur cet art toutes les con-
noiſſances convenables , doivent
avoir recours aux Ouvrages qui
traitent ſpécialement de cette matiere , & particulierement à celui
qu'a publié M. Hellot : Ouvrage
dont on ſent d'autant mieux le mérite , qu'on eſt plus initié dans la
Chymie, & qui enrichi d'un grand
nombre d'obſervations & de découvertes par ce ſçavant Chymiſte , remplit ſon objet de maniere
qu'il ne laiſſe rien à defirer. Voilà
les avertiſſemens que j'ai cru convenables au ſujet de mon analyſe
des minéraux ; quant à celle des
végétaux & des animaux, je m'en
vais en expoſer le plan très-ſom-
mairement.

Toutes les matieres végétales

étant fufceptibles de fermentation, & fourniffant dans leur analyfe, lorfqu'elles font fermentées,
des principes différens de ceux
qu'on en retire lorfqu'elles ne le
font pas, je les ai divifées en deux
claffes, dont la premiere renferme
les végétaux dans leur état naturel, & qui n'ont pas éprouvé de
fermentation ; & la feconde, ceux
qui ont fermenté. Les procédés,
par lefquels on retire des végétaux
tous les principes qu'on en peut
extraire fans le fecours du feu,
commencent cette analyfe ; la fuite amene les opérations par lefquelles on décompofe les plantes
à l'aide d'une chaleur graduée,
depuis la plus douce jufqu'à la
plus violente, tant dans les vaiffeaux fermés, qu'à l'air libre.

Je n'ai pas fait la même divi-
fion dans le regne animal, parceque les fubftances qui le compo-
fent ne font fufceptibles que du

dernier degré de la fermentation, ou de la putréfaction, & que d'ailleurs les principes qu'elles fourniſſent étant putréfiés, ou ne l'étant pas, ſont les mêmes, & ne varient que par rapport à leurs proportions, & à l'ordre dans lequel ils ſe dégagent pendant l'analyſe.

J'ai commencé cette analyſe par l'examen du lait des animaux qui ne ſe nourriſſent que de végétaux, parceque cette ſubſtance, quoique travaillée dans le corps de l'animal, & rapprochée par-là de la nature des matieres animales, reſſemble cependant encore beaucoup aux végétaux auſquels elle doit ſon origine, & qu'elle eſt comme moyenne entre le végétal & l'animal. De-là je paſſe à l'analyſe des matieres animales proprement dites, de celles qui font partie du corps de l'animal même. Vient enſuite l'examen des ſubſtances rejettées hors du corps de l'animal, comme fuperflues & inutiles. Enfin cette derniere partie eft terminée par les opérations qui fe font fur l'Alkali volatil : fubftance faline, qui joue un des principaux rôles dans les analyfes des matieres animales.

Quoique dans l'idée générale que je viens de donner de l'ordre que j'ai obfervé dans ce Traité de Chymie - pratique , je n'aie fait mention que des procédés fervant aux analyfes, ce n'eft pas pour cela la feule efpece d'opérations que j'y ai fait entrer. Ce Livre feroit fort défectueux , s'il n'en contenoit point d'autres ; car l'objet de la Chymie n'eft pas feulement de faire l'analyfe des mixtes que nous offre la Nature, pour en retirer les fubftances plus fimples dont ils font compofés ; mais encore de reconnoître par plufieurs expériences les propriétés de ces fubftances-principes , & de les recom

biner de diverſes manieres , enſemble , ou avec d'autres corps ,
pour faire reparoître les premiers
mixtes avec toutes leurs propriétés ,
ou même en former de nouveaux ,
dont la Nature ne nous a pas donné de modele. On trouvera donc
dans ce Livre , non-ſeulement des
procédés pour réſoudre & décompoſer , mais encore ceux qui ſervent à combiner & recompoſer. Je
les ai placés à la ſuite des analyſes ,
en obſervant , autant qu'il m'a été
poſſible , qu'ils n'en interrompiſ-
ſent point l'ordre , & n'empêchaſ-
ſent point d'en ſuivre l'enchaîne-
ment.

Quant à la maniere dont cet Ouvrage eſt exécuté , mon intention
principale a été de le rendre en
même temps le plus court & le plus
inſtructif qu'il m'étoit poſſible.
Pour y parvenir je me ſuis fait une
loi de n'y rien inſérer , que ce que
j'ai cru être abſolument néceſſaire;

j'en ai éloigné fur-tout, comme chofes abfolument inutiles, toute efpece de critique & de difcuffions littéraires, par le moyen defquelles on parvient très-facilement à faire des livres ordinairement d'autant moins inftructifs, qu'ils font plus gros & plus volumineux.

En effet, ou bien ces critiques ont pour objet de vieilles erreurs entierement tombées dans le difcrédit, & dont tout le monde eft revenu, & alors il eft évident que c'eft faire perdre le temps aux Lecteurs, & abufer de leur patience, que d'employer les trois quarts d'un livre à réfuter ce que perfonne ne croit, fur-tout fi l'on a choifi pour cela un plan qu'on ne puiffe remplir fans répéter continuellement la même chofe.

Ou bien ces mêmes critiques tombent fur quelques opinions d'Auteurs modernes, que l'on croit être des erreurs, parcequ'el-

Tome I.

les ne font pas conformes aux fentimens que l'on a adoptés , & dans
ce cas il fuffit d'expofer clairement
& fuccinctement ce qui paroît con-
forme à la vérité , fans faire aucune
mention des fentimens contraires ,
on abrege de moitié par cette méthode , & l'on évite des difcuffions
auffi ennuyeufes qu'inutiles au Public , qui fçait très-bien donner la
préférence au fentiment le mieux
fondé.

On fe procure encore par ce
moyen un autre avantage très-pré-
cieux pour quiconque a de la déli-
cateffe dans les fentimens , c'eft de
pouvoir dire tout ce qu'on juge à
propos , fans y rien mêler de defo-
bligeant pour aucun des Auteurs
qui ont précédé , aufquels on doit
fçavoir gré au moins de leur bonne intention , & pour lefquels il eft
décent d'avoir toutes fortes d'é-
gards.

Je conviens néanmoins qu'il y
a des cas où l'on peut faire apper-

cevoir quelques fautes , dont les meilleurs ouvrages ne peuvent jamais être entierement exempts ; mais ce font-là de ces occafions délicates , où un Ecrivain qui veut conferver l'eftime des honnêtes-gens , doit mefurer fes expreffions de maniere que l'intérêt feul de la vérité paroiffe l'animer ; il doit alors s'interdire avec une févérité rigoureufe tout ce qui n'eft pas d'une néceffité indifpenfable pour faire connoître le vrai , & s'abftenir fur-tout de ces odieufes façons de s'exprimer , qui ne peuvent avoir d'autre but que la fatyre , & d'autre motif que celui de fatisfaire une baffe jaloufie , ou quelque autre paffion auffi honteufe. Quant à moi , (à moins que ce ne fût par repréfailles & dans le cas d'une jufte & légitime défenfe) je me croirois couvert d'un opprobre ineffaçable , fi l'on pouvoit inférer de mes Ecrits , que j'aie cherché à donner la moindre atteinte à la ré-

putation littéraire de qui que ce
soit, uniquement pour le lâche &
infâme plaisir de faire du mal à qui
ne m'en a jamais fait.

Les vertus des médicamens sont
encore un objet sur lequel j'ai cru
ne devoir parler qu'avec une extrême réserve, parceque je suis
persuadé que nous sommes encore
bien éloignés d'avoir sur la nature
de nos liqueurs & sur l'action de
nos organes les connoissances né-
cessaires pour rien avancer de posi-
tif à ce sujet. Il n'en est pas de
notre estomach & des sucs qui servent à la digestion, comme des
vaisseaux & des dissolvans chymiques, & un Auteur qui avanceroit
hardiment que tel ou tel médica-
ment n'a aucune vertu, parcequ'é-
tant mis dans un matras il paroît
éluder l'action de l'eau-forte & de
l'huile de tartre, ne prouveroit
rien autre chose, sinon qu'il est
extrêmement neuf sur ces objets
de Médecine, & qu'il prononce

fur des chofes qu'il ignore ; l'accord unanime des Praticiens les plus confommés eft quant à préfent le grand oracle qu'un homme fenfé doive confulter fur cette matiere.

Je fuis malgré cela bien éloigné de penfer que la Chymie ne puiffe nous donner beaucoup de lumieres, tant fur plufieurs points très-effentiels de l'économie animale, que fur les propriétés fondamentales des médicamens les plus puiffans dont nous lui fommes redevables. Il feroit auffi injufte que déraifonnable de refufer cet avantage à une fcience qui nous a donné les Emétiques, le Kermès minéral, les différentes préparations de Mars, & de Mercure, & plufieurs autres remedes infiniment précieux par la certitude & l'efficacité admirables de leurs effets dans la guérifon des maladies les plus cruelles. Cette fcience nous fournit auffi les moyens d'aiguifer, d'adoucir & de

varier en mille manieres ces mêmes médicamens , pour les appro-
prier aux différens genres de maux
& de tempéramens , & en rendre l'ufage plus commode , plus sûr
& plus général. Mais je crois en
même tems que malgré ces avantages elle n'eft pas fuffifante pour
nous faire prononcer hardiment &
en dernier reffort fur les vertus des
médicamens ; qu'il faut qu'elle foit
fecondée en cela par l'obfervation
conftante de la Médécine-pratique
à laquelle même elle doit être fub-
ordonnée , & que fi fon flambeau
peut éclairer & guider les Médecins expérimentés & prudens , il
peut auffi égarer les novices incon-
fidérés & préfomptueux qui s'en
laiffent éblouir.

ECLAIRCISSEMENS

Sur quelques endroits de la Nouvelle Edition de la Chymie-pratique.

DEPUIS la publication de cet Ouvrage, deux Ecrivains ont jugé à propos de faire des remarques critiques fur quelques fautes qu'ils ont cru y appercevoir. Je penfe que fi en pareil cas le devoir d'un Auteur eft de profiter des obfervations qui lui paroiffent judicieufes, d'un autre côté il eft en droit de n'avoir aucun égard à celles qu'il croit être déplacées & mal fondées. Mais comme on ne doit pas être juge en fa propre caufe, il me paroît convenable d'expofer au Public les raifons qui m'ont engagé à négliger abfolument prefque toutes les obfervations de ces Cenfeurs. L'un des deux, qui ne s'eft point nommé, eft le Traducteur de la Docimafie de M. Cramer, & l'autre eft l'Éditeur de la Chymie de Lémery. A la vérité, celui-ci a orné de fon nom le frontifpice du Livre à l'édition duquel il a préfidé ; mais comme il s'eſt contenté de me déſigner par le titre d'Auteur des Elémens de Chymie théorique ou pratique, en s'abſtenant de me nommer, (ce que je dois regarder comme une attention, puiſqu'il n'a jamais parlé de moi qu'en mauvaiſe part) il eſt juſte d'avoir pour lui les mêmes égards ; je ne le déſignerai donc que par le titre d'Editeur de la Chymie de Lémery. Au reſte, ces deux Ecrivains me paroiſſant à peu près de même force, je commence par celui qui a paru le premier ſur les rangs; c'eſt le Traducteur de la Docimaſie de Cramer.

Après avoir fait l'énumération des endroits du premier Tome de ma Chymie-pratique, que j'ai tirés de la Docimaſie de M. Cramer, ce Critique ſe formaliſe de la conduite que j'ai tenue à cet égard, & me fait là-deſſus un reproche ſemblable à celui qu'on ſeroit en droit de faire à un vrai Plagiaire.

Autant ce reproche ſeroit convenable ſi j'en avois uſé de la ſorte ſans en prévenir mes Lecteurs, & ſans rendre à M. Cramer l'hommage qui lui eſt ſi légitimement dû dans cette occaſion ; autant il eſt indécent & déplacé après

ce

ce que j'en ai dit dans mon Avant-pro-
propos. Si l'on veut fe donner la peine de
lire cet endroit depuis la fin de la page v,
jufqu'au commencement de la page xiij,
dont le Traducteur s'eft bien donné de
garde de dire un feul mot, on y verra
les raifons qui m'ont engagé à emprun-
ter de M. Cramer les procédés qui de-
venoient néceffaires dans mon Livre
pour remplir le plan que je m'étois propofé; on y verra les juftes éloges que je
donne à cet illuftre Chymifte, éloges
que je répéte ici avec une complaifance
toujours mêlée de reconnoiffance; &
alors on pourra apprécier la conduite de
notre critique, & lui donner les qualifi-
cations qu'elle mérite.

REMARQUES

DU TRADUCTEUR DE LA DOCIMASIE
DE CRAMER.

» Il eft bon, dit-il, d'avertir ici qu'il
» ne faut pas imputer à M. Macquer la
» faute qui fe trouve, (*) 11. Proc. chap. 1.

(*) Je fubftitue les citations des Chapitres à la place
de celle des pages dont s'eft fervi le Traducteur; afin
qu'elles puiffent fe rapporter aux différentes éditions.
Tome I.

» feĉt. 1. de ſon premier Tome de Pra-
» tique, c'eſt cependant à quoi l'on ne
» manqueroit pas ſi l'on venoit à répé-
» ter l'expérience. C'eſt M. Cramer qui
» l'a induit en erreur en avançant que
» l'opération étoit finie en une heure ou
» une heure & demie, & à un feu mé-
» diocre; pendant que M. Rouelle qui l'a
» répétée pluſieurs fois, a toujours été
» obligé de donner un feu de la dernie-
» re violence, & de le pouſſer pendant
» douze ou quinze heures, & encore les
» Pyrites n'avoient-elles pas perdu tout
» leur ſoufre. Il eſt vrai qu'il y a des dif-
» férences dans les Pyrites; mais on ne
» diſtille pas à Paris les Pyrites de M.
» Cramer. »

REPONSE.

Il me ſemble qu'au lieu de prendre
dans cette Remarque un ton qui n'eſt
pas d'accord avec le reſte, le Tra-
duĉteur eût mieux fait de dire franche-
ment, pour mettre le tout à l'uniſſon,
que j'ai copié ſans diſcernement ce qu'il
y avoit de bon & de mauvais dans l'Auteur que j'ai conſulté; car voilà ce que
cela ſignifie en termes clairs: il eût encore beaucoup mieux fait de ne s'en

prendre

prendre qu'à moi feul, il auroit évité par-là l'indécence avec laquelle il impute très-injuftement une faute à ce fçavant homme, fi digne de toutes fortes d'égards. Mais puifque le reproche eft fait également à M. Cramer & à moi, je tiens à honneur de défendre une caufe qui m'eft commune avec cet illuftre Chymifte, pour lequel j'ai la plus grande eftime.

Il s'agit de retirer le foufre des Pyrites, ou d'autres minéraux qui en contiennent en grande quantité. Tous les Chymiftes fçavent, & M. Cramer finguliérement l'a dit dans plufieurs endroits de fon Ouvrage, que cette matiere eft infiniment moins adhérente dans certaines Pyrites que dans d'autres ; or comme le foufre eft une drogue du plus bas prix, il feroit abfurde d'entreprendre de le retirer des Pyrites, dont il ne fe fépareroit que *par un feu de la derniere violence, & pouffé pendant douze ou quinze heures*, car alors les frais de fa diftillation pourroient excéder de beaucoup fa valeur, & M. Cramer n'eft certainement point capable d'une pareille bévûe ; les Pyrites que demande ici cet excellent Chymifte, font donc celles dont le foufre peut être enlevé avec la plus grande

Tome I. b

facilité & la moindre dépenfe ; & quand
on prendra celles qui conviennent, (ce
qui n'eſt pas difficile, car elles ſont très-
communes) on verra qu'en obſervant
exactement tout ce qu'il preſcrit, l'opération réuſſira toujours parfaitement. M.
Cramer ſçait auſſi très-bien, & l'a dit
expreſſément dans les remarques de ce
même procédé, que les Pyrites, & autres minéraux ſulfureux, retiennent toujours opiniâtrément une certaine quantité de ſoufre qui leur eſt très-fortement
attaché, & qu'on ne peut leur enlever
dans les vaiſſeaux fermés, mais ſeulement
par le moyen d'une chaleur très-violente,
& ſur-tout en employant un feu ouvert.
Ainſi quand il a dit, & quand j'ai dit
après lui, que l'opération étoit achevée
en une heure, ou une heure & demie,
& à une chaleur médiocre, cela ne ſignifie, & ne peut ſignifier autre choſe,
ſinonque cette chaleur & ce temps ſont
ſuffiſans pour enlever aux Pyrites tout
le ſoufre qui n'eſt pas trop adhérent,
& qui peut s'en retirer avec profit. Je
ne ſçais ſi le Traducteur a fait quelques-
unes de ces réflexions, mais il paroît
avoir eu un petit remords ſur la fin de
ſa remarque ; car après avoir expoſé

la peine qu'a eue M. Rouelle à diftiller
des Pyrites, il ajoute : *Il eft vrai qu'il y
a des différences dans les Pyrites.* Cela .
fignifie que nonobftant tout ce qu'on a
dit, il pourroit bien fe faire que M. Cramer eût raifon ; & comme mon fort eft
néceffairement lié avec celui de M. Cramer dans cette occafion, il s'enfuivroit
que j'ai eu raifon auffi, & que le Traducteur a eu tort. Ce n'étoit pas-là fon
compte ; il a donc fallu trouver un expédient pour arranger tout cela, & c'eft
dans une occafion critique comme celle-ci, que l'on voit briller un efprit fé-
cond en reffources ; le Traducteur en a
trouvé une auffi finguliere & auffi plai-
fante qu'on puiffe l'imaginer. De peur
que quelqu'un ne diftillât ici des Pyrites
femblables à celles que demande M. Cramer, & ne s'apperçût que l'opération
réuffit parfaitement bien, il s'avife d'interdire à nos Chymiftes la diftillation de
ces fortes de Pyrites ; car après avoir
dit : *Il eft vrai qu'il y a des différences
dans les Pyrites,* il termine fa phrafe par
cette judicieufe reftriction : *Mais on ne
diftille pas à Paris les Pyrites de M.
Cramer.* Eh ! pourquoi donc ne diftil-
leroit-on pas à Paris de ces fortes de Py-

rites ? Ce fera apparemment de crainte de déplaire à M. le Traducteur ; effectivement cela le fâcheroit ; il s'explique nettement là-dessus. Il ne veut pas abfolument que nos Chymistes de Paris s'avifent de diftiller ainfi à leur fantaifie des Pyrites de toute efpece. Les voilà donc réduits à celles de Paffy, ou de Vaugirard ! Car qui oferoit s'expofer à à mécontenter de la forte un Traducteur de Docimaftique ? Il faut convenir qu'il a trouvé là un petit expédient très-commode & admirablement bien imaginé. Voyons s'il fera auffi heureux dans fes autres remarques critiques.

REMARQUE.

» 1. Proc. ch. 2. fect. 2. du premier » Tome de Pratique, qui eft le feul dont » nous parlerons, on lit : » *En regardant par une des ouvertures de la porte du fourneau, vous verrez la mine, &c.* « On n'a » pas penfé dans ce moment, qu'ayant » pris le fourneau de M. Cramer, il fal» loit s'exprimer comme lui & dire par » l'ouverture de l'une des couliffes, » *per foramen alterutrius valvæ.*

REPONSE,

Bonne & importante obfervation ! J'ai dit ce qu'il falloit dire en cet endroit. En donnant la defcription des portes de ce fourneau, j'ai expliqué qu'elles étoient des couliffes ; il eft donc dès-lors bien entendu que les portes & les couliffes ne font qu'une même chofe ; ainfi il eft indifférent de dire, regarder par le trou de la porte, ou regarder par le trou de la couliffe. Comment le Traducteur n'a-t-il pas honte de faire une chicane auffi déplacée & auffi puérile que l'eft celle-ci.

REMARQUE.

Ibid. dans les Remarques : *La précaution que nous avons dit qu'il falloit avoir de diminuer un peu le feu dans le commencement de l'opération.* » Outre » qu'on ne peut pas diminuer un feu qui » n'a pas été augmenté, M. Cramer dit » au milieu de l'opération, & non au » commencement : » *Ratio cur ignis in medio proceffûs aliquando imminui debeat, in eo fita eft ut caveatur, &c.* » Voyez Tome III. pag. 16. lign. 4. »

REPONSE.

Autre chicane de même espece que la précédente. Le temps où il faut diminuer ainsi le feu, est déterminé dans le procédé, de maniere qu'il est impossible de s'y tromper. Il est indiqué par l'apparition d'un phénomene qui y est décrit avec la plus grande exactitude ; & en examinant la description de cette opération, on verra que ce phénomene arrive plutôt dans le commencement que précisément au milieu. Ainsi cette expression de M. Cramer, *in medio processûs*, signifie pendant le cours de l'opération, & ne doit pas être traduite dans le sens qui paroît le plus littéral. Sur quoi il est bon d'observer que pour avoir le plaisir de m'imputer un contresens, le Traducteur se donne ici un démenti formel à lui-même ; car dans sa traduction, tom. 3. pag. 16. lig. 3. il n'a pas rendu le *in medio processûs*, par *le milieu du procédé* ; il a dit seulement, (& avec raison) *pendant le procédé*. Mais une chose qui doit paroître fort singuliere, c'est la phrase par laquelle notre Critique commence cette Remarque ; il faut qu'il ait un goût bien décidé pour avancer des propositions insoutenables ; il prétendoit tout-à-l'heure qu'on ne distilloit pas à Paris des Pyrites de toute espece , il soutient à présent qu'on ne peut pas diminuer ce qui n'a pas été augmenté : *Outre* , dit-il , *qu'on ne peut pas diminuer un feu qui n'a pas été augmenté* . . . Je voudrois bien qu'il nous dise pourquoi on ne peut pas diminuer ce qui n'a pas été augmenté. Quelles que soient les raisons qu'il en donne , je lui soutiens qu'elles prouveront également qu'on ne peut pas augmenter ce qui n'a pas été diminué , & que de ces deux propositions il s'ensuivroit nécessairement que rien ne pourroit jamais être augmenté ni diminué ; ceci est très-propre à donner un échantillon de la justesse d'esprit de notre Critique.

REMARQUE.

2. Proc. chap. 2. sect. 2. *Réduisez le régule restant de l'opération précédente en petites lames fines , l'applatissant avec un petit marteau , & observant d'en séparer exactement les scories.* » M. Cra-
» mer ne dit point du tout qu'il faille la-
» miner le culot, mais qu'après l'avoir
» détaché des scories à petits coups de

» marteau , on doit en abbatre les petits
» angles qui pourroient endommager les
» coupelles. » *Tunc regulum, (proceſſûs
præced.) lenibus mallei ictibus à ſcoriis
prorsùs liberatum , complanatiſque ſimul
quæ prominent acutis ſuperficiebus, chartæ
puræ involutum ope forcipis modeſtè impone , bene cavendo ne ſuperficies cupellæ
cava lædatur.* » Voyez Tome III. page
» 24. derniere ligne. »

<h2 style="text-align:center">RÉPONSE.</h2>

Il eſt vrai que M. Cramer ne preſcrit
point ici de réduire en lamines le petit
culot de régule , comme je le dis ; mais
on peut voir dans l'endroit déja cité de
mon Avant-propos , que je ne me ſuis
point du tout propoſé de traduire litté-
ralement , & mot pour mot, ce que j'ai
emprunté de cet habile Chymiſte. Si l'on
ſe donne la peine de comparer les procédés de mon Livre avec ceux de M.
Cramer, auſquels ils répondent, on verra qu'au contraire je me ſuis plutôt appliqué à en rendre le ſens, en les abré-
geant beaucoup, en leur donnant la forme & le rang qui convenoit à mon plan,
& même en y faiſant quelques légers
changemens qui m'ont paru convena-

bles. Celui dont il s'agit à présent, est de cette derniere espece ; s'il n'y a aucun inconvénient à réduire en lamines le petit culot de régule, & qu'au contraire on y trouve l'avantage de le nettoyer par-là plus exactement des parcelles de scories, qui sans cette attention pourroient rester engagées dans ses petites cavités, ce qui est l'objet principal dans l'occasion présente ; alors la critique du Traducteur est, à son ordinaire, minucieuse, déplacée, & sans aucun fondement.

REMARQUE.

2. *Proc. ch.* 2. *sect.* 2. *Entretenant un degré de chaleur tel que la fumée qui sortira de la coupelle ne monte pas bien haut, & que vous puissiez distinguer la couleur que les scories donneront à cette coupelle.* » Il faudroit avoir la vûe bien » singulierement constituée pour juger » des couleurs dans le grand feu ; M. » Cramer a dit au contraire qu'il empê- » choit de distinguer quels étoient les » endroits de la coupelle pénétrés par » les scories : « *Cognoscitur autem ignis gradus magnus, si fumus ex plumbo prorumpens ad fornicis usque lacunar ferè*

projicitur.... denique fi cupellæ igneo fplendore adeò luceant, ut vix diftingui poſſit quouſque fcoria intraverit, fortior etiam ignis indicatur.

REPONSE.

Et moi je dis qu'il faut avoir la vûe encore bien plus fingulierement conftituée pour voir blanc ce qui eft noir, & noir ce qui eft blanc ; c'eft cependant d'après une pareille façon d'envifager les objets, que le Traducteur ofe hafarder la plus mauvaife chicane qu'on ait peut-être jamais faite. Non feulement je n'ai jamais dit qu'on pût juger des couleurs dans le grand feu, mais j'ai avancé abfolument & très-pofitivement le contraire. C'eft précifément à caufe qu'on ne peut pas juger des couleurs dans le grand feu, que dans cet endroit, (où il eft effentiel que le feu ne foit pas trop fort, & où je viens de dire qu'il faut le diminuer) c'eft, dis-je, à caufe de cela que j'indique comme un figne auquel on peut reconnoître que le feu n'eft pas trop violent, le degré de chaleur qui laiffe diftinguer les couleurs que les fcories donnent à la coupelle. C'eft par la même raifon que je dis d'après M. Cramer dans les remarques sur ce même procédé, page 200. lig. 1. *Si la fumée qui s'éleve du plomb monte comme un jet jusqu'à la voûte de la mouffle . . . . si la coupelle paroît tellement rouge & embrasée, qu'on ne puisse distinguer les couleurs que lui donnent les scories en la pénétrant, cela indique que la chaleur est trop grande ; il faut la diminuer.* Pourquoi le Traducteur me fait-il donc dire ici précisément le contraire de ce que j'avance ? Et quel peut être son motif en opposant à la description que je fais d'un degré de feu qui n'est pas trop fort, un passage de M. Cramer qui n'a nul rapport avec celui-ci, & dans lequel ce Chymiste désigne au contraire une chaleur trop violente ? Il faut convenir après cela que l'infidélité du Critique est si évidente, qu'elle doit frapper les yeux des moins clairvoyans, ou tout au moins qu'il n'entend ni M. Cramer qu'il a prétendu traduire, & qu'il cite mal-à-propos, ni mon Livre qu'il a voulu critiquer, & qu'il prend à contre-sens.

REMARQUE.

Remarques du 1. Proc. ch. 2. sect. 2. *Faisant éprouver à ce mélange un degré*

de feu assez vif, & assez long-temps con-
tinué, pour donner aux scories toutes les
propriétés dont nous avons fait mention,
& qui indiquent que l'opération est par-
faite. » Outre qu'il n'est presque point
» question de conditions de scories avant
» ce passage, on n'a pas rendu le sens
» de M. Cramer, qui dit que les scories
» pâteuses sont sujettes à retenir quelques
» molécules métalliques, & qu'ainsi il les
» faut toujours examiner sous ce point
» de vûe. On trouve, n°. 3. de l'appa-
» reil du procédé 3. » *Respicias autem*
semper scoriam mineræ refractariæ, an
non fortè reguli quædam granula in ea
dispersa sint ; etenim nonnunquam scoriæ
lentescentes aliquid metalli detinent.
» Voyez la page 52. ligne premiere du
» Tome III. »

REPONSE.

J'ai rendu le sens de M. Cramer, puisque, selon cet habile Chymiste, ce sont
les scories pâteuses, *scoriæ lentescentes,*
qui retiennent quelques molécules métalliques ; or j'ai dit en deux ou trois endroits de ce procédé, qu'il étoit très-
essentiel que les scories fussent dans une
parfaite fusion. Quant à ce que prétend

le Traducteur, qu'il n'eſt preſque point queſtion de conditions de ſcories avant ce paſſage ; pour prouver combien il eſt peu fidele , il me ſuffira de citer l'endroit de ce même procédé , où j'expoſe en dé-tail tous les ſignes d'une ſcorification par-faite , & par conſéquent les conditions que doivent avoir les ſcories pour la réuſſite de l'opération. Voici ce paſſage : *Lorſque vous verre₂ que la matiere ſera en parfaite fuſion ; que ce qui s'attachera au crochet de fer , en le plongeant dans la matiere fondue , s'en ſéparera pour la plus grande partie , & retombera dans le vaſe; & que l'extrémité de cet inſtrument refroidi ſe trourera enduite d'une croûte mince, brillante & polie , ce ſera une mar-que que la ſcorification ſera achevée , & vous la jugere₂ d'autant plus parfaite , que la couleur de cette croûte ſera plus uniforme & plus égale.* Ce paſſage eſt à la fin de la page 182. & au commence-ment de la page 183. & par conſéquent il eſt avant celui dont parle ici le Tra-ducteur , qui ſe trouve à la page 188. On voit par-là que ſon exactitude & ſa bonne-foi ſont toujours les mêmes.

REMARQUE.

2. *Proc. ch. 6. fect. 2. La rigole du vaiſſeau ſupérieur doit être recouverte par-deſſus d'une petite lame de fer qu'on y aura appliquée dans le temps que le vaſe étoit encore mou.* » Il ne s'agit point » ici de recouvrir la rigole d'un vaſe mou » d'une lame de fer ; la place qu'on lui » donne ne la rend d'aucune utilité : elle » eſt cependant très-néceſſaire étant po- » ſée verticalement le long de la parois » du grand baſſin de réception, pour » boucher une partie du trou par lequel » il communique avec le catin inférieur, » &c. »

REPONSE.

Voici enfin une remarque où il me paroît que le Traducteur n'a point tort pour le fonds ; il en eſt de même de la ſuivante que je ne tranſcrirai point ici, pour abréger, & dans laquelle il s'agit d'un objet à-peu-près auſſi important, c'eſt-à-dire, de la grille d'un fourneau qui n'y fait ni bien ni mal. Si j'avois autant d'envie de juſtifier ce qui eſt mal, que le Traducteur en a de critiquer ce

qui eſt bien, rien ne me feroit ſi facile
que de pallier ces deux petites fautes.
Mais heureuſement ce n'eſt pas-là ma
façon de penſer, & je ne ſçais que rectifier même les plus légers défauts quand
je m'en apperçois ; on trouvera donc ces
deux endroits corrigés dans cette nouvelle édition. Et comme je n'ai eu d'autre vûe que l'utilité publique en rédi-
geant ces Elémens de Chymie, je ferois
même des remercimens au Traducteur,
ſi toutes ſes remarques étoient de la nature de celles-ci, quelque minucieuſes
qu'elles ſoient, & s'il les eût faites avec
les égards & la politeſſe que les honnêtes-gens ſe doivent réciproquement.

REMARQUE.

Remarques du 2. Proc. ch. 3. ſect. 2.
*Il eſt eſſentiel que le cuivre entre en fu-
ſion auſſi-tôt qu'il eſt dans la coupelle,
parcequ'il a la propriété de ſe calciner
beaucoup plus facilement & beaucoup plus
vîte, lorſqu'il eſt ſimplement rouge , que
lorſqu'il eſt fondu ; c'eſt pour cela que nous
avons preſcrit d'augmenter conſidérablement le feu auſſi-tôt que le cuivre eſt ſous
la mouffle.* » Il ne faut pas attendre que

» le cuivre soit sous la moufle pour au-
» gmenter le feu ; il faut le donner tout
» d'un coup de la force requise. M. Cra-
» mer l'avoit dit, il falloit le suivre dans la
» traduction de ce passage, comme dans
» celle des autres. « *Quod ad ignis in hoc*
proceſſu applicationem attinet, notà hunc
cupro quàm ocyſſimè tanto gradu appli-
candum eſſe, ut id illicò liqueſcat : niſi
enim hoc fiat, cupri multum comburi-
tur, &c. » Mais on a cru que le mot
» *ocyſſimè* signifioit *succeſſion* ; pendant
» qu'il déſigne la vivacité que le feu doit
» recevoir tout d'un coup. Voyez le
» nᵒ. 2. des Remarques du procédé 51.
» même tome, page 446.

REPONSE.

Oui, ſans doute, on a cru que le mot
ocyſſimè signifioit ſucceſſion ; ou, (pour
parler plus correctement que le Traducteur) on a cru que ce mot indiquoit ici
une ſucceſſion, & on le croit encore,
quoi qu'il en puiſſe dire : mais pour expliquer les raiſons qu'on a d'en être très-
perſuadé, il faut rappeller ici deux vérités qu'il paroît ignorer. La premiere,
c'eſt que pour la réuſſite de cette opé-

ration il ne suffit pas que le cuivre entre
en fusion le plus promptement qu'il est
possible, mais qu'il est encore nécessaire
que ce métal n'éprouve précisément que
le degré de chaleur convenable pour le
tenir en fusion (*). La seconde, c'est
que le cuivre dont il s'agit dans cet endroit, n'est point un cuivre pur dont on
connoisse le degré de fusibilité, mais un
cuivre qui contient un alliage inconnu,
& plus ou moins fusible, suivant la nature & la quantité de cet alliage. Cela
posé, si M. Cramer avoit dit comme son
Traducteur, qu'il faut, avant de mettre
ce métal sous la mouffle, donner d'a-
bord un feu de la force requise pour le
faire fondre, il auroit dit une absurdité,
dont cet habile homme n'est certainement point capable, parcequ'on ne peut
pas donner tout d'un coup le juste degré de chaleur requis pour faire fondre
une chose dont on ne connoît pas le degré de fusibilité. L'intention de M. Cramer est donc d'attendre que le cuivre
soit sous la mouffle, pour augmenter aus-

(*) Voyez-en la raison dans le premier volume de
la Chymie-pratique, page 245. à la suite de l'endroit
cité par le Traducteur.

fi-tôt le feu de maniere à faire fondre ce métal le plus promptement qu'il eſt poſ-ſible. Mais ce ſçavant Chymiſte indique en même-temps le meilleur moyen de ſaiſir & de fixer avec toute la célérité requiſe le juſte degré de chaleur néceſ-ſaire pour tenir ce métal ſeulement en fuſion. Ce n'eſt pas par une nouvelle ad-dition de charbon qu'il parvient à ſon but ; cet expédient ſeroit mauvais, à tous égards ; il ſe ſert donc d'un ſoufflet por-tatif, par le moyen duquel on peut, à ſon gré & en un inſtant, augmenter ou laiſſer rallentir l'activité du feu, ſelon le beſoin qu'on en a. S'il ne l'a pas dit expreſſé-ment en expoſant la premiere maniere de faire cette opération ; en récompen-ſe, dans la ſeconde méthode qu'il don-ne de faire cette même opération, (mé-thode qui ne diffcausere de la premiere, que parcequ'on y ſubſtitue à la coupelle une écuelle à vitrifier, ce qui ne peut occaſion-ner aucune différence dans l'adminiſtra-tion du feu) M. Cramer s'explique là-deſſus ſi clairement & ſi poſitivement, qu'il eſt bien ſurprenant que ſon Tradu-cteur n'ait pas pû l'entendre. Voici les propres termes de M. Cramer. *Hanc*

(*patellam vitrificatoriam*) *calefaêlam repone fub fornice furni docimaftici . . . . impone cuprum. . . & flatu follis manua-lis intende ignem, ut quàm ocyſſimè omnia fluant.* Page 208. de la II. Partie. M. Cramer pouvoit-il fpécifier d'une maniere plus nette & plus précife , que cette augmentation du feu n'a lieu qu'a-près que le cuivre a été mis fous la mouf-fle. Or ce que j'ai dit là-deſſus eft par-faitement d'accord avec ce que dit M. Cramer, ſi l'on veut fe donner la peine de lire dans mon Livre ce procédé , au-quel fe rapporte l'endroit des Remar-ques cité & critiqué par le Traduêteur, on verra que c'eft par le moyen du fouf-flet que j'y prefcris d'augmenter le feu auſſi-tôt que le cuivre eft fous la mouffle. Que doit-on penfer après cela du ton aigre & magiftral avec lequel le Tradu-êteur dit: *Il ne faut pas attendre que le cuivre foit fous la mouffle pour augmenter le feu . . . M. Cramer l'avoit dit, il fal-loit le fuivre dans la traduêtion de ce paſ-fage , comme dans celle des autres ?* Un galant homme s'exprimeroit - il jamais d'une pareille maniere, quand même il feroit bien affuré de ne fe pas tromper.

REMARQUE.

Remarques du 1. proc. ch. 1. fect. 3. *Elle n'a befoin, (la mine d'antimoine) d'aucune addition pour fe fondre , car il n'eft pas néceffaire dans cette occafion que,* &c. » Non-feulement les additions qu'on » y pourroit faire font inutiles , elles font » même nuifibles , dit M. Cramer. » *Imò ob fulphuris mineralis abundantiam vividè ardet , neque fluxus reducentes falinos fert. Partie I. §. 185. & fuiv.* « Voy. » l'endroit cité , tome 1. pag. 259. »

REPONSE.

Il eft vrai qu'après avoir dit que la mine d'antimoine n'a befoin d'aucune addition pour fe fondre , je me contente d'en donner la raifon, fans faire mention, comme M. Cramer , de l'inconvénient qu'auroient quelques-unes des additions qu'on y pourroit faire. Mais puifqu'il faut redire encore au Traducteur une chofe déja tant répétée, qu'il fe reffouvienne donc une bonne fois que je n'ai pas cru devoir traduire en entier les procédés & les remarques que j'ai empruntés de M. Cramer ; mais feulement les donner en abrégé, & par extrait. Cela étant une fois bien entendu, toute critique à ce fujet, par laquelle on ne démontrera pas que j'ai omis quelque chofe de néceffaire à l'intelligence & à la parfaite réuffite de l'opération, eft déplacée & porte à faux ; or telle eft celle que fait le Traducteur fur le paffage dont il eft à préfent queftion ; elle eft même encore vicieufe par un autre endroit, c'eft qu'elle eft accompagnée, comme prefque toutes les autres, d'un contre-fens très-groffier. M. Cramer ne dit point du tout en général, comme fon Traducteur, que les additions qu'on pourroit faire à la mine d'antimoine pour la fondre, feroient nuifibles ; car il eft très-certain qu'on pourroit mêler avec cette mine beaucoup de fubftances, qui ne feroient nuifibles en aucune maniere à la fufion dont il s'agit, ce Chymifte trop habile & trop exact pour avancer une propofition qui feroit fauffe, parcequ'elle feroit trop générale, ne parle ici que d'une feule efpece particuliere d'addition, qu'il fpécifie très-clairement, c'eft celle des flux falins réductifs, *neque fluxus falinos reducentes fert.*

Telles font les remarques critiques qu'il a plu au Traducteur de la Docima-fie de M. Cramer de faire fur quelques endroits de mon Livre. Quoique la ré-ponfe que j'y fais ne foit déja que trop longue, je ne puis m'empêcher d'ajouter encore ici deux obfervations, parceque c'eft l'équité qui me les dicte.

La premiere concerne un de nos plus illuftres & de nos meilleurs Chymiftes; c'eft M. Hellot, fur lequel la critique du Traducteur eft tombée de même que fur moi. J'ai lu avec beaucoup d'attention les remarques de ce Cenfeur fur quel-ques endroits de l'Ouvrage de *Schlutter* donné en François, refondu & augmenté par M. Hellot; & je puis affurer que ces critiques, dont le feul mérite eft d'être en fort petit nombre, font en général abfolument minucieufes, la plûpart lou-ches, fans fondement, ou fondées fur des contre-fens du Traducteur, en un mot, qu'elles ne méritent en aucune ma-niere l'attention du Public, & encore moins une réponfe de la part de ce fça-vant Académicien.

Ma feconde obfervation aura pour objet un endroit de l'Avertiffement du

Traducteur, où il déclare que la traduction de la Docimasie de M. Cramer
étoit un ouvrage au-dessus de ses forces,
(ce qui est vrai),& qu'il ne l'a entrepri-
se qu'avec les conseils & les secours
d'un très-habile Maître, auquel il reconnoît devoir tout ce qu'il sçait de Chymie.
Cela est à merveille, mais il est bon d'observer à ce sujet que cette déclaration
annonçant ce Livre comme l'ouvrage de
deux Auteurs, il ne faut pas confondre
le travail du Maître avec celui de l'écolier ; & que si d'après l'aveu louable de
ce dernier il paroît juste d'attribuer à son
Maître tout ce qui pourroit s'y trouver
de bon, il n'en doit pas être de même
des fautes de toute espece, relevées dans
le petit nombre de pages que j'ai eu occasion de lire, & qui ne peuvent donner
qu'une très-mauvaise idée du reste du livre. Beaucoup d'endroits pris à contre-
sens, des passages cités mal-à-propos, des
assertions hasardées, absolument fausses ou
absurdes, fondées sur un défaut de connoissances, avancées d'un ton plein de
confiance & plus qu'avantageux ; tout
cela sent l'apprenti ; c'est une besogne
d'écolier, à laquelle il y a lieu de croire

que le Maître n'a aucune part. En effet, rien de cela n'eſt compatible avec les qualités des grands Maîtres, qui à l'éten-due du ſçavoir & à la juſteſſe de l'eſprit joignent ordinairement beaucoup de cir-conſpection & de politſſe, & ſur-tout une eſtimable modeſtie, compagne ordinaire du vrai mérite, auquel elle donne tou-jours un nouveau luſtre.

REMARQUES

De l'Editeur de la Chymie de Lémery.

NOus allons paſſer maintenant à l'Editeur de la Chymie de Léme-ry : les obſervations de ce Critique ne ſont pas en auſſi grand nombre que cel-les du Traducteur de Cramer, mais elles ſont à peu près auſſi importantes & auſſi judicieuſes.

REMARQUE.

Page 230. note (*a*), on lit : « Feu M.
» Geoffroy dans le Mémoire où il expli-
» que ſa table des rapports, avance que
» le précipité blanc mis à ſublimer, for-
» me un véritable ſublimé corroſif; & il

» a été copié en cela par l'Auteur du
» nouveau Cours de Chymie, suivant les
» principes de Newton & de Stahl, &
» par celui des Elémens de Chymie-
» pratique. Ce sentiment est bien con-
» traire à celui de Lémery, qui dit ici
» que ce sublimé est un sublimé doux.
» Mais il est certain que ces deux Chy-
» mistes étoient l'un & l'autre dans l'er-
» reur ; car le précipité blanc étant su-
» blimé ne forme, ni un sublimé corro-
» sif, ni un sublimé doux. Il ne forme pas
» un vrai sublimé corrosif, c'est-à-dire,
» que le mercure n'y est pas chargé d'u-
» ne aussi grande quantité surabondante
» d'acide marin qu'il est capable d'en re-
» cevoir, &c. »

REPONSE.

A cela je réponds tout simplement,
que ce que l'Editeur m'impute ici est absolument faux dans tous ses points. Jamais
je n'ai avancé que le précipité blanc mis
à sublimer, formât un sublimé aussi corrosif que celui qui est fait par la méthode ordinaire ; au contraire, page 348.
du Tome I. de la première édition de la
Chymie-pratique, je mets positivement
ce sublimé corrosif au nombre de ceux

qui ne font point ufités, à caufe qu'ils ont
quelque inconvénient, & je fpécifie finguliérement l'inconvénient *d'être moins
corrofifs* que ceux qui font faits par de
meilleures méthodes : ce qui prouve en
même temps avec évidence , qu'il n'eft
pas moins faux que j'aie copié en cela
M. Geoffroy , puifque ma propofition
eft effentiellement toute différente de
celle de ce Chymifte , qui dit feulement
dans le Mémoire cité par l'Editeur , que
le précipité blanc , mis à fublimer, fe
change en fublimé corrofif ; fans avertir,
comme je l'ai fait , que ce fublimé eft
moins corrofif que celui qui eft fait par
la méthode ordinaire.

Après un pareil éclairciffement on
aura fans doute de la peine à concevoir
pourquoi l'Editeur , non content de me
taxer mal-à-propos d'être tombé à ce fujet dans une erreur , s'avife encore de
joindre l'outrage à l'injuftice , en avançant fauffement que j'ai copié en cela M.
Geoffroy. Si ce Critique avoit eu la
bonne-foi de rapporter exactement & en
entier, ce que j'avance à ce fujet, il n'y
auroit pas eu la moindre difcuffion ; mais
il n'a pas daigné me faire cette grace ; je
n'entreprends pas de deviner ici les rai-

fons qui l'en ont empêché ; ce qu'il y a de certain , c'eft que s'il eût fait ce que les bons procédés exigeoient dans cette occafion , il n'auroit pû fans une injuftice trop évidente , me reprocher une faute que je n'ai pas faite, & me dire une injure que je n'ai pas méritée.

Quoi qu'il en foit , puifqu'il a plû à l'Editeur de m'affocier dans cette critique avec l'Auteur du Nouveau Cours de Chymie fuivant les principes de Newton & de Stahl , je profite avec plaifir de l'occafion qui fe préfente de détromper le Public fur l'opinion tout-à-fait defavantageufe que notre Cenfeur s'efforce de lui donner de l'ouvrage de cet habile Phyficien. Il eft facile de voir, par exemple , que le reproche que l'Editeur lui fait ici , auffi bien qu'à M. Geoffroy , n'eft qu'une mauvaife chicane & une vraie difpute de mots. Car quoique le fublimé de mercure , que l'on prépare avec le précipité blanc feul , ne foit pas le plus corrofif de tous les fublimés , il n'en eft pas moins pour cela un véritable, & même un puiffant corrofif, puifqu'il ne peut être pris intérieurement fans danger, comme l'Editeur lui-même eft obligé d'en convenir. Pourquoi donc s'avifet-il de faire un crime à cet Auteur de ce qu'il nomme ſublimé corroſif un ſublimé qui réellement eſt corroſif ? Il faut avoir une furieuſe envie de critiquer, & en même temps trouver bien peu de matiere à une critique cenſée, pour recourir à une chicane auſſi puérile que l'eſt celle-ci. C'eſt préciſément comme ſi l'on reprochoit à quelqu'un de nommer eſprit de nitre fumant, un eſprit de nitre viſiblement bien fumant, & cela ſous prétexte qu'il ſeroit poſſible d'en faire encore de plus fumant. Cette comparaiſon eſt d'autant plus juſte que l'Auteur du Cours de Chymie, ſuivant Newton & Stahl, ſavoit très-bien qu'il y a des ſublimés de mercure plus ou moins corroſifs, puiſqu'il avoit dit expreſſément *comme les les ſublimés corroſifs ſont chargés plus ou moins de ſel acide,* &c. pag. 161. tom. 2. de l'édition de 1737.

Ce n'eſt pas ici le lieu d'examiner en détail les autres traits de la critique que fait l'Editeur de divers endroits du nouveau Cours de Chymie, ſuivant les principes de Newton & de Stahl ; le trait dont je viens de parler, que je n'ai pas choiſi, & qui ſe préſentoit à moi tout naturellement, puiſqu'il tomboit également ſur moi-même, ce trait, dis-je, peut faire juger du mérite des autres ; je me contente donc d'avertir qu'on prendroit une idée bien fauſſe, & en même temps bien injuſte, de ce Livre, rempli d'excellentes choſes, le premier dans lequel la vraie théorie de la Chymie ait été expoſée dans notre langue, & qui ne peut être l'ouvrage que d'un homme de beaucoup d'eſprit, ſi on l'apprécioit uniquement d'après les critiques de l'Editeur, critiques dures, outrageantes, viſiblement dictées par la paſſion, & par cela ſeul ſuſpectes à tous les gens cenſés, qui ſçavent combien on doit ſe méfier, & faire peu de cas, de ce qu'avance un Ecrivain, dont la partialité paroît portée au plus haut degré. Mais ſuivons l'Editeur dans ſes obſervations.

REMARQUE.

Page 232. note (*b*), ſur la fin, on lit : » On conçoit aiſément ſans être fort ver- » ſé dans la Chymie, que la baſe du ſel » marin ſeul ne ſe rencontrant point ici, » (*lorſqu'on précipite par l'acide marin* » *le mercure diſſous par l'eſprit de nitre*) » elle ne peut former aucune union ſaline » avec l'acide nitreux. Néanmoins l'Au- » teur des Elémens de Chymie-pratique

» dit positivement, qu'il reste aussi dans
» la dissolution de mercure par l'esprit de
» nitre après sa précipitation par l'acide
» marin seul, un nitre quadrangulaire :
» on peut dire que sur ce point cet Au-
» teur est véritablement auteur original ;
» je ne sçache que lui qui ait avancé une
» proposition aussi singuliere. »

RÉPONSE.

Je conviens qu'il s'est glissé une faute
très-manifeste dans cet endroit de la premiere édition ; mais j'espere en même
temps que les Lecteurs exempts de pas-
sion me feront la grace de la regarder
pour ce qu'elle est, & qu'ils voudront bien
ne pas croire qu'elle s'est trouvée dans
cet endroit parceque j'ignorois que le nitre quadrangulaire est composé de l'acide nitreux uni avec l'alkali fixe qui sert de
base au sel marin ; puisque dans toutes les
autres occasions où il a été question de
ce sel dans mon Livre, je n'ai jamais
manqué d'en donner cette idée, & de
le définir de la sorte. Je ne doute même
en aucune maniere que l'Editeur ne soit
forcé de me rendre intérieurement cette
justice ; mais puisque l'animosité qu'il
fait paroître contre moi, me prive de la
satisfaction que j'aurois eue à m'en rap-

porter là-deſſus au témoignage de ſa con-
ſcience, je me flatte qu'on ne trouvra
pas mauvais que je récuſe ici ſon juge-
ment, & que je mette le Public à portée
d'apprécier la réflexion par laquelle il
termine cette note.

Quelle peut être en effet ſon intention lorſqu'il ajoute ? *On peut dire que
ſur ce point cet Auteur eſt véritablement
auteur original ; je ne ſçache que lui qui
ait avancé une propoſition auſſi ſingulie-
re.* Il ſemble qu'il voudroit faire entendre par-là que ſur les autres points je
ne ſuis qu'un copiſte & un plagiaire. Si
c'eſt-là ſon idée, il a certainement grand
tort ; car jamais on n'a exigé qu'un Auteur qui écrit les Elémens d'une Science,
fût en même temps l'inventeur de tous
les principes de cette même Science , &
l'on ne peut ſans injuſtice donner ces
noms odieux qu'à ceux qui veulent ſe
faire paſſer pour les auteurs des découvertes qui ont été faites par d'autres : or
je ne me ſuis jamais donné comme inventeur que de ce qui m'appartient en
effet en propre , & très-légitimement.
Toutes les fois que j'ai eu occaſion de
parler des découvertes faites par d'autres
Chymiſtes , je les ai cités avec éloge,

comme cela eſt juſte, & ſi je n'ai pas toujours fait toutes les citations qu'il étoit
poſſible de faire, c'eſt parcequ'il auroit
été auſſi ridicule qu'inutile d'allonger un
Livre qui doit être court, en citant continuellement d'anciens Auteurs qui ſont
déja aſſez connus de tout le monde, ou
bien qui ne peuvent être connus de per-
ſonne avec certitude. Malgré cela, comme en compoſant cet Ouvrage je n'avois
pas ſous les yeux tous les livres dont j'ai
tiré des ſecours, il n'eſt pas impoſſible
que j'aie oublié, contre mon intention,
de faire quelques citations eſſentielles;
auſſi jamais je ne trouverai mauvais qu'en
pareil cas on m'en faſſe reſſouvenir, &
alors je réparerai cette omiſſion avec
grand plaiſir, comme je le fais à préſent
à l'égard de M. Lémery le pere, que
l'Editeur de ſon Livre m'avertit, page
214. être l'inventeur de la maniere de
faire une ſorte de ſublimé corroſif avec
le mercure & le ſel marin ſeuls.

Nous voilà, comme on le voit, bien
éloignés du nitre quadrangulaire, qui a
donné occaſion à l'Editeur de faire la réflexion à laquelle je viens de répondre;
auſſi eſt-il très-évident qu'elle étoit abſolument inutile pour relever la faute
que ce Critique me reproche en cet en-

droit, & qu'elle ne peut avoir eu d'autre motif & d'autre but, que de placer ici un trait de satyre uniquement fondée sur l'équivoque très-plate du mot *original*. Ce sont-là de ces choses qui peuvent échapper à un honnête-homme dans un accès d'humeur noire, mais dont, réflexion faite, il doit rougir & se repentir.

REMARQUE.

Page 304. note (*q*), vers le milieu, l'Editeur dit : « L'Auteur des Elémens
» de Chymie-pratique est dans l'erreur,
» lorsqu'il dit *que toutes les chaux d'an-*
» *timoine poussées à la violence du feu,*
» *se réduisent en verre, mais non pas*
» *avec une égale facilité.* La généralité
» de cette proposition est démentie par
» l'impossibilité qu'il y a, & qui est con-
» nue de tous les Chymistes, de vitrifier
» l'antimoine diaphorétique, le bézoard
» minéral, la céruse d'antimoine, la ma-
» tiere perlée, l'antihectique de Potérius,
» & généralement toutes les chaux d'an-
» timoine qui ne contiennent plus de
» principe inflammable, & qui par con-
» séquent ne peuvent point entrer en fu-
» sion, quelque violente & quelque lon-

» gue que soit l'action du feu qu'on leur
» fait éprouver, &c. »

REPONSE.

Il est vrai que cette proposition est
trop générale , mais bien entendu que
c'est en la prenant telle que l'Editeur l'é-
nonce ici, c'est-à-dire, altérée & tron-
quée, suivant la coutume de cet équitable
Ecrivain, & non pas telle que je l'ai énon-
cée moi-même , c'est-à-dire, avec les mo-
difications qui restreignent sa trop grande généralité ; car immédiatement après
ce qu'il a cité , j'ajoute : *En général plus
les chaux d'antimoine ont perdu de phlogistique par la calcination , & plus leur
vitrification est difficile.* Or il est évident
que cette seconde partie de ma proposition , qu'il a plû à l'Editeur de supprii-
mer , la rend bien différente ; car pour
lors elle signifie positivement, que la difficulté qu'on a à vitrifier les chaux d'antimoine , est toujours proportionnée à la
quantité de phlogistique qu'elles ont perdu ; d'où il suit nécessairement qu'une
chaux , dont la calcination auroit été
poussée à l'extrême , seroit aussi d'une
extrême difficulté à vitrifier. Et je soutiens que c'est-là tout ce qu'on peut af-

furer de pofitif à ce fujet ; l'Editeur s'a-
vance donc beaucoup trop lui-même en
affurant hardiment , comme il le fait,
qu'il y a des chaux d'antimoine qui ne
peuvent point entrer en fufion , quelque
violente & quelque longue que foit l'action du feu qu'on leur faffe éprouver,
puifqu'il décide de l'effet d'une expérience que ni lui, ni aucun autre Chymifte
n'oferoit affurer avoir jamais pouffée jufqu'où elle peut aller, & qu'il s'expofe
par-là à recevoir un démenti de la part
de ceux qui pourroient peut-être par la
fuite produire une chaleur capable de la
faire réuffir.

REMARQUE.

Page 479. note (*c*), l'Editeur dit :
» L'Auteur des Elémens de Chymie-
» théorique prétend que jufqu'à lui les
» Chymiftes n'ont point expliqué la cau-
» fe de ce phénomene, (*la détonation du*
» *nitre*), & il attribue cette caufe à ce
» que l'acide nitreux , en s'uniffant au
» phlogiftique du charbon , forme avec
» lui une efpece de foufre fi combuftible,
» qu'il s'enflamme dans le moment mê-
» me qu'il eft formé : à la bonne heure ;
» mais la queftion n'étoit pas de fçavoir

» fi ce foufre eft extrêmement combufti-
» ble , mais pourquoi il eft plus combu-
» ftible qu'un autre , & fur-tout pour-
» quoi il produit tant de bruit & de fra-
» cas lorfqu'il prend feu ? S'il étoit donc
» vrai qu'avant l'Auteur dont on parle
» ici , perfonne n'eût expliqué la déto-
» nation du nitre , cette explication fe-
» roit encore à trouver. Heureufement
» M. Stahl a donné , il y a long-temps ,
» une théorie auffi fatisfaifante qu'ingé-
» nieufe de cet effet fingulier ; il a fait
» voir que , &c. »

REPONSE.

Apparemment que je n'ai pas rendu
ma penfée avec affez de précifion & de
clarté dans cet endroit , puifque l'Editeur ne m'a pas compris ; voici donc po-
fitivement ce que je penfe à ce fujet ; j'ai
plutôt eu intention de parler d'un effet
qui précede & occafionne l'inflammation de l'acide nitreux , que de cette inflammation même , & je foupçonne qu'il
y a dans la détonation du nitre deux effets très-diftinéts l'un de l'autre , fçavoir
la décompofition de ce fel neutre , de laquelle réfulte un nouveau compofé que
je regarde comme une efpece de foufre
ou de phofphore , & l'inflammation de

ce foufre nitreux, qui occafionne la deftruction totale de fon acide. Je fçavois
très-bien que M. Stahl avoit expliqué ce
dernier effet d'une maniere fort ingé-
nieufe ; auffi ce n'eft point du tout l'inflammation, & la deftruction de l'acide
nitreux dont j'ai prétendu expliquer dans
cet endroit, puifque d'ailleurs j'en avois
fait mention antérieurement, mais feulement la décompofition préliminaire
du nitre confidéré comme fel neutre,
ce qui eft un objet tout différent. On
peut fe convaincre que je rapporte cette
décompofition, & la production de la
nouvelle combinaifon qui en réfulte, à
la doctrine des affinités ; doctrine que
l'Editeur rejette dans plufieurs de fes
notes, & fur laquelle je tâcherai de donner de nouveaux éclairciffemens dans
une nouvelle édition de la Chymie-théorique, où ils feront mieux placés qu'ici.

On voit par ce que nous venons de
dire, que la critique de l'Editeur n'eft
fondée que fur ce qu'il n'a pas bien faifi
ma penfée ; ce qui peut venir, comme
je l'ai déja dit, de ce que je ne me fuis
pas expliqué affez clairement. Mais une
chofe qui ne lui eft pas pardonnable,
à caufe de la paffion qu'elle décele, c'eft
de me faire parler tout autrement que je

ne parle en effet. *L'Auteur des Elémens de Chymie-théorique*, dit notre Cenfeur, *prétend que jufqu'à lui les Chymiftes n'ont point expliqué la caufe de ce phénomène, & il attribue cette caufe à ce que*, &c. Si j'avois dit : JUSQU'A MOI *les Chymiftes n'ont pas expliqué la caufe de ce phénomène* ; J'ATTRIBUE *cette caufe à ce que*, &c. l'Editeur auroit pu en confcience fe fervir des termes qu'il a employés pour expofer ce que j'avance à ce fujet ; mais heureufement il s'en faut beaucoup que je me fois exprimé d'une maniere auffi peu convenable : j'ai dit fimplement : *Jufqu'à préfent les Chymiftes n'ont point expliqué la caufe de ce phénomène ; pour moi, je conjecture*, &c. *Jufqu'à préfent* ne contient point l'égoifme indécent que l'Editeur a voulu me prêter. Dire, *je conjecture*, c'eft s'exprimer d'une maniere infiniment plus modefte & moins affirmative, que de dire *j'attribue.* Il eft donc évident que l'Editeur, en me faifant parler ici comme il lui plaît, a voulu me donner deux ridicules, mais qu'il n'a pu le faire fans fe rendre coupable de deux infidélités.

Voilà à quoi fe réduifent, pour ce qui me concerne directement, les Obfervations de l'Editeur de Lémery ; ç'en est assez pour mettre le Public en état de juger de la valeur intrinseque des critiques de cet Ecrivain , & de la maniere dont elles sont exécutées. Comme je n'avois jamais parlé de lui , ni directement, ni indirectement , que dans les termes les plus obligeans, je n'ai pu qu'être extrêmement surpris des critiques dures & pleines de fiel , qu'il s'est efforcé de faire de quelques endroits de mon Ouvrage ; & je ne sçais par quel motif il a mis de l'humeur dans une occasion comme celle-ci, où , (puisqu'il avoit envie de relever des fautes qu'il croyoit voir) il ne s'agissoit que de discuter la vérité le plus simplement , & avec le plus de décence qu'il étoit possible. Suffiroit-il donc pour encourir la disgrace de cet Ecrivain d'être son compatriote, son confrere & son contemporain ? Je veux bien ne le pas croire, quoique tout le monde puisse se convaincre qu'il a cherché à déprimer, le plus qu'il lui a été possible, tous ceux de nos Auteurs Chymistes , (à l'exception d'un seul) qui ont les qualités dont je viens de parler , tandis qu'il affecte de réserver ses éloges & ses épithètes obligeantes pour les défunts & pour les étrangers. Je ne doute point , par exemple, que les Lecteurs judicieux, qui méprifent avec raifon ces petites rivalités d'Auteurs, ne foient choqués de l'indécence & de la dureté que l'Editeur a mifes conftamment dans les critiques très-nombreufes, & la plû-part injuftes, par lefquelles il s'efforce d'avilir un Ouvrage moderne, auffi ef-timable qu'il eft eftimé à caufe de fon utilité reconnue pour la pratique de la Médecine, je veux parler de la Chymie médicinale ; l'accueil que le Public fait à ce Livre, met fon Auteur bien au-def-fus de toutes les chicanes que lui fait l'Editeur de Lémery ; auffi je n'entrerai à ce fujet dans aucun détail, qui feroit d'ailleurs déplacé ; je me contenterai de faire remarquer qu'une partie de ces obfervations tombent fur des endroits qui ont été entierement changés dans la nouvelle édition, laquelle eft dattée d'u-ne année antérieure à celle de Lémery, & l'a effectivement précédée. Circonftan-ce remarquable, qui auroit bien dû en-gager cet Ecrivain à fupprimer des cri-tiques qui dès lors n'avoient plus le moin-dre fondement, & à traiter avec plus d'é-gards un Auteur qui lui donnoit un fi bel exemple par le zele qu'il témoigne en tou-te occafion pour l'honneur defa profef-fion & pour celui de fes confreres.

TABLE
DES CHAPITRES
du premier Volume.

Fin de la Table des Chapitres.

ÉLÉMENS

ÉLÉMENS
DE CHYMIE PRATIQUE.

PREMIERE PARTIE.
DES MINERAUX

SECTION PREMIERE.

Des Opérations qui se font sur les substances salines Minérales.

CHAPITRE PREMIER
DE L'ACIDE VITRIOLIQUE.

PREMIER PROCEDÉ,
Retirer le Vitriol des Pyrites.

Renez telle quantité qu'il vous plaira de Pyrites ferrugineuses ; laissez-les exposées à l'air pendant quelque temps : elles se gerseront, se fendront, perdront leur brillant,

& fe réduiront en poudre. Mettez cette poudre dans une cucurbite de verre, & verfez deffus le double de fon poids d'eau chaude ; agitez le tout avec un petit bâton, la liqueur deviendra trouble. Verfez-la encore chaude dans un entonnoir de verre garni d'un filtre de papier gris, & laiffez-la fe filtrer, & couler dans une autre cucurbite de verre, fur laquelle vous aurez placé l'entonnoir. Reverfez de nouvelle eau chaude fur la poudre de Pyrites ; filtrez-la de même, & réitérez en diminuant toujours la quantité d'eau ; jufqu'à ce que l'eau que vous retirerez de deffus les Pyrites, ne vous paroiffe plus avoir aucune faveur aftringente & vitriolique.

Raffemblez toutes ces eaux vitrioliques dans un vaiffeau de verre évafé ; placez ce vafe fur un bain de fable, & l'échauffez jufqu'au point qu'il forte une fumée affez confidérable ; mais obfervez de ne point faire bouillir la liqueur. Continuez ce même degré de feu, jufqu'à ce que la fuperficie de la liqueur commence à fe ternir, comme s'il étoit tombé de la pouffiere deffus ; ceffez pour lors d'évaporer : & portez le vaiffeau dans un endroit frais : il s'y formera dans l'espace de vingt-quatre heures une certaine quantité de criftaux de couleur verte, & de figure romboïdale, qui font du Vitriol de Mars. Décantez la liqueur qui refte ; ajoûtez-y le double de fon poids d'eau ; filtrez, évaporez, & la laiffez criftalifer comme la premiere fois ; répétez cela jufqu'à ce qu'elle ne fourniffe plus du tout de criftaux. Gardez féparément les criftaux que vous aurez retirés à chaque criftalifation.

REMARQUES.

Les Pyrites font des minéraux, dont la pefanteur & la couleur brillante en impofent fouvent aux perfonnes qui n'ont pas fur les Mines beaucoup de connoiffances. On les croiroit, au premier coup d'œil, des Mines fort riches ; cependant elles ne font compofées que d'une petite quantité de métal uni avec beaucoup de foufre ou d'arfenic, quelquefois avec l'un & l'autre.

Lorfqu'on les frappe avec un briquet d'acier, elles jettent des étincelles comme les pierres à fufil, & répandent une odeur fulphureufe. Cette petite épreuve momentanée peut fervir à les faire reconnoître. Le métal qui se trouve le plus fréquemment & le plus abondamment dans les Pyrites, est le fer, quelquefois la quantité de ce métal égale & surpasse même, celle du soufre. Outre les matieres métalliques & sulphureuses, les Pyrites contiennent aussi une certaine quantité de terre non métallique.

Il y a plusieurs especes de Pyrites; les unes ne contiennent que du fer & de l'arsenic: elles n'ont pas toutes la propriété de tomber d'elles-mêmes en efflorescence à l'air, & de se changer en Vitriol, il n'y a que celles qui sont simplement ferrugineuses & sulphureuses, ou du moins qui ne contiennent qu'une très-petite quantité de cuivre ou d'arsenic : encore, parmi celles qui ne sont composées que de fer & de soufre, y en a-t-il qui restent des années entieres exposées à l'air sans fleurir, ou même qui n'y éprouvent jamais aucune altération sensible.

L'efflorescence des Pyrites ferrugineuses, & les altérations qu'elles éprouvent, sont très-dignes de remarque. Ces phénoménes dépendent de la propriété singuliere qu'a le fer de décomposer le souffre avec le secours de l'humidité. Si on mêle exactement ensemble de la limaille de fer bien fine avec des fleurs de soufre, & qu'on humecte ce mélange avec de l'eau, il s'échauffe considérablement, se gonfle, laisse échapper des vapeurs sulphureuses, & même s'enflamme : ce qui reste se trouve changé en Vitriol martial. Le souffre, par conséquent, se décompose dans cette occasion ; sa partie inflammable se dissipe ou se consume, & son acide se joint au fer, avec lequel il forme le Vitriol.

La même chose arrive aux Pyrites qui ne sont qu'un composé de fer & de soufre ; il y en a cependant, comme nous avons dit, qui ne peuvent tomber d'elles-mêmes en efflorescence, & se changer en Vitriol. Cela arrive apparemment parce que les parties ferrugineuses & sulphureuses de ses Pyrites ne sont point intimement mêlées ensemble, ou qu'il se trouve quelques parties terreuses interposées entre elles.

Il faut, pour retirer du vitriol de ces sortes de Pyrites, leur faire éprouver pendant quelque temps l'action du feu, qui brûlant une portion de leur soufre, & rendant leur tissu moins compact, donne moyen à l'air & à l'humidité, ausquels

on les expofe enfuite , de les pénétrer ,
& de procurer en elles les mêmes changemens qu'éprouvent celles qui fleurif-
fent d'elles mêmes.

Les Pyrites qui contiennent du cuivre
& de l'arfenic , & qui ne peuvent par
cette raifon tomber en efflorefcence ,
ont auffi befoin d'éprouver l'action du
feu , qui outre les effets qu'il produit fur
les Pyrites fimplement fulphureufes &
ferrugineufes, diffipe auffi la plus grande
partie de l'arfenic. Ces Pyrites après la
torréfaction étant expofées à l'air pendant
un an ou plus , donnent auffi du Vitriol;
mais ce Vitriol n'eft point fimplement
ferrugineux, il eft joint avec une certaine quantité de Vitriol bleu , qui a le
cuivre pour bâfe.

Il y a auffi quelquefois de l'Alun dans
les eaux vitrioliques qu'on a retirées de
deffus les Pyrites ; c'eft à caufe du mêlange de ces différens fels , que nous
avons dit qu'il eft bon de conferver à
part les criftaux qu'on retire dans les différentes criftalifations. On peut, par ce
moyen , les examiner féparément, & voir
de quelle efpece ils font.

Lorfque le Vitriol de Mars n'eft altéré que par le mélange du Vitriol de cui-

vre, il eſt facile de le purifier, & de le rendre entierement martial : en le diſſolvant dans l'eau, & mettant des lames de fer dans cette diſſolution. Le fer ayant plus d'affinité que le cuivre avec l'Acide vitriolique, en ſépare ce métal, & ſe ſubſtitue à ſa place pour former du Vitriol purement ferrugineux.

Le travail en grand par lequel on retire le Vitriol des Pyrites ſe fait ainſi. On raſſemble une grande quantité de Pyrites dans un terrein expoſé à l'air, elles ſont amoncelées les unes ſur les autres à la hauteur d'environ trois pieds. On les laiſſe en cet endroit éprouver l'action de l'air, du ſoleil, & de la pluie pendant trois ans, ayant ſoin de les remuer de ſix en ſix mois, afin de faciliter l'effloreſcence de celles qui ſont deſſous. On conduit par des canaux dans une citerne, l'eau de pluie qui a lavé ces Pyrites ; & quand on en a amaſſé une aſſez grande quantité, on la fait évaporer juſqu'à pellicule dans de grands vaiſſeaux de plomb, ayant ſoin d'y jetter une certaine quantité de fer, dont une partie ſe diſſout dans cette liqueur, parce qu'elle contient de l'Acide vitriolique qui n'en eſt pas ſuffiſamment ſaturé. Lorſqu'elle eſt ſuffifamment évaporée, on la met dans d'autres grands vaiffeaux de plomb ou de bois, pour y laiffer former les criftaux. On a foin de mettre dans ces mêmes vaiffeaux, plufieurs morceaux de bois différemment entre-croifés, qui multiplient les furfaces fur lefquelles les criftaux peuvent s'attacher.

Les Pyrites ne font point les feuls minéraux dont on puiffe retirer du Vitriol : toutes les Mines de fer & de cuivre qui contiennent du Soufre, peuvent auffi fournir du Vitriol verd ou bleu : fuivant leur nature, en les torréfiant & les laiffant long-temps expofées à l'air ; mais comme il y a plus de profit à en retirer les métaux qu'elles contiennent, on n'en fait pas ordinairement cet ufage. Il eft plus facile d'ailleurs, de retirer le Vitriol des Pyrites, que de ces autres matieres minérales.

II. PROCEDÉ.

Retirer le Soufre des Pyrites, & autres Minéraux sulphureux.

REDUISEZ en poudre grossiere la quantité que vous voudrez de Pyrites jaunes, ou de quelqu'autre minéral contenant du Soufre. Mettez cette matiere dans une cornue de terre ou de verre dont les deux tiers demeurent vuides, & dont le col soit large & long. Placez ce vaisseau dans un bain de sable ajusté sur un fourneau de réverbere ; adaptez un récipient à moitié plein d'eau, & placez-le de façon que le col de la cornue entre dans l'eau de la longueur d'un pouce ; donnez le feu par degrés, observant de ne le point pousser assez fort pour fondre la matiere. Entretenez la cornue médiocrement rouge pendant une heure ou une heure & demie. Après ce tems, laissez refroidir les vaisseaux.

Presque tout le Soufre qui se sera séparé de la mine pendant l'opération, se trouvera à l'extrémité du col de la rcornue où l'eau l'aura arrêté. Enlevez-

A v

le , en le faisant fondre par une chaleur douce qui ne soit point capable de lui faire prendre feu ; ou bien en cassant le col de la cornue.

REMARQUES.

Les Pyrites sont de tous les minéraux ceux qui contiennent le plus de Soufre , sur-tout celles qui ont une belle couleur de cuivre jaune , qui affectent des formes régulieres, rondes, cubiques , exagones , & dont les cassures font voir des aiguilles brillantes , dirigées vers un centre comme des rayons.

On n'a besoin , pour séparer le Soufre qu'elles contiennent , que d'une chaleur modérée. Nous avons dit qu'il faut que la cornue qu'on emploie ait le col long & large ; c'est afin que le Soufre puisse y passer librement : l'eau qu'on met dans le récipient le retient , le fige , & l'empêche de se dissiper ; il n'est point nécessaire , par cette raison , de fermer les jointures des vaisseaux. Mais il est à propos d'avertir que toutes les fois qu'on se sert d'un appareil de distillation où le bec de la cornue est ainsi plongé dans l'eau ; il est très essentiel d'entretenir toujours le feu de maniere que la cor-

nue n'éprouve aucun refroidissement ,
car alors l'air rarefié qu'elle contient venant à se condenser , l'eau du récipient
monteroit dans la cornue & la feroit casser.

Si dans la distillation du Soufre dont
il s'agit à present la matiere contenue
dans la cornue venoit à entrer en fusion,
l'opération se prolongeroit considérablement , & il faudroit beaucoup plus de
temps pour retirer tout le Soufre , parce
que l'évaporation ne se fait qu'à la superficie , & que quand la matiere est en
poudre grossiere , elle présente beaucoup plus de surfaces que quand elle est
fondue.

La même chose a lieu dans toutes les
autres distillations. Une certaine quantité de liqueur mise à distiller dans son
état de fluidité, est bien plus long-temps
à s'évaporer & à passer de la cornue dans
le récipient , que si on l'a incorporée
dans quelque corps réduit en petites parties , & que le tout ne soit qu'une poudre
humide, quoiqu'on employe dans l'une
& dans l'autre occasion précisément le
même degré de feu.

Si les matieres dont on veut retirer
le Soufre ne peuvent éprouver, sans en-

A vj

trer en fufion, le degré de feu néceffaire dans cette opération ; c'eft-à-dire, celui qui fait rougir obfcurément la cornue, il faut les mêler avec quelque fubftance qui ne foit pas fi facile à fondre.
Le gros fable bien pur peut être employé avec fuccès ; les terres abforban-
tes ne conviennent point dans cette occafion, parce qu'elles s'uniroient avec
le Soufre.

Les minéraux fulphureux les plus fufibles font les Pyrites cuivreufes, ou les
Mines de cuivre jaune : les Mines de
plomb ordinaire font auffi très-fufibles.

Les Pyrites font dans cette opération
privées de prefque tout le Soufre qu'elles contiennent : il ne refte plus, par
conféquent, après cela, que les parties
ferrugineufes & cuivreufes, & la portion
de terre non métallique que nous ap-
prendrons à en féparer, lorfque nous
traiterons de ces Métaux. Je dis que les
Pyrites font privées dans cette opération de prefque tout, & non pas de tout
le Soufre qu'elles contiennent, parce que
tant que l'on ne fait cette féparation du
Soufre que dans les vaiffeaux fermés, il
en refte toujours une certaine quantité
opiniatrément adhérent qu'il feroit pref-

que impoſſible d'enlever entierement quand même on employeroit pour cela un feu beaucoup plus fort que celui qui eſt preſcrit dans le procédé & qu'on auroit choiſi, comme on doit le faire, les eſpeces de Pyrites ou d'autres Minéraux ſulfureux dont le ſoufre ſe ſépare le plus facilement. Il n'y a qu'un feu très fort & à l'air libre qui puiſſe l'emporter ou le détruire abſolument.

On trouve une grande quantité de Soufre naturel en beaucoup d'endroits. Les Volcans en ſont remplis : on en ramaſſe au pied de ces montagnes. Pluſieurs ſources d'eaux minérales en fourniſſent auſſi : on en trouve de ſublimé aux voûtes de certaines fontaines, entr'autres à une fontaine minérale d'Aix-la-Chapelle.

On en retire, en Allemagne & en Italie, par un travail en grand, des Pyrites & autres minéraux abondans en Soufre. Ce travail eſt le même que le procédé que nous venons de donner, & n'en différe que parce que le Soufre étant de peu de valeur, on ne prend pas tant de précautions. On ſe contente de mettre les minéraux ſulphureux dans de grands creuſets, ou eſpeces de cucurbites de terre, on les difpofe de façon dans le fourneau, que la partie fulphureufe étant fondue, puiffe couler dans des vaiffeaux pleins d'eau, où il fe fige.

Le Soufre qu'on retire, foit par la diftillation, foit par la fimple fufion, n'eft pas toujours pur.

Lorfqu'on le retire par la diftillation, fi les matieres defquelles on le retire contiennent auffi d'autres minéraux à peu près auffi volatils que lui, comme font, par exemple, l'Arfenic, & le Mercure; ces mineraux montent auffi avec lui dans la diftillation. Il eft aifé de s'en appercevoir; car le Soufre pur fublimé eft toujours d'une belle couleur jaune tirant fur le citron. S'il eft rouge, ou qu'il ait quelque nuance de cette couleur, c'eft une marque qu'il s'eft fublimé de l'Arfenic avec lui.

Le Mercure fublimé avec le Soufre lui donne auffi une couleur rouge; mais il eft bien plus rare que le Soufre foit aitéré par le mêlange de cette fubftance métallique; attendu que l'Arfenic fe trouve fouvent combiné dans les Pyrites & autres minéraux fulphureux; & que le Mercure s'y rencontre au contraire très-rarement.

Si cependant il arrivoit qu'il se fût sublimé du Mercure avec le Soufre dans la distillation, on le reconnoîtroit en examinant le sublimé, qui auroit les propriétés du Cinnabre : sa cassure feroit voir l'intérieur disposé en aiguilles appliquées latéralement les unes sur les autres : la pesanteur de ce sublimé seroit très-considérable : enfin , la grande chaleur de l'endroit où il se seroit arrêté , fourniroit encore un indice ; car le Cinnabre étant moins volatil que l'Arsenic & le Soufre , il s'attache à des endroits dont la chaleur ne permettroit ni au Soufre ni à l'Arsenic , de s'y arrêter.

Le Soufre peut aussi être altéré par des matieres fixes , soit métalliques , soit terreuses , qu'il aura emportées avec lui dans la distillation , ou que l'Arsenic . qui a encore plus de vertu que le Soufre pour enlever les matieres fixes , aura sublimées avec lui.

Si l'on veut séparer du Soufre la plus grande partie de ces matieres étrangeres , il faut le mettre dans une cucurbite de terre qu'on placera dans un bain de sable. On ajustera sur la cucurbite un ou plusieurs aludels , & on ne donnera ensuite que le degré de chaleur néceffaire pour fondre le Soufre : ce degré de chaleur est bien moindre que celui qu'il faut pour séparer le Soufre de sa mine. Le Soufre étant fondu, se sublimera en fleurs citrines, qui s'attacheront aux parois des aludels.

Quand on s'appercevra qu'il ne se sublimera plus rien à ce degré, il faut laisser refroidir les vaisseaux. On trouvera au fond de la cucurbite une masse sulphureuse, laquelle contiendra la plus grande partie des matieres étrangeres qui étoient unies au Soufre. Cette masse aura une couleur plus ou moins rouge, ou grise, suivant la nature des matieres qui y seront demeurées.

Nous donnerons, lorsque nous parlerons de l'Arsenic & du Mercure, les moyens de séparer absolument le Soufre d'avec ces substances métalliques.

III. PROCEDÉ.

Extraire l'Alun des Minéraux alumineux.

P RENEZ des Minéraux qu'on sçait, ou qu'on soupçonne contenir de l'Alun. Exposez-les à l'air, pour les laisfer tomber en efflorefcence. S'ils reftent pendant un an fans éprouver d'altération fenfible, calcinez-les, & les laiffez enfuite expofés à l'air, jufqu'à ce qu'en en mettant fur la langue, on y apperçoive une faveur aftringente & alumineufe.

Lorfque ces matieres feront en cet état, mettez-les dans un vaiffeau de plomb ou de verre; verfez deffus le triple de leur poids d'eau chaude, faites bouillir la liqueur : filtrez-la; réitérez, & édulcorez ainfi la terre, jufqu'à ce que l'eau que vous retirerez de deffus n'ait plus de faveur. Mêlez enfemble toutes ces diffolutions, & les laiffez repofer pendant vingt-quatre heures, afin que les parties groffieres & terreufes qu'elles contiennent, puiffent fe dépofer au fond : ou bien filtrez la liqueur; faites-la évaporer jufqu'à ce qu'elle puiffe foutenir un œuf frais. Laiffez-la réfroidir & repofer pendant vingt-quatre heures; il s'y formera des criftaux, qui le plus fouvent font du Vitriol; rarement obtient-on de l'Alun dès cette premiere criftalifation. Séparez ces criftaux vitrioliques; s'il s'y trouve des criftaux d'Alun, il faut les rediffoudre, & les faire criftalifer une feconde fois pour les purifier , parcequ'ils participent de la nature & de la couleur du Vitriol. Retirez par cette méthode tout ce que la liqueur pourra donner d'Alun.

Si vous n'obtenez pas de criſtaux d'Alun par ce moyen , faites bouillir encore votre liqueur, & ajoûtez-y la vingtiéme partie de ſon poids d'une forte leſſive de cendres gravelées , ou un tiers de ſon poids d'urine putréfiée , ou un peu de chaux vive. C'eſt l'expérience & le tâtonnement qui font connoître laquelle de ces trois ſubſtances eſt préférable , ſuivant la différente nature des Minéraux ſur leſquels on opére. Continuez à faire bouillir ; il paroîtra un précipité blanc , s'il y a de l'Alun dans la liqueur ; laiſſez-la pour lors refroidir & repoſer. Quand le précipité blanc ſera dépoſé au fond , décantez-la , & laiſſez les criſtaux alumineux ſe former en repos juſqu'à ce que la liqueur ne puiſſe plus en fournir ; elle ſera pour lors fort épaiſſe.

REMARQUES

On retire l'Alun de pluſieurs eſpeces de Minéraux. En certains lieux d'Italie ,

& dans plusieurs autres endroits, il fleurit de lui-même sur la superficie de la terre. On le recueille avec des balais, & on le fait tomber dans des fosses pleines d'eau. On en charge cette eau jusqu'à ce qu'elle en ait dissous tout ce qu'elle en peut dissoudre. On la filtre ensuite ; on la laisse évaporer dans de grands vaisseaux de plomb ; & lorsqu'elle est suffisamment évaporée, & sur le point de donner des cristaux, on la verse dans des cuves de bois pour laisser cristaliser le sel.

Il se trouve souvent dans les terreins alumineux, des sources dont les eaux tiennent en dissolution une grande quantité d'Alun. Il suffit de faire évaporer ces eaux pour l'en retirer.

Il y a aux environs de Rome des pierres fort dures qu'on taille comme celles qui servent aux bâtimens : ces pierres fournissent beaucoup d'Alun. Pour l'en retirer, on leur fait éprouver une calcination de douze ou quatorze heures; après quoi on les expose à l'air par monceaux, & l'on a soin de les arroser trois ou quatre fois par jour pendant quarante jours. Au bout de ce temps, elles commencent à fleurir & à se couvrir d'une matiere rougeâtre. On les fait bouillir dans de l'eau, qui fe charge de tout ce qu'elles contiennent d'Alun, qu'on retire en criftaux en la faifant évaporer. C'eft cet Alun qu'on nomme, *Alun de Rome.*

Plufieurs efpeces de Pyrites fourniffent auffi beaucoup d'Alun. On trouve en Angleterre une pierre pyriteufe dont la couleur approche de celle de l'ardoife. Cette pierre contient beaucoup de Soufre, dont on le débarraffe en le faifant brûler. On la fait enfuite macérer dans l'eau, qui diffout ce qu'elle contient d'Alun. On ajoûte à cette diffolution une certaine quantité de leffive de cendres de plantes maritimes.

Les Suédois ont chez eux une Pyrite brillante de couleur d'or, & parfemée de taches argentées, dont ils retirent du Soufre, du Vitriol & de l'Alun. Ils en féparent le Soufre & le Vitriol par les moyens que nous avons indiqués. Quand la liqueur, dont on a retiré du Vitriol, eft épaiffe, & qu'il ne s'y forme plus de criftaux vitrioliques, ils y ajoûtent un huitiéme de fon poids d'urine putréfiée, & de leffive de cendres de bois neuf: ce qui fait auffitôt paroître & précipiter au fond de la liqueur une grande quantité de matiere rouge. Ils décantent la liqueur de deſſus le précipité; ils la font évaporer, & il s'y forme de beaux criſtaux d'Alun.

L'Alun, comme le prouve aſſez ce que nous venons de dire des différentes matrices dont on le retire, eſt rarement ſeul dans les eaux avec leſquelles on a leſſivé les matieres alumineuſes. Il y a preſque toujours avec lui une certaine quantité de Vitriol ou d'autres matieres ſalines minérales, qui font obſtacle à ſa criſtaliſation, & l'empêchent d'être pur. C'eſt pour en ſéparer ces matieres, qu'on mêle dans les eaux chargées d'Alun, une certaine quantité de leſſive d'Alkali fixe, ou d'urine putréfiée, laquelle contient beaucoup d'Alkali volatil. Ces Alkalis ont la propriété de décompoſer tous les Sels neutres, qui ont pour bâſe une terre abſorbante, ou une ſubſtance métallique, & de décompoſer plus facilement ceux qui ont pour bâſe une ſubſtance métallique, que ceux dont la bâſe eſt terreuſe. Ils doivent par conſéquent, ſi on en mêle dans une liqueur qui tienne en diſſolution l'une & l'autre eſpece de ces ſels, décompoſer celui dont la bâſe eſt métallique, plutôt que

celui dont la bâfe eft terreufe. C’eft
ce qui arrive dans une diffolution d’A-
lun & de Vitriol. La partie métallique
de ce dernier eft féparée de fon acide
par les Alkalis lorfqu’on en mêle dans
cette diffolution ; & c’eft cette partie
métallique, laquelle le plus fouvent eft
ferrugineufe, qui paroît fous la forme
du précipité rougeâtre dont nous avons
parlé.

Mais comme les Alkalis décompofent
auffi les Sels neutres qui ont pour bâfe
une matiere terreufe, il faut avoir attention de n’en pas ajoûter une trop grande
quantité : autrement, tout ce qui excé-
deroit la dofe néceffaire pour décompofer ce que la liqueur contient de vitriolique, agiroit fur l’Alun, & le décom-
poferoit auffi.

Les Alkalis qu’on employe pour faciliter la criftalifation de l’Alun s’uniffent
avec l’Acide vitriolique qui tenoit en
diffolution les matieres qu’ils ont précipitées, & forment avec lui des Sels neutres, différens fuivant leur nature. Si
c’eft une leffive de cendres ordinaires,
le Sel neutre eft un Tartre vitriolé : fi la
leffive eft de cendres de plantes maritimes de la nature de la foude, le Sel neu-

tre eſt un Sel de Glauber : ſi c'eſt l'urine putréfiée, le Sel neutre eſt un Sel Ammoniacal vitriolique. Une partie de ces ſels eſt confondue avec l'Alun, qui dans le travail en grand ſe criſtaliſe en groſſes maſſes : de-là vient qu'il y a des eſpeces d'Alun qui mêlés avec un Alkali fixe ont une odeur d'Alkali volatil.

Les criſtaux de l'Alun ſont des octahedres, c'eſt-à-dire, des ſolides à huit ſurfaces. Ces octahedres ſont des pyramides triangulaires dont les angles ſont coupés, deſorte que quatre de leurs ſurfaces ſont des héxagones, & les quatre autres des triangles.

Le Soufre, le Vitriol & l'Alun ſont les trois matieres les plus connues dans leſquelles réſide particulierement l'Acide univerſel ou vitriolique, & deſquelles on le ſépare pour l'avoir pur. C'eſt pourquoi, avant de parler de l'extraction de cet Acide, nous avons cru qu'il étoit à propos de donner la maniere de les ſéparer elles-mêmes des autres Minéraux dont on peut les retirer.

D'ailleurs, toutes les autres matrices auſquelles l'Acide vitriolique eſt le plus ſouvent uni, ſe peuvent rapporter à l'une des matieres qui fervent de bâfe à ces trois minéraux.

On doit rapporter au Soufre les combinaifons d'Acide vitriolique, avec une matiere inflammable : il faut pourtant bien fe garder de confondre avec le Soufre, les bitumes dans lefquels on pourroit découvrir l'Acide vitriolique, parceque la bâfe de ces bitumes eft une véritable huile, au lieu que celle du Soufre eft le Phlogiftique pur. Mais comme les Huiles contiennent elles-mêmes le Phlogiftique, qui uni à l'Acide vitriolique forme de vrai Soufre, il s'en fuit que ces fortes de bitumes peuvent être en quelque forte rangés dans la claffe du Soufre.

Il en eft de même du Vitriol. On ne donne communément ce nom qu'aux combinaifons formées de l'Acide vitriolique, & du fer ou du cuivre, qui font les Vitriols verd & bleu ; & à une troifiéme efpece de Vitriol, qui eft blanc, dont la bâfe eft du Zinc ; mais comme l'Acide vitriolique peut par des combinaifons particulieres être uni à beaucoup d'autres fubftances métalliques, tous ces Sels métalliques doivent fe rapporter à la claffe du Vitriol,

Il faut

Il faut dire aussi la même chose de l'Alun, qui n'est autre chose que l'Acide vitriolique uni à une espece particuliere de terre absorbante. On peut rapporter à cette combinaison , toutes celles qui naissent de ce même Acide uni à une terre quelconque.

Cette derniere classe de mixtes qui contiennent l'Acide vitriolique est la plus étendue , parce qu'il y a une grande quantité de terres différentes les unes des autres avec lesquelles notre Acide est uni. L'Alun proprement dit , les Gipses, les Talcs , les Sélenites , les Bols, & tous les autres composés de cette espece , ne différent les uns des autres que par leur terre.

Les propriétés différentes qu'ont ces sels terreux , dépendent de la nature de leur bâse. Ceux qui sont alumineux retiennent beaucoup d'eau dans leur cristalisation , ce qui les rend très-dissolubles dans l'eau , & leur donne la propriété d'acquérir aisément la fluidité aqueuse lorsqu'on les expose au feu. Ceux qui sont de la nature de la Sélenite ne prennent dans leur cristalisation qu'une très-petite quantité d'eau , & sont par conséquent presque indisso-

<table><tr><td>Tome. I.</td><td>B</td></tr></table>

lubles dans l'eau : le feu ne leur donne point non plus de fluidité aqueuse. Enfin, les Gypfes & les Talcs font encore plus éloignés de ces propriétés. La nature des terres de ces différens compofés n'eft encore connue que très-imparfaitement, & peut fournir aux Chymiftes matiere à des recherches auffi curieufes qu'utiles.

On trouve quelquefois l'Acide vitriolique engagé dans une bâfe alkaline fixe. C'eft prefque toujours l'Alkali du Sel marin, enforte que ce compofé eft du Sel de Glauber. Il y a des eaux minérales qui en contiennent. Cela arrive lorfque ces eaux font chargées de Vitriol ou d'Alun, & en même temps de Sel marin.

On fçait par les principes que nous avons établis dans nos Elémens, que l'Acide vitriolique a une moindre affinit avec les fubftances terreufes & métalliques, qu'avec les Alkalis fixes; & que ce même Acide vitriolique eft plus fort que l'Acide marin, & a plus d'affinité que lui avec les Alkalis fixes. Cela pofé, on conçoit aifément comment fe forme le Sel de Glauber naturel. L'Acide des fels alumineux ou vitrioliques quitte la terre,

ou le métal avec lequel il étoit uni , &
se joint avec la bâse du Sel marin , dont
il chasse l'Acide. La chaleur aide beaucoup ces décompositions.

S'il se trouvoit du Sel commun fossi-
le , nommé communément *Sel géme* , ou
toute autre espece de Sel marin dans le
voisinage d'un Volcan, duquel il sortît
du Soufre embrasé , comme cela arrive
souvent , & que ce Soufre pût toucher
au Sel marin , il se formeroit aussi en cet
endroit du Sel de Glauber , parceque
l'Acide du Soufre se dégage & devient
libre dans le tems de sa combustion.

Enfin, si les matieres alumineuses , vitrioliques , ou le Soufre allumé , parve-
noient dans quelqu'endroit où il y eût
des cendres de plantes ou d'arbres con-
sumés par quelqu'incendie , on trouveroit du Tartre vitriolé , parceque ces
cendres contiennent un Alkali fixe, analogue à celui du Tartre.

L'Acide vitriolique engagé dans des
bâses terreuses , y tient fortement , ensorte qu'on ne peut l'en dégager par la
violence du feu, ou du moins qu'on n'en
peut dégager qu'une très-petite partie.
On ne peut l'en séparer qu'en lui présentant un Alkali salin dans lequel il s'en-

B ij

gage. Aussi ne le retire-t-on pas de ces matieres quand on veut l'avoir pur. Il tient moins fortement aux substances métalliques, & par la violence du feu on le sépare d'avec elles. On peut donc le retirer des différentes especes de Vitriol. On le retire ordinairement du Vitriol vert comme le plus commun.

A l'égard du Soufre, comme le Phlogistique qui est sa bâse est la substance avec laquelle l'Acide vitriolique a le plus d'affinité, il seroit impossible de le décomposer par aucun moyen, & d'en séparer l'Acide, s'il n'étoit inflammable; mais dans la combustion, le Phlogistique se détruit, & laisse l'Acide libre : ainsi on peut se servir de ce moyen pour l'en séparer. Nous allons donner les Procédés par lesquels on retire l'Acide du Vitriol, & du Soufre.

IV PROCEDÉ.

Extraire l'Acide vitriolique du Vitriol vert.

Prenez telle quantité qu'il vous plaira de Vitriol vert. Mettez - le dans un vase de terre non vernissé.

Echauffez-le par degrés. Il en sort d'abord quelques vapeurs. Ensuite, en augmentant un peu le feu, il se liquefie à la faveur de l'eau qu'il contient, & acquiert la fluidité que nous avons nommée *aqueuse*. En continuant la calcination, sa fluidité diminue : il s'épaissit, & prend une couleur grise. Augmentez alors le feu, & le continuez jusqu'à ce que ce Sel soit redevenu solide, qu'il ait acquis une couleur jaune orangée, & qu'il commence à devenir rouge dans les endroits qui touchent immédiatement les parois du vase. Retirez-le pour lors du vaisseau, & le réduisez en poudre.

Mettez ce Vitriol, ainsi calciné & réduit en poudre, dans une bonne cornue de terre, dont la moitié au moins doit demeurer vuide. Placez la cornue dans un fourneau de réverbere : ajustez-y un grand récipient de verre, que vous y lutterez bien : donnez le feu par degrés. Vous verrez d'abord sortir des vapeurs blanches qui obscurciront & échaufferont le récipient. Continuez le feu au même degré tant qu'elles sortiront ; elles seront suivies par une liqueur qui coulera le long des parois de ce vaisseau en forme de stries. Soutenez encore le feu au même degré tant qu'elles paroîtront. Quand elles commenceront à diminuer, augmentez le feu, & pouffez-le jufqu'à la derniere violence ; il paffera dans le récipient une liqueur noire & épaiffe, qui même fe trouvera congelée, & fera de l'Huile de Vitriol glaciale, fi vous avez eu foin de changer de récipient, de tenir les vaiffeaux exactement fermés, & que vous puiffiez donner une chaleur fuffifante. Continuez jufqu'à ce qu'il ne paffe plus rien, ou du moins peu de chofe. Laiffez refroidir les vaiffeaux, déluttez, & verfez la matiere du récipient dans un flacon que vous boucherez hermétiquement.

REMARQUES.

Le Vitriol vert retient dans fa criftalifation une grande quantité d'eau : c'eft pour le dépouiller de tout ce phlegme fuperflu, qu'on le calcine avant de le foumettre à la diftillation. Si on n'avoit pas cette précaution, on alongeroit confidérablement l'opération, & on employeroit un temps confidérable à diftiller toute cette eau, qui d'ailleurs affoibliroit beaucoup l'Acide en fe mêlant avec lui, à moins qu'on n'eût la précaution de changer de récipient aussitôt qu'elle seroit passée.

Il y a encore un autre avantage à calciner le Vitriol avant de le mettre dans la cornue : c'est que sans cela ce Sel se liquifieroit à la premiere chaleur, & se mettroit en masse ; ce qui seroit un grand obstacle à la distillation. On évite cet inconvénient en le calcinant d'abord, parceque cela donne la facilité de le réduire en une poudre qui ne devient plus fluide.

Le Vitriol, calciné comme nous l'avons prescrit dans le procédé, se durcit tellement, & s'attache si fortement au vaisseau dans lequel s'est fait la calcination, qu'on a beaucoup de peine à l'en séparer, & à le mettre en poudre. Il faut avoir attention, aussitôt qu'il est pulvérisé, de le mettre dans la cornue, & de la bien boucher, si on ne commence pas aussitôt l'opération : car il reprend de lui-même à l'air la plus grande partie de l'humidité dont on l'a privé.

L'Acide qu'on retire du Vitriol par la distillation est sulphureux, apparemment parcequ'il a retenu une partie du Phlogistique, auquel il étoit uni lorsqu'il étoit sous la forme de Soufre dans les Pyrites; ou bien, parcequ'il s'eſt ſaiſi d'une portion de celui du fer qui lui ſert de bâſe dans le Vitriol. Mais cette partie ſulphureuſe étant volatile, ſe diſſipe d'elle-même au bout d'un certain temps.

Cette décompoſition du Vitriol dans les vaiſſeaux fermés, eſt un procédé difficile & laborieux. Il faut, lorſqu'on veut pouſſer l'opération juſqu'au bout, un feu de la derniere violence, entretenu ſans diſcontinuation pendant quatre ou cinq jours, & tel que peu de vaiſſeaux peuvent le ſoutenir. Auſſi fait-on rarement cette opération ici dans les Laboratoires. Les Chymiſtes font venir de l'Huile de Vitriol de Hollande, où on la retire du Vitriol par un travail en grand, & par le moyen de fourneaux conſtruits exprès, ſur leſquels ſont ajuſtées pluſieurs cornues.

M. Hellot a donné, dans les Mémoires de l'Académie des Sciences, les principales circonſtances d'une très-belle expérience de cette nature, par laquelle il a pouſſé juſqu'au bout la diſtillation du Vitriol vert. Il a mis dans une cornue d'Allemagne, * ſix livres de Vitriol

* Elles ſont beaucoup meilleures, & ſupportent bien mieux le feu que les nôtres.

.vert d'Angleterre calciné au rouge , &
les a expofées à un feu de la derniere
violence continué pendant quatre jours
& quatre nuits. Au bout de ce temps ,
il s'eft trouvé dans les vaiffeaux qui fer-
voient de récipients à la cornue une
Huile de Vitriol glaciale, qui étoit toute
entiere en forme criftaline & noire. Voici les précautions que M. Hellot demande pour faire réuffir cette expérience :
ce font fes propres paroles que je vais
rapporter.

« La réuffite de cette opération , qui
» donne une Huile de Vitriol toute gla-
» ciale & fans liqueur , dépend des pré-
» cautions qu'on prend pour empêcher
» que les vapeurs acides , chaffées par
» le feu d'un Vitriol calciné au rouge ,
» n'aient de communication avec l'air
» extérieur pendant la diftillation : car
» alors elles attireroient de l'air une hu-
» midité qui les entretiendroit liquides
» dans le récipient. Il faut que ce réci-
» pient foit affés éloigné du fourneau
» pour qu'il puiffe refter froid , afin que
» les vapeurs s'y condenfent. Il faut auffi
» qu'il y ait de l'efpace , pour qu'elles
» puiffent s'étendre , & pour que les ex-
» plofions fulphureufes , qui partent de

B v

» temps en temps de la cornue, ne rom-
» pent pas les vaisseaux : car quoique la
» calcination précédente du Vitriol en
» ait chassé le plus volatil, il y reste en-
» core assés de principe inflammable,
» ne fut-ce que celui du fer, pour que
» l'Acide qui se dégage forme avec lui
» un Soufre, ou au moins un mélange
» qui seroit inflammable comme le Sou-
» fre commun, s'il n'étoit pas surchargé
» d'Acide.

» M. Hellot n'a pas eu de meilleur
» moyen pour y réussir, que celui d'a-
» dapter au col de la cornue un réci-
» pient à deux cols ; & au col inférieur
» de ce récipient, un grand balon : c'est
» l'appareil des vaisseaux enfilés.

» Cette Huile glaciale est très-diffici-
» le à retirer du balon, parcequ'aussi-
» tôt que l'air la frappe, il en sort des
» vapeurs sulphureuses si épaisses, qu'on
» est obligé de poser le vaisseau sur quel-
» qu'appui dans un endroit plus élevé
» que la tête, sans quoi il ne seroit pas
» possible de s'y tenir exposé pendant
» une minute sans être suffoqué. » Cet
Acide glacial doit être enfermé le plus
promptement qu'il est possible dans un
flacon de cristal bouché exactement avec

un bouchon de criſtal uſé avec l'Emeri
dans ſon gouleau : car il attire ſi puiſſam-
ment l'humidité de l'air , qu'à moins
qu'on ne prenne des précautions ex-
trêmes pour empêcher qu'il ne communique avec l'air extérieur , il ſe réſout
bientôt en liqueur.

» L'Huile glaciale eſt noire , parce-
» que les vapeurs acides emportent avec
» elles un peu d'une matiere graſſe dont
» le Vitriol eſt rarement exempt , &
» qu'on trouve toujours après les ſolu-
» tions & les criſtaliſations répétées de
» ce Sel , dans une eau mere qui ne ſe
» criſtaliſe plus. Or la plus petite por-
» tion de matiere inflammable noircit
» aſſez vîte l'Huile de Vitriol la mieux
» rectifiée , qui eſt blanche.

» L'Acide vitriolique chaſſé par un
» grand feu , éleve auſſi des parties fer-
» rugineuſes , ou qui n'ont beſoin que
» d'être uni au Phlogiſtique pour être
» de vrai fer. On les montre aiſément
» dans l'Huile de Vitriol commune &
» noire , ou dans ces criſtaux noirâtres
» de l'Huile glaciale , ſi on les diſſout
» dans une grande quantité d'eau diſti-
» lée : car au bout de ſept ou huit jours
» de digeſtion , il s'en précipite une

B vj

» poudre ou sédiment en floccons, qui
» calciné à feu violent, a des parties at-
» tirables par l'aimant; recalciné avec
» de la cire, il est presque tout fer.

Le *Caput mortuum* de cette distillation du Vitriol, est la terre ferrugineuse de ce Sel : on la nomme *Colcotar*.
Lorsque ce Colcotar a éprouvé un feu
violent, comme dans l'expérience dont
nous venons de parler, il n'y reste presque plus d'Acide. De six livres de Vitriol que M. Hellot avoit employées
dans son expérience, il n'en a pu retirer, après avoir fait la lessive de ce qui
restoit dans la cornue, que deux onces
d'un Sel vitriolique; encore étoit-il fort
terreux.

Si le Vitriol n'a pas éprouvé un feu si
violent ni si long-temps continué, on
retire du Colcotar une plus grande
quantité de Vitriol qui n'a pas été décomposé. On en retire aussi un Sel blanc
cristalin, qu'on a nommé *Sel de Colcotar*, lequel n'est qu'une petite portion
d'Alun que le Vitriol contient ordinairement, & qui ne se laisse pas décomposer par l'action du feu aussi facilement
que le Vitriol.

V. PROCEDÉ.

Décomposer le Soufre par la combustion ;
& en retirer l'Acide.

PRENEZ telle quantité qu'il vous plaira de Soufre le plus pur : emplissez-
en un creuset ou quelqu'autre vaisseau de
terre : exposez-le au feu jusqu'à ce que le
Soufre soit fondu : mettez-y pour lors le
feu ; & lorsque toute sa superficie sera allumée, placez-le sous un grand chapiteau
de verre, disposé de façon, que la flamme du Soufre ne touche point à son fond
ni à ses côtés ; qu'il y ait un accès assés
libre à l'air, afin que le Soufre puisse brûler aisément; que ce chapiteau soit un peu
incliné du côté du bec, ensorte que les
vapeurs qui s'y seront condensées puissent y couler aisément. Ajustez au bec
de ce vaisseau un récipient ; les vapeurs
du Soufre allumé se condenseront, se
rassembleront en gouttes dans ce chapiteau, & passeront de-là dans le récipient.
On y trouvera , quand le Soufre aura
cessé de brûler, une liqueur acide qui est
de l'Esprit de Soufre.

REMARQUES.

Dans la combustion du Soufre, le Phlogistique qui lui sert de bâse se dissipe, & se sépare de l'Acide qui demeure libre. Les vapeurs acides qui s'élevent du Soufre allumé, s'attachent aux parois du chapiteau qu'on leur présente, s'y condensent, & paroissent sous la forme d'une liqueur. Mais comme le Soufre, de même que tous les autres corps inflammables, excepté le Nitre, ne peut brûler dans les vaisseaux fermés, on est obligé d'admettre le concours de l'air libre dans cette opération : ce qui est cause qu'on perd une grande quantité de l'Acide du Soufre, lequel se manifeste par l'odeur pénétrante & suffocante qu'on apperçoit dans le Laboratoire où on fait cette opération.

Cet Acide, qui combiné avec le Phlogistique, étoit incapable de contracter aucune union avec l'eau, devient quand il est libre, très-propre à se mêler avec elle : il est bon même de lui en présenter, dans laquelle il puisse s'incorporer à mesure qu'il se dégage du Soufre ; car il est pour lors très-déphlegmé, très-volatil, par conséquent peu propre à se

condenfer en liqueur , & au contraire
très - difpofé à fe diffiper en vapeurs.
L'eau à laquelle il s'unit avec une forte
d'avidité, le fixe & l'entraîne avec elle.
On en retire par ce moyen une bien
plus grande quantité, que fi on le dif-
tilloit à fec.

Il eft donc à propos de préfenter de
temps en temps fous le chapiteau qui
reçoit les vapeurs fulphureufes, un vaiffeau plein d'eau chaude. La fumée qui
s'en exhale, rend ce chapiteau humide ,
& procure l'avantage dont nous venons
de parler.

On peut employer pour cela différens moyens ; comme de mettre le creufet qui contient le Soufre , fur un culot
placé dans une terrine, dans laquelle il y
aura une quantité d'eau qui n'excéde
point la hauteur dudit culot , de peur
que fi elle parvenoit jufqu'au creufet ,
elle ne refroidit & ne figeât le Soufre.
La terrine ainfi difpofée , doit être placée fur un bain de fable affés chaud pour
faire fumer l'eau continuellement : &
fur le tout , on difpofe le chapiteau
comme nous l'avons dit dans le Procédé.

La grandeur & la figure du vaiffeau

qui reçoit les vapeurs fulphureufes, contribuent auffi à augmenter la quantité d'Efprit de Soufre qu'on retire. Un vaiffeau très-ample, & dont l'ouverture inférieure n'a de largeur que ce qui eft néceffaire pour admettre les vapeurs, eft le plus convenable pour cette opération.

Lorfque le Soufre a brûlé pendant un certain temps, il arrive fouvent qu'il fe forme à fa furface une efpece de peau, ou de croûte, qui n'eft point inflammable, qui diminue la quantité & l'Activité de la flamme, à mefure qu'elle s'épaiffit, & qui enfin la fupprime entierement. Cette croûte eft formée par des impuretés & des parties hétérogénes non inflammables que contient le Soufre. Il faut avoir foin de l'enlever avec un fil de fer, à mefure qu'elle fe forme.

On peut auffi avoir du Soufre dans deux creufets qu'on fait chauffer alternativement. On fubftitue celui qui eft chaud, & dans lequel le Soufre eft en fufion, à celui dans lequel le Soufre eft refroidi & figé, parceque le Soufre froid brûle moins bien.

L'Efprit de Soufre eft d'abord pénétrant & volatil, parcequ'il retient encore une petite portion de Phlogistique ; mais ce sulphureux se dissipe, sur-tout si on laisse débouchée pendant quelque temps, la bouteille dans laquelle on le conserve.

L'Acide retiré du Soufre, est à toutes les épreuves chymiques, entierement semblable à celui qu'on retire du Vitriol : il n'en différe qu'en ce qu'il est plus pur ; car l'Acide retiré du Vitriol emporte avec lui, ainsi que nous l'avons remarqué, quelques parties métalliques, ce qui n'arrive point à celui qu'on retire du Soufre.

Si on présente des linges imbibés d'une dissolution d'Alkali fixe, à la vapeur du Soufre brûlant, l'Esprit de Soufre se joint avec l'Alkali qu'on lui présente, & forme avec lui un Tartre vitriolé. On reconnoît que ce Sel est formé, parceque les linges deviennent roides & paroissent parsemés d'une infinité de brillans, qui ne sont autre chose, que de petits cristaux du Sel dont nous venons de parler.

Lorsque le Soufre ne brûle que peu à peu, & très-lentement, l'Esprit qui s'en exhale est beaucoup plus sulphureux & volatil : aussi, le Sel qui se forme de la combinaison de cet Esprit avec un Alkali fixe, qu'on lui présente dans des linges, comme dans l'expérience précédente, n'est-il point d'abord un Tartre vitriolé ; mais un Sel neutre d'une espece particuliere, qui peut être décomposé par tous les Acides minéraux, l'Acide sulphureux ayant avec les Alkalis moins d'affinité que les autres. Ce Sel, cependant, se convertit au bout d'un certain temps en vrai Tartre vitriolé, parceque la partie sulphureuse qui affoiblissoit son acide, se dissipe, & le quitte assés facilement.

VI. PROCEDÉ.

Concentrer l'Acide vitriolique.

PRENEZ de l'Acide vitriolique que vous voudrez concentrer, c'est-à-dire, déphlegmer & rendre plus fort : mettez le dans une cornue de bon verre, assés grande pour que la quantité d'Acide que vous aurez ne l'emplisse qu'à moitié : placez cette cornue sur le bain de sable du fourneau de réverbere : ajustez-y un récipient, que vous lutterez à la cornue, donnez le feu par de-

grés. Il paſſera dans le récipient une liqueur blanche, dont les premieres gouttes ne ſont que foiblement acides : c'eſt
la partie la plus aqueuſe.

Lorſque les gouttes commenceront à
ſe ſuccéder beaucoup plus lentement,
augmentez le feu, juſqu'au point qu'il
ſe forme un petit bouillon au milieu de
la liqueur. Entretenez-la ainſi légerement bouillante, juſqu'à ce qu'il en ait
paſſé la moitié ou les deux tiers dans le
récipient. Laiſſez alors refroidir les vaiſſeaux, déluttez-les, & verſez dans un
flacon de criſtal ce qui reſtera dans la
cornue. Bouchez exactement ce flacon
avec un bouchon de criſtal uſé à l'E-
meri.

REMARQUES.

L'Acide retiré du Soufre eſt ordinairement fort aqueux, ſoit parcequ'on eſt
obligé de lui préſenter de l'eau, avec laquelle il ſe mêle à meſure qu'il ſe dégage
du Soufre ; ſoit parcequ'étant très-avide
de l'humidité, il s'eſt chargé de celle de
l'air qu'il eſt néceſſaire d'admettre pour
la combuſtion du Soufre.

L'Acide qu'on retire du Vitriol, à
l'exception de celui qui vient le dernier,

est aussi chargé d'une quantité assés considérable de phlegme, parceque le Vitriol, quoique calciné, en retient encore beaucoup, qui s'éleve avec l'Acide dans la distillation. Or une infinité d'expériences chymiques ne réussissent qu'avec des Acides extrêmement déphlegmés, ainsi il est bon d'avoir dans un Laboratoire tous les Acides ainsi conditionnés, parcequ'il est fort aisé, s'ils font trop forts pour certaines expériences, comme cela arrive quelquefois, de les affoiblir à tel degré qu'on le juge à propos, en y mêlant une suffisante quantité d'eau.

L'Acide vitriolique est beaucoup plus pesant & beaucoup moins volatil que l'eau. Si donc on expose au feu un mélange de ces deux substances, la partie aqueuse doit s'élever à un degré de chaleur qui ne fera pas capable d'enlever l'Acide, & on les séparera par ce moyen l'une de l'autre. C'est ce qui arrive dans la concentration de l'Acide vitriolique,

Cependant, comme cet acide s'unit très-intimement avec l'eau, & y est en quelque forte fort attaché, l'eau en entraîne avec elle une partie ; de-là vient que la liqueur qui passe dans le récipient eſt acide : elle porte le nom d'*Eſ-prit de Vitriol.*

A meſure que le feu enléve la partie la plus aqueuſe, celle qui reſte dans la cornue augmente en peſanteur ſpécifique. Les parties Acides ſe trouvent plus rapprochées, retiennent plus fortement les parties aqueuſes, & parconſéquent il faut augmenter le dégré de chaleur pour les enlever.

On fait ordinairement paſſer dans le récipient la moitié, ou même les deux tiers, de la liqueur qu'on a miſe dans la cornue : cela dépend du degré de force où eſt l'Acide avant la concentration, & du degré de concentration qu'on veut lui donner.

Si c'eſt de l'Huile de Vitriol que l'on concentre, ſa couleur brune ou noire s'éclaircit à meſure que l'opération avance, & enfin elle devient entierement blanche & tranſparente, parceque la matiere graſſe qui la noirciſſoit ſe diſſipe pendant l'opération. Il y en a qui dépoſe une terre blanche & criſtaline.

On ſent ordinairement une odeur ſulphureuſe autour des vaiſſeaux pendant l'opération : cela vient d'une petite portion de Phlogiſtique dont l'Acide n'eſt point exempt. C'eſt cette matiere inflammable qui donne à l'Huile de Vitriol ſa couleur noire; car l'Huile de Vitriol la plus blanche & la mieux rectifiée, devient brune & même noire en aſſés peu de temps, ſi elle diſſout quelque matiere inflammable, quand même celle-ci ſeroit en très-petite quantité.

On lutte les vaiſſeaux dans cette opération, afin de ne rien perdre de l'Eſprit de Vitriol qu'on en retire, qui étant fort acide, peut ſervir à une infinité d'expériences chymiques, & peut lui-même être encore concentré.

Il eſt néceſſaire, comme nous avons dit, de ſe ſervir pour cette opération, d'une cornue qui ſoit de très-bon verre; car cet Acide eſt ſi actif & ſi puiſſant, que ſi le verre étoit tendre & un peu trop ſalin, il le rongeroit & le ſépareroit en pluſieurs morceaux.

Quoique nous ayons dit qu'il faille mettre la cornue au bain de ſable dans cette opération, il ne s'enſuit pas pour cela qu'on ne puiſſe auſſi la faire à feu nud : au contraire, en n'employant pas d'interméde pour tranſmettre la chaleur, l'opération va beaucoup plus vîte, & devient bien moins ennuyeuſe.

Mais il faut de grandes précautions &
de grandes attentions pour adminiſtrer
le feu par degrés preſqu'inſenſibles, ſur-
tout dans le commencement de l'opération : ſans quoi on eſt preſque ſûr de
voir le vaiſſeau ſe briſer. En général,
dans preſque toutes les diſtillations qui
demandent un degré de chaleur plus fort
que celui de l'eau bouillante, ou du
bain-marie, on peut employer le feu
nud, & l'opération eſt plutôt achevée ;
mais cela demande qu'on ſoit déja exercé, & qu'on ait acquis l'habitude de bien
gouverner le feu.

Il y a encore un autre avantage à ne
point ſe ſervir du bain de ſable, c'eſt
que ſi pendant l'opération on s'apperçoit que le feu eſt trop vif, on peut y
apporter un reméde aſſés prompt, ſoit
en bouchant exactement toutes les ouvertures du fourneau, ſoit en retirant en
tout ou en partie le charbon allumé
qu'il contient. Le reméde n'eſt pas à
beaucoup près auſſi prompt quand on
employe le bain de ſable, parceque lorſqu'il eſt une fois échauffé, il retient encore très-long-tems la chaleur, quoiqu'on ait entiérement ſupprimé le feu.

VII. PROCEDÉ.

Décomposer le Tartre vitriolé, par l'interméde du Phlogistique, ou faire du Soufre, en combinant ensemble l'Acide vitriolique & le Phlogistique.

PRENEZ du Tartre vitriolé réduit en poudre, & du Sel de Tartre bien sec réduit aussi en poudre, de chacun parties égales : ajoûtez-y un huitiéme de leur poids de poudre de charbon : mêlez-le tout ensemble bien exactement. Mettez ce mélange dans un creuset rouge, placé dans un fourneau plein de charbons ardens. Couvrez-le bien exactement, & entretenez-le bien rouge, jusqu'à ce que le mélange soit fondu : ce que vous reconnoîtrez en découvrant de temps en temps le creuset. Il paroîtra alors une flamme bleuâtre, qui sera accompagnée d'une vive odeur de Soufre.

Retirez le creuset du feu : faites dissoudre la matiere dans l'eau chaude : filtrez la dissolution dans un entonnoir de verre garni de papier gris versez peu à peu dans la liqueur filtrée un Acide quelconque. Elle se troublera à mesure

que

que vous ajoûterez de l'Acide , & il s'y
formera un précipité gris. Continuez à
verser de l'Acide , jusqu'à ce que la liqueur ne laisse plus rien précipiter. Filtrez-la une seconde fois , pour en séparer
le précipité : ce qui restera sur le filtre
sera de véritable Soufre brûlant , que
vous pourrez fondre , ou sublimer en
fleurs.

REMARQUES.

Toutes les matieres qui contiennent
l'Acide vitriolique , peuvent , aussi-bien
que le Tartre vitriolé , contribuer à la
formation du Soufre. Ainsi, tous les Sels
neutres qui ont cet Acide pour principe,
les Aluns , les Sélénites , les Gypses , les
Vitriols peuvent lui être substitués dans
cette expérience. Toutes ces matieres ,
avec la seule poudre de charbon , mises
en fusion dans un creuset , donnent toujours du Soufre , parceque l'Acide vitriolique ayant plus d'affinité avec le
Phlogistique qu'avec toutes autres substances , doit quitter sa bâse , telle qu'elle soit, pour se joindre avec le Phlogistique du charbon , & former du Soufre
avec lui.

L'Alkali fixe qu'on ajoûte , sert à fa-

ciliter la fufion des matieres, qui eft néceffaire pour que la combinaifon fe faffe. Il fert encore, lorfque le Soufre eft
formé, à fe joindre avec lui. Il fait la
combinaifon que nous avons nommée
Foye de Soufre, & empêche que le Soufre ne fe confume à mefure qu'il eft formé ; car les Alkalis fixes, qui font in-
combuftibles, empêchent le Soufre de
fe brûler auffi facilement qu'il feroit s'ils
n'étoient pas joints enfemble. On les fépare enfuite l'un de l'autre, par le moyen
d'un Acide quelconque.

Ce procédé, par lequel on régénere
le Soufre, en recombinant enfemble les
principes dont il étoit compofé, eft une
des plus belles expériences que la Chymie moderne nous ait fournies. Nous
en fommes redevables à M. Stahl, & à
M. Geoffroy le Médecin, qui en a donné le détail dans les Mémoires de l'Académie.

Glauber & Boyle avoient, à la vérité, donné avant ces Meffieurs des procédés par lefquels on faifoit du Soufre.
Glauber employoit pour cela fon Sel ad-
mirable & la poudre de charbon. Boyle
fe fervoit de l'Acide vitriolique & de
l'Huile de Térébenthine. Mais ces Chy-

miftes ne fçavoient pas la vraie théorie de leurs opérations : ils ne connoiffoient pas au jufte les principes du Soufre, ils ne croyoient pas en avoir compofé de nouveau ; mais avoir feulement extrait celui qu'ils fuppofoient exifter dans les matieres qu'ils avoient employées dans leurs expériences.

M. Stahl eft le premier qui ait bien connu & développé la nature du Soufre, & qui ait prouvé, que dans les expériences de Glauber & de Boyle, on faifoit vraiment du Soufre, en uniffant enfemble les principes dont il doit être compofé. Cette belle expérience met dans le dernier degré d'évidence la théorie de la compofition de ce mixte, qui joue un fi grand rôle dans la Chymie : & il n'eft plus permis de douter que le Soufre ne foit vraiment une combinaifon de l'Acide vitriolique avec le Phlogiftique.

Outre cette vérité importante, notre procédé de la compofition artificielle du Soufre en prouve encore plufieurs autres, qui ne font pas moins effentielles & fondamentales.

La premiere, c'eft que l'Acide vitriolique a plus d'affinité avec le Phlogifti-

que qu'avec toutes autres substances,
puisqu'il quittte les substances métalliques, terreuses, & les Sels alkalis, pour
se combiner avec lui.

La seconde, c'est que le Soufre se
combine avec les Alkalis fixes sans souffrir aucune décomposition, puisqu'il
peut en être séparé en entier, & que ce
même Soufre, qui par sa nature est in-
dissoluble dans l'eau, y devient dissoluble par l'union qu'il a contractée avec
l'Alkali fixe.

La troisieme, c'est que l'Acide vitriolique qui lorsqu'il est pur, est celui de
tous les Acides qui a la plus grande affinité avec les Alkalis, perd beaucoup de
cette affinité, par l'union qu'il a contractée avec le Phlogistique, puisque les
plus foibles Acides peuvent décomposer
le Foye de Soufre, & séparer le Soufre
de l'Alkali : ce qui confirme aussi une des
propositions générales sur les affinités
que nous avons avancées dans notre
théorie, sçavoir, que les affinités des substances composées ou alliées sont moins
fortes que celles de ces mêmes substances, plus pures ou plus simples.

CHAPITRE II.
De l'Acide nitreux.

PREMIER PROCEDÉ.

Retirer le Nitre des terres & pierres ni-
treuses. Purification du Salpêtre.
Eau-Mere. Magnésie.

Prenez telle quantité qu'il vous plaira de terres ou de pierres nitreuses :
réduisez-les en poudre ; mêlez-y un tiers
de cendres de bois neuf & de chaux vive. Mettez le mélange dans un baril ou
tonneau : versez dessus environ le double du poids de toute la masse, d'eau
chaude. Laissez le tout pendant vingt-
quatre heures, en agitant avec un bâton
de temps en temps. Filtrez ensuite, soit
dans du papier gris, soit dans une chausse
d'étoffe de laine, jusqu'à ce que la liqueur sorte claire : elle aura une couleur
jaunâtre. Faites bouillir cette liqueur
dans un chaudron, & la faites évaporer
jusqu'à ce que vous vous apperceviez
qu'une goutte que vous en aurez retirée, mise sur quelque chose de froid,

ſe coagule. Ceſſez pour lors de faire évaporer, & mettez la liquenr dans un lieu frais. Il s'y formera, dans l'eſpace de vingt-quatre heures, des criſtaux de figure priſmatique hexaédre, dont les côtés oppoſés ſont ordinairement égaux, & terminée par les bouts en pointe, ou pyramide auſſi à ſix faces. Ces criſtaux ſeront de couleur rouſſe, & fuſeront ſur les charbons ardens.

Décantez l'eau de deſſus les criſtaux : mêlez-la avec le double de ſon poids d'eau chaude : faites-la évaporer & criſtaliſer de même que la premiere fois. Réitérez la même manœuvre juſqu'à ce que la liqueur refuſe de vous donner des criſtaux : elle ſera pour lors fort épaiſſe ; c'eſt ce qu'on appelle *l'Eau mere.*

REMARQUES.

Les terres & les pierres qui ont été imprégnées des ſucs & des matieres animales & végétales, fuſceptibles de putréfaction, qui ont été expoſées à l'air long-temps à l'abri du grand ſoleil & de la pluie, ſont celles qui fourniſſent la plus grande quantité de Nitre. Mais toutes les eſpeces de terres & de pierres n'y ſont pas également propres. Les cailloux

& les fables de nature criftaline n'en
fourniffent point.

Il y a certaines terres & pierres fi
abondantes en Nitre, que ce Sel fleurit
de lui-même à leur fuperficie fous la forme d'un duvet criftalin. On peut ramaffer ce Nitre avec des balais : il porte le
nom de *Salpêtre de houffage*. On en apporte des Indes de cette efpece.

Nous n'avons encore aucune connoiffance bien certaine fur l'origine & la
génération du Nitre. Quelques Chymiftes ont prétendu que l'Acide nitreux
étoit répandu dans l'air, & qu'il fe dé-
pofoit dans les terres & les pierres propres à le recevoir.

D'autres, confidérant que l'on n'en
retire que des terres qui ont été imprégnées de fucs végétaux ou animaux, en
ont conclu que ces deux regnes étoient
le magafin général de l'Acide nitreux ;
que fi on ne l'apperçoit point du tout,
ou du moins qu'en très-petite quantité,
avant que ces matieres aient fubi la
putréfaction, & qu'elles fe foient en
quelque forte incorporées dans les pierres & terres qui leur conviennent, c'eft
que cet Acide y eft tellement embarraf-
fé dans des parties hétérogénes, qu'il a

befoin que la putréfaction , & encore
plus la filtration à travers les terres, l'en
dégagent, pour fe manifefter avec fes
propriétés.

D'autres enfin , croient que cet Acide n'eft autre chofe que notre Acide uni-
verfel ou vitriolique ; altéré par une portion de Phlogiftique avec lequel il eft
combiné d'une maniere particuliere par
le moyen de la putréfaction. Ils fondent
leur fentiment principalement fur l'ana-
logie ou la reffemblance qu'a l'Acide nitreux avec l'efprit fulphureux volatil. Sa
volatilité , fon odeur pénétrante , la propriété qu'il a de s'enflammer , & de détruire les couleurs bleues & violettes des
végétaux, leur fervent de preuves.

Ce fentiment eft d'autant plus vrai-
femblable, que quand même l'Acide nitreux fortiroit effectivement des fubftances végétales & animales , comme
ces matieres tirent elles-mêmes de la
terre tous les principes qui les compo-
fent , & que l'Acide vitriolique eft répandu dans toutes les terres qui fervent
à leur nourriture , il y a tout lieu de
croire que l'Acide nitreux n'eft autre
chofe, que l'Acide vitriolique altéré par
les changemens & combinaifons qu'il a

éprouvées en paffant dans ces fubftances.
L'Académie Royale des Sciences de Berlin qui avoit propofé pour le fujet de fon
prix de 1750. d'expliquer la génération
du Nitre, a couronné un mémoire où
l'auteur appuyoit ce dernier fentiment
par des expériences nouvelles très-bien
raifonnées.

Le travail en grand, par lequel les
Salpêtriers retirent le Nitre des plâtras
ou terres nitreufes, eft à peu près le
même que celui de notre procédé. Ainfi, je n'entrerai dans aucun détail à ce
fujet. J'avertirai feulement d'une chofe
qu'il eft effentiel de fçavoir : c'eft qu'il
n'y a point de terre nitreufe qui ne contienne auffi du Sel marin. Ce Sel eft en
plus grande quantité dans les terres qui
ont été humectées par les urines & autres
excrémens des animaux. Or comme les
plâtras qu'on retire des vieux édifices
des grandes villes font dans le cas, il
arrive que quand les Salpêtriers font
évaporer les leffives nitreufes qu'ils ont
retirées de deffus ces plâtras, l'évaporation étant parvenue jufqu'à un certain
point, il fe forme dans la liqueur une
grande quantité de petits criftaux de Sel

C v

marin qui se précipitent au fond du vaisseau.

Les Salpêtriers nomment ces particules salines *le grain*, & ont grand soin de
les séparer de la liqueur encore chaude
qui tient le Salpêtre en dissolution, avant
de l'exposer à la cristalisation. Ce fait
doit paroître assés singulier, attendu que
le Sel marin est plus dissoluble dans l'eau
que le Salpêtre, & qu'il se cristalise plus
difficilement.

Pour en trouver l'explication, il faut
se rappeller plusieurs vérités dont nous
avons parlé dans nos Élémens de théorie. La premiere, c'est que l'eau ne peut
tenir en dissolution qu'une certaine quantité de chaque Sel, & que si on fait évaporer de l'eau chargée d'un Sel autant
qu'elle peut être, il doit se cristaliser une
quantité de Sel proportionnée à la quantité d'eau qui s'évapore : & la seconde,
c'est que les Sels les plus dissolubles dans
l'eau, ceux qui s'humectent à l'air, se
dissolvent en aussi grande quantité dans
l'eau froide, que dans l'eau bouillante,
au lieu que les autres se dissolvent en
beaucoup plus grande quantité dans l'eau
chaude & bouillante, que dans l'eau

froide. Cela posé, en sçachant que le Sel marin est de l'espece des premiers, & le Salpêtre de celle des seconds, l'explication de la précipitation du Sel marin dans la fabrique du Salpêtre, se présente d'elle-même.

Lorsque la dissolution de Salpêtre & de Sel marin se trouve évaporée jusqu'au point qu'elle est aussi chargée de Sel marin qu'elle peut l'être, ce Sel doit commencer à se cristaliser, & continuer à mesure que l'évaporation est poussée plus loin. Mais comme dans ce même temps, elle n'est pas aussi chargée de Salpêtre qu'elle peut l'être, attendu qu'elle est capable d'en dissoudre une beaucoup plus grande quantité lorsqu'elle est bouillante, que lorsqu'elle est froide, ce dernier Sel ne se cristalise point d'abord. Si on continuoit à évaporer jusqu'à ce qu'elle fût à l'égard du Salpêtre comme à celui du Sel marin, alors le Salpêtre commenceroit aussi à se cristaliser à mesure que l'évaporation seroit poussée plus loin, & les deux Sels continueroient de se cristaliser ensemble & *pêle mêle* ; mais on ne la pousse pas jusqu'à ce point-là : & cela n'est pas nécessaire, attendu qu'à mesure qu'elle se refroidit, elle devient

incapable de tenir en diſſolution la même quantité de Salpêtre qu’elle tenoit
lorſqu’elle étoit bouillante.

Il arrive pour lors tout le contraire
par rapport à la criſtaliſation des deux
Sels ; car ce n’eſt plus le Sel marin, mais
le Salpêtre qui ſe criſtaliſe. La raiſon de
ce fait eſt encore fondée ſur ce que nous
venons de dire. Le Sel marin qui peut
être tenu en diſſolution en auſſi grande
quantité par l’eau froide que par l’eau
bouillante, & qui ne ſe criſtaliſoit qu’à
la faveur de l’évaporation, l’évaporation
ceſſante, ceſſe auſſi de ſe criſtaliſer, tandis que le Salpêtre qui ne ſe tenoit en
diſſolution dans l’eau, que parcequ’elle
étoit chaude & bouillante ; eſt obligé de
ſe criſtaliſer, à cauſe du ſeul refroidiſſement de cette eau.

Quand la diſſolution de Salpêtre a
fourni ce qu’elle peut fournir de criſtaux
de ce Sel par le ſeul refroidiſſement, on
la fait évaporer de nouveau ; & en la
laiſſant refroidir, elle fournit encore
d’autres criſtaux. On réitere ainſi à la
faire évaporer & criſtaliſer, juſqu’à ce
qu’elle ne puiſſe plus donner de criſtaux.
Il eſt clair, qu’à meſure que le Salpêtre
ſe criſtaliſe, la proportion du Sel marin

diſſous dans la même eau augmente ; & comme pendant le temps qu'on emploie pour la criſtaliſation du Salpêtre, il s'é-vapore auſſi une certaine quantité d'eau, il doit auſſi ſe criſtaliſer une quantité de Sel marin proportionnée à cette évapo-ration : de-là vient que le Salpêtre eſt altéré par le mélange du Sel marin. Il s'enſuit auſſi que les derniers criſtaux de Nitre qu'on retire de la diſſolution du Salpêtre & du Sel marin, contiennent beaucoup plus de Sel marin, que les premiers.

De tout ce que nous venons de dire ſur la criſtaliſation du Salpêtre & du Sel marin, il eſt facile de conclure de quel-le maniere il faut s'y prendre, pour pu-rifier le premier de ces deux Sels du mélange du ſecond : il ne faut pour cela que faire diſſoudre dans de l'eau pure le Salpêtre qu'on veut raffiner. La propor-tion des deux Sels eſt bien différente dans cette ſeconde diſſolution, de ce qu'elle étoit dans la premiere ; car elle ne contient de Sel marin que ce qui s'en eſt criſtaliſé avec le Salpêtre à la faveur de l'évaporation, le reſte étant demeuré diſſous dans la liqueur qui refuſe de don-ner des criſtaux nitreux.

Le Salpêtre étant donc en bien plus grande quantité dans cette seconde dissolution que le Sel marin, il est facile de la faire évaporer assés, pour qu'il puisse se cristalifer beaucoup de Salpêtre, quoiqu'elle soit encore bien loin du degré d'évaporation qui seroit nécessaire pour la cristalisation du Sel marin.

Le Salpêtre n'est pas encore néanmoins entierement exempt du mêlange du Sel marin, par cette premiere purification; car les cristaux qu'on retire de cette liqueur qui tient du Sel marin en dissolution, en sont encore enduits & comme imprégnés: de-là vient qu'il faut, pour avoir le Salpêtre bien pur, réitérer quatre ou cinq fois ces cristalisations.

Les Salpétriers se contentent ordinairement de le faire cristalifer trois fois, & le nomment *Salpêtre de la premiere, de la seconde ou de la troisiéme cuite,* suivant le nombre de cristalisations qu'ils lui ont fait éprouver. Mais leur Salpêtre le plus rafiné, celui de la troisiéme cuite, n'est point encore assés pur pour les expériences de Chymie, dans lesquelles on veut apporter beaucoup d'exactitude. Ainsi il faut le purifier de nouveau, toujours par la même méthode.

L'Acide nitreux n'eſt point pur dans les terres & pierres deſquelles on le retirè. Il eſt combiné en partie avec la terre même dans laquelle il s'eſt formé, & en partie avec l'Alkali volatil, qui s'eſt produit par la putréfaction des matieres végétales ou animales qui concourent à ſa génération. L'Alkali fixe & la chaux qu'on ajoûte dans la leſſive des terres nitreuſes, ſervent à décompoſer les Sels nitreux qui s'y ſont formés, & à ſéparer de l'Acide l'Alkali volatil & la terre abſorbante avec leſquels il eſt uni : de - là vient un précipité fort abondant qui paroît dans la leſſive, lorſqu'on commence à l'évaporer. Ces matieres forment avec le même Acide le vrai Nitre, plus capable que ces premiers Sels nitreux de criſtaliſation, de détonnation, & des autres propriétés qui lui ſont eſſentielles. La bâſe du Nitre eſt donc un Alkali fixe mêlé avec un peu de chaux.

L'Eau-mere de laquelle on ne peut plus retirer de criſtaux, eſt rouſſe & épaiſſe : évaporée ſur le feu, elle s'épaiſſit encore, ſe deſſéche, & devient un corps ſolide ; mais qui abandonné à lui-même, reprend bientôt de l'humidité, & ſe réſout en liqueur. Cette eau contient encore beaucoup de Nitre, de Sel marin, & les Acides de ces Sels unis à de la Terre abſorbante. Elle contient, outre cela, une grande quantité de matiere graſſe & viſqueuſe, qui met obſtacle à la criſtaliſation.

En général, toutes les diſſolutions ſalines, après avoir fourni une certaine quantité de criſtaux, deviennent épaiſſes, & refuſent d'en donner davantage, quoiqu'elles contiennent encore beaucoup de Sel. Elles portent toutes le nom d'*Eaux-meres*, comme celle du Nitre. Les Eaux-meres des différens Sels peuvent fournir matiere à des recherches curieuſes & utiles.

Si on mêle un Alkali fixe dans l'Eaumere du Nitre, il ſe fait auſſitôt un précipité blanc fort abondant, qui ramaſſé & deſſéché, porte le nom de *Magnéſie*. Ce précipité n'eſt autre choſe que la Terre abſorbante qui étoit unie à l'Acide nitreux, & une bonne partie de la chaux qu'on a ajoûtée, unie auſſi au même Acide, qui en ſont ſéparés par l'Alkali fixe, ſuivant les loix ordinaires des affinités.

L'Acide vitriolique verſé ſur l'Eaumere du Nitre, en fait ſortir beaucoup

de vapeurs acides, qui font un compofé des Acides nitreux & marin ; c'eſt-à-
dire, une Eau régale. Il ſe précipite auſſi
dans cette occaſion une grande quantité
de poudre blanche, qu'on nomme pareillement *Magnéſie ;* mais qui différe
de celle dont nous venons de parler, en
ce qu'elle n'eſt point, comme elle, une
pure Terre abſorbante , & qu'elle eſt
combinée avec l'Acide vitriolique.

On peut tirer auſſi de l'Eau-régale
des terres nitreuſes, par la ſeule action
du feu, & ſans aucun interméde.

II. PROCEDÉ.

Décompoſer le Nitre par l'interméde du
Phlogiſtique. Nitre fixé par les char-
bons. Clyſſus de Nitre. Sel Polycreſte.

PRENEZ du Salpêtre très-pur réduit en poudre : mettez-le dans un
grand creuſet qui ne ſoit qu'à moitié
plein : placez ce creuſet dans un fourneau ordinaire, & entourez-le de charbons. Quand il ſera rouge , le Nitre ſe
mettra en fuſion , & deviendra fluide
comme de l'eau ; jettez alors dans le
creuſet une petite quantité de charbon

réduit en poudre. Anssitôt le Nitre &
le charbon s'enflammeront avec violence : il s'excitera un grand mouvement,
accompagné d'un sifflement considérable, & d'une grande quantité de fumée
noire. A mesure que le charbon se con-
sumera, la détonnation s'appaisera, &
cessera entierement quand le charbon
sera consumé.

Jettez pour lors dans le creuset autant de poudre de charbon que la premiere fois. Les mêmes phénoménes reparoîtront. Laissez encore ce charbon se
consumer, & ajoûtez-en de nouveau de
la même maniere, jusqu'à ce qu'il ne
s'excite plus aucune inflammation, observant toujours de laisser consumer entierement le charbon à chaque fois.
Quand il ne se fera plus d'inflammation,
la matiere contenue dans le creuset perdra beaucoup de sa fluidité.

REMARQUES.

Le Nitre ne s'enflamme point, à moins
que la matiere inflammable avec laquelle on l'unit, ne soit actuellement embrasée, ou qu'étant lui-même rouge & pénétré de feu, il ne puisse lui communiquer promptement le mouvement igné :

ainſi , pour faire détonner le Nitre avec le charbon, il faut, ſi on ſe ſert de charbon noir comme dans notre procédé , que le Nitre ſoit rouge & en fuſion dans le creuſet ; mais on pourroit auſſi employer des charbons ardens , & pour lors il ne ſeroit pas néceſſaire que le Nitre fût rouge.

Il eſt bon que le creuſet dont on ſe ſert dans cette expérience , ne ſoit plein qu'à moitié, parceque dans le temps de la détonnation, la matiere ſe gonfle, & pourroit en ſortir & ſe répandre , ſi on n'avoit pas cette précaution. C'eſt auſſi pour cette même raiſon , qu'on ne met la poudre de charbon que peu à peu , & qu'on attend que celle qu'on a miſe d'abord ſoit entierement conſumée avant d'en ajoûter de nouvelle.

La matiere qui reſte dans le creuſet quand l'opération eſt achevée , eſt un Sel alkali fixe très-fort. Expoſé à l'air , il en attire promptement l'humidité , & ſe réſout en liqueur. On le nomme Nitre alkaliſé , ou Nitre fixé par les charbons , pour le diſtinguer du Nitre alkaliſé par les autres matieres inflammables.

Cet Alkali n'eſt cependant pas abſolument pur : il contient encore une por-

tion de Nitre qui n'a point été décomposée, parceque quand il ne reste plus
qu'une petite quantité de ce Sel, comme il se trouve mêlé avec beaucoup
d'Alkali qui n'est point inflammable, cet
Alkali le couvre en quelque sorte, l'en-
veloppe, & l'empêche d'avoir avec les
matieres inflammables qu'on lui présente, le contact immédiat nécessaire pour
sa détonnation.

Si on veut que le Nitre fixé soit entierement exempt du mêlange du Nitre
non décomposé, il faut quand il ne se
fait plus aucune détonnation, augmenter
considérablement le feu autour du creuset; faire fondre la matiere, qui demande pour cela beaucoup plus de chaleur
que le Nitre, & la tenir ainsi fondue
environ pendant une heure. Après ce
temps, il ne s'y trouve plus de Nitre
entier, parceque le peu qu'il en étoit
resté, ne pouvant soûtenir la violence
du feu, & n'étant pas de la derniere fixité, s'est dissipé, ou bien a perdu son
acide que la grande chaleur a enlevé.

Le Nitre fixé contient aussi une portion de terre, qui faisoit partie de la
bâse du Nitre, & qui n'est autre chose
que la chaux qu'on a employée pour sa

criſtaliſation, ou même une partie de la terre avec laquelle ſon acide étoit originairement combiné, qu'il a retenue en ſe criſtaliſant. Lorſqu'on fait détonner ce Sel avec des matieres qui peuvent produire des cendres, ces cendres fourniſſent auſſi une certaine quantité de terre qui ſe mêle avec l'Alkali fixe. Il ſuffit pour ſéparer ces différentes terres d'avec l'Alkali, de le laiſſer tomber en *deliquium*, ou de le diſſoudre dans l'eau, & de filtrer la diſſolution par le papier gris. Tout ce qui eſt ſalin paſſe avec l'eau par le filtre, & la partie terreuſe demeure deſſus.

L'Acide nitreux eſt non-ſeulement diſſipé lors de l'inflammation du Nitre, mais il eſt même détruit, & entierement décompoſé. La fumée qui s'éleve pendant l'opération n'a aucune odeur d'Acide. On peut s'aſſurer au juſte de ſa nature, en la retenant & la raſſemblant dans des vaiſſeaux, & la faiſant condenſer en liqueur.

Il n'en eſt pas du Nitre comme du Soufre, & en général de tous les autres corps inflammables, qui demandent indiſpenſablement pour brûler le concours

de l'air libre. Il eſt le ſeul qui puiſſe brûler dans les vaiſſeaux fermés : & cette
propriété fournit un moyen de raſſembler les vapeurs qu'il laiſſe échapper
lorſqu'on le fait détonner.

Il faut pour cela adapter à une cornue de terre tubulée deux ou trois
grands balons à deux becs ; placer la
cornue dans un fourneau, & entretenir
deſſous aſſés de feu pour tenir ſa partie
inférieure médiocrement rouge. On
prend pour lors une petite quantité ,
comme deux ou trois pincées , d'un mêlange de trois parties de Nitre ; & d'une de charbon en poudre, & on la fait
tomber dans la cornue par ſon ouverture ſupérieure , qu'on bouche auſſitôt
exactement. Il ſe fait dans l'inſtant une
détonnation, & les vapeurs qui s'élevent
du mélange du Nitre & du charbon enflammés ſortant par le col de la cornue ,
enfilent les récipiens, y circulent & s'y
condenſent enfin en liqueur.

Quand la détonnation eſt achevée, &
que les vapeurs ſont condenſées , ou
qu'il s'en faut peu qu'elles ne le ſoient,
on introduit encore dans la cornue une
pareille quantité du mélange, & on rei-

tere cette manœuvre, jufqu'à ce qu'il y ait affés de liqueur dans les récipiens pour qu'on la puiffe examiner commodément & avec exactitude. Cette liqueur eft prefque infipide, & ne donne aucune marque d'acide, ou du moins n'en donne que de très-légers indices : elle fe nomme *Clyffus* de Nitre.

On devine aifément pourquoi il faut plufieurs récipiens dans cette expérience, & pourquoi il ne faut mettre dans la cornue qu'une très-petite quantité de matiere à la fois. L'explofion, la quantité d'air & de vapeurs qui fe dégagent dans cette occafion, feroient bientôt crever les vaiffeaux, fi on ne prenoit point toutes ces précautions. Les effets terribles de la poudre à canon, qui n'eft autre chofe qu'un mêlange de Nitre, de Soufre & de Charbon, en font une bonne preuve.

Le Nitre fe décompofe auffi & s'enflamme par le moyen du Soufre, mais avec des circonftances & des réfultats bien différens de ceux que produifent avec lui les charbons, ou tout autre corps inflammable.

Le Nitre détonne avec le Soufre, à caufe du Phlogiftique qu'il contient. Si on mêle enſemble une partie de Soufre avec deux ou trois parties de Nitre, & qu'on projette le mélange peu à peu dans un creuſet rouge, il ſe fait à chaque projection une détonnation accompagnée d'une flamme vive.

Les vapeurs qui s'élevent dans cette occaſion ont une odeur mêlée d'Eſprit ſulphureux & d'eſprit de Nitre; & ſi on les raſſemble par le moyen d'une cornue tubulée, & d'un appareil de vaiſſeaux ſemblable à celui de l'expérience précédente, on trouve que la liqueur contenue dans le récipient, eſt effectivement un mêlange d'Acide du Soufre, d'Eſprit ſulphureux & d'Acide nitreux; le premier en plus grande quantité que les deux autres, & le ſecond que le dernier.

Ce qui reſte après la détonnation n'eſt pas non plus un Alkali fixe, comme dans les expériences précédentes; mais un Sel neutre combiné de l'Acide du Soufre uni avec l'Alkali du Nitre; une eſpece de Tartre vitriolé, connue en Médecine ſous le nom de *Sel polycreſte.*

Il y a, comme on voit, deux différences eſſentielles entre cette derniere expérience,

expérience, & la précédente. Ce n'est point un Alkali fixe qu'on trouve après l'inflammation du Nitre par le Soufre : & en rassemblant les vapeurs qui s'en exhalent, on les trouve chargées d'une certaine quantité d'Acide nitreux ; ce qui n'arrive point quand on décompose le Nitre par toute matiere inflammable qui ne contient point l'Acide vitriolique.

L'explication de ces différences se déduit naturellement de ce que nous avons déja dit des propriétés des Acides vitrioliques & nitreux. Nous avons vû que lorsqu'on brûle du Soufre, son acide n'est point décomposé, mais seulement séparé de la partie phlogistique. Nous sçavons aussi que cet Acide a beaucoup d'affinité avec les Alkalis fixes. Cela posé, à mesure que l'Acide nitreux quitte sa bâse alkaline, en s'enflammant avec le Phlogistique du Soufre, l'acide de ce même Soufre qui devient libre lors de cette inflammation doit s'unir avec cette bâse alkaline, & former avec elle un Sel neutre. De-là vient qu'au lieu de trouver un Alkali fixe après l'opération, on trouve une espece de Tartre vitriolé, l'acide du Soufre & celui du Vitriol étant le même , comme on a dû s'en convaincre par ce que nous avons déja dit.

Pour trouver l'explication de l'autre phénoméne , il faut se ressouvenir de deux choses que nous avons dites dans nos Elémens; sçavoir que l'Acide vitriolique a plus d'affinité avec les Alkalis fixes que n'en a l'Acide nitreux , & que l'Acide nitreux n'est propre à se combiner & à s'enflammer avec le phlogistique , que quand il est sous la forme de Sel neutre, c'est-à-dire, qu'il est uni avec quelque bâse alkaline , terreuse ou métallique. En faisant l'application de ces deux principes à l'effet dont il est à présent question, il s'explique de lui-même. Car dans l'inflammation du Nitre par le Soufre, le Phlogistique n'est pas la seule substance qui puisse séparer l'Acide nitreux de sa bâse : l'Acide du Soufre, qui devient libre à mesure que le Phlogistique se consume , peut aussi produire le même effet; mais avec cette différence , que la portion d'Acide nitreux qui est détachée de son Alkali par le Phlogistique , est en même temps enflammée & décomposée par cette union ; au lieu que celle qui en est séparée par l'Acide vitriolique , devenant à cause de cela

même incapable de s'unir au Phlogistique, & de se consumer avec lui, se conserve en entier, & s'éleve en vapeurs
avec la portion d'Acide vitriolique qui
n'a pû se combiner avec la bâse du Nitre.

III. PROCEDÉ.

*Décomposer le Nitre par l'intermede de
l'Acide vitriolique. Esprit de Nitre
fumant. Sel de duobus. Purification
de l'esprit de Nitre.*

PRENEZ parties égales de Nitre bien
purifié & de Vitriol verd; faites bien
sécher le Nitre, & réduisez-le en poudre
fine. Faites calciner le Vitriol jusqu'au
rouge : réduisez-le de même en poudre
très-fine; mêlez exactement ensemble ces
deux matieres. Mettez le mélange dans
une cornue de terre ou de bon verre
luttée, assés grande pour qu'elle ne soit
qu'à moitié pleine.

Placez la cornue dans un fourneau de
réverbere ; couvrez-la du dôme : adaptez-y un grand récipient de verre, lequel soit percé d'un petit trou bouché
avec un peu de lut. Luttez exactement
D ij

ce récipient à la cornue avec du lut gras, recouvert d'une toile enduite de lut de chaux & de blanc d'œuf. Echauffez les vaiſſeaux très - lentement. Le récipient s'emplira bientôt de vapeurs rouges très-épaiſſes, & les gouttes commenceront à diſtiller du col de la cornue.

Continuez la diſtillation, en augmentant un peu le feu, quand vous verrez que les gouttes ne ſe ſuccéderont que lentement, & qu'il y aura entr'elles plus de quarante ſecondes; ouvrez de temps en temps le petit trou du récipient, pour en laiſſer échapper le ſuperflu des vapeurs, Augmentez le feu vers la fin de l'opération, juſqu'à faire rougir la cornue. Lorſque la cornue étant rouge, il ne ſortira plus rien, déluttez le récipient, & verſez promptement la liqueur qu'il contient dans un flacon de criſtal que vous boucherez avec un bouchon de verre uſé à l'Emeri dans ſon gouleau. La liqueur que vous retirerez du récipient ſera très-fumante, d'un jaune rougeâtre, & le flacon qui la contiendra ſera continuellement rempli de vapeurs rouges ſemblables à celles du récipient.

REMARQUES.

L'Acide vitriolique ayant plus d'affinité avec les Alkalis fixes, qu'avec toute autre substance, excepté le Phlogistique, celui du Vitriol qui se trouve uni avec une bâse ferrugineuse, doit quitter cette bâse pour s'unir à l'Alkali fixe du Nitre, dont l'Acide , comme nous avons déja dit plusieurs ois, étant moins fort que le vitriolique, doit être séparé de sa bâse par ce même acide. Le Nitre est donc décomposé par le Vitriol, & son acide devenu libre, est enlevé par l'action du feu.

Il est vrai que l'Acide nitreux séparé de sa bâse alkaline , pourroit se combiner avec la bâse ferrugineuse du Vitriol ; mais comme il a , de même que tous les Acides, beaucoup moins d'affinité avec les substances métalliques qu'avec les Alkalis , un degré de feu même modéré suffit pour l'en séparer. Ajoûtez à cela , que cet Acide n'a point, ou du moins n'a que très-peu d'action sur le fer , qui a été privé d'une grande partie de son Phlogistique, par l'union qu'il a contractée avec quelqu'Acide : or la bâse ferrugineuse du Vitriol est dans ce cas-là.

D iij

On retire par le procédé que nous avons donné, un Esprit de Nitre très-fort, très-déphlegmé, & très-fumant. Si on n'avoit pas la précaution de desfécher le Nitre & de calciner le Vitriol, l'Acide qu'on retireroit se chargeant avec avidité de l'eau contenue dans ces Sels, seroit fort aqueux, ne seroit point fumant, & n'auroit qu'une couleur blanche tirant un peu sur le citron.

Les vapeurs de l'Esprit de Nitre bien concentré, tel que celui de notre procédé, sont légéres, corrosives & fort dangereuses pour la poitrine ; car elles ne sont que la portion la plus déphlegmée de l'Acide nitreux même. C'est pourquoi celui qui délutte les vaisseaux, & qui verse la liqueur du récipient dans le flacon, doit bien prendre garde qu'elles ne s'introduisent dans sa poitrine par la voie de la respiration ; & pour cela, il faut qu'il se place de façon qu'un courant d'air, soit naturel, soit ménagé par l'art, puisse les emporter loin de lui. Il faut aussi, pendant le cours de l'opération, avoir soin de donner de temps en temps de l'évent, en débouchant le petit trou du récipient, afin qu'une partie des vapeurs puisse sortir ; car elles font fi élaftiques, que fans cette précaution, elles briferoient les vaiffeaux.

On trouve dans la cornue, lorfque l'opération eft finie, une maffe rouge qui s'eft moulée dans le fond de ce vaiffeau, & qui eft un Sel neutre de la nature du Tartre vitriolé, réfultant de l'union de l'Acide du Vitriol avec la bâfe alkaline du Nitre.

C'eft la bâfe ferrugineufe du Vitriol, laquelle eft mêlée avec lui, qui lui donne la couleur rouge : il faut pour l'en féparer le réduire en poudre, le diffoudre dans l'eau bouillante, & filtrer plufieurs fois la diffolution par le papier gris, parceque la terre ferrugineufe du Vitriol eft fi fine, qu'il en paffe d'abord une partie par le filtre. Quand la diffolution eft bien blanche, & qu'elle ne fe trouble plus par aucun dépôt, il faut la laiffer criftalifer, & il s'y forme des criftaux de Tartre vitriolé ; auquel on a particulierement affecté le nom de Sel de *duobus*.

Outre la terre ferrugineufe du Vitriol, on trouve encore affés ordinairement dans ce *caput mortuum*, une portion de Nitre & de Vitriol non décompofés, foit parceque le mêlange des deux

Sels n'a pas été affés parfait, foit parcequ'on n'a pas pouffé le feu affés fort fur la fin de l'opération.

On peut auffi décompofer le Nitre, & en retirer l'Acide, en fe fervant pour interméde de toutes les autres efpeces de Vitriols, d'Aluns, de Gypfes, de Bols, d'Argiles ; en un mot, de toutes les combinaifons où entre l'Acide vitriolique, & qui n'ont pas pour bâfe un Alkali fixe.

Les diftillateurs d'Eau-forte, qui en font une très-grande quantité à la fois, & qui employent les moyens les moins difpendieux, fe fervent pour interméde des terres qui contiennent l'Acide vitriolique, telles que font l'Argile, & le Bol. Ils mêlent exactement avec ces terres, le Nitre dont ils veulent retirer l'efprit ; mettent le mélange dans de grands pots de terre oblongs, qui ont un col recourbé fort court, lequel s'introduit dans un récipient de la même matiere & de la même forme. Ils placent ces vaiffeaux fur deux files oppofées l'une à l'autre dans de longs fourneaux : ils les recouvrent avec des briques liées enfemble avec de la terre à four ; ce qui leur fert de réverbere : ils allument en-

fuite dans le fourneau un feu d'abord
très-petit pour échauffer les vaiffeaux,
puis ils y mettent du bois; augmentent le
feu jufqu'à faire bien rougir les pots, & le
foutiennent au même degré jufqu'à ce que
la diftillation foit entierement achevée.

On peut féparer auffi l'Acide du Nitre d'avec fa bâfe, par le moyen de l'A-
cide vitriolique pur. Il faut, pour cela,
mettre dans une cornue de verre, le Nitre dont on veut retirer l'Acide, réduit
en poudre fine, verfer deffus un tiers de
fon poids d'Huile de Vitriol concentrée :
placer la cornue dans un fourneau de réverbere, & y adapter promptement un
récipient, femblable à celui de l'opération
précédente.

A peine l'Huile de Vitriol a-t-elle
touché le Nitre, que le mêlange s'échauffe, & que les vapeurs rouges commencent à paroître en affés grande quantité :
il fort même des gouttes d'Acide avant
qu'on ait mis du feu dans le fourneau.

Il faut que le feu, dans cette occafion
foit modéré, parceque l'Acide vitriolique n'étant lié à aucune bâfe, agit fur le
Nitre d'une maniere bien plus prompte,
& bien plus efficace que quand il n'eft
pas pur.

D v

Cette opération peut se faire au bain de sable : c'est une maniere prompte & commode de retirer l'Acide nitreux. Il faut au reste, avoir pour cette distillation, & pour retirer la liqueur du récipient, les mêmes précautions que dans l'expérience précédente.

L'Esprit de Nitre qu'on retire par cette méthode, est aussi fort & aussi fumant que celui qu'on obtient par le Vitriol calciné, si l'Huile de Vitriol dont on se sert est bien concentrée : mais il est ordinairement altéré par le mêlange d'une petite portion d'Acide vitriolique, lequel n'étant engagé dans aucune bâse particuliere, est enlevé par la chaleur, avant d'avoir pu se joindre à la bâse du Nitre.

Il y a plusieurs expériences de Chymie, pour la réussite desquelles il est indifférent que l'Acide nitreux soit ainsi mêlé avec de l'Acide vitriolique ; il y en a même, comme nous le verrons, qui ne réussissent qu'avec un Esprit de Nitre ainsi conditionné. Si c'est pour faire ces expériences qu'on a distillé son Acide, il faut le garder tel qu'il est. Mais le plus grand nombre exigent que l'Esprit de Nitre soit absolument pur ; & si on veut le faire servir à ces expériences, il faut le purifier entierement du mélange de l'Acide vitriolique.

On y parvient facilement, en mêlant cet Esprit de Nitre avec du Nitre très-pur, & le redistillant une seconde fois. L'Acide vitriolique, qui altére l'Esprit de Nitre, touchant pour lors à une grande quantité de Nitre non décomposé, s'unit à sa bâse alkaline, & en dégage une quantité d'Acide proportionnée.

On trouve dans la cornue qui a servi à faire la distillation de l'Acide nitreux, par l'interméde de l'Acide vitriolique pur, un *caput mortuum* qui différe de celui de la distillation du même Acide par l'interméde du Vitriol, en ce qu'il ne contient point de terre rouge ferrugineuse. C'est une masse saline fort blanche, moulée dans le fond de la cornue : en la pulvérisant, la faisant dissoudre dans l'eau bouillante, & faisant évaporer la dissolution, il s'y formera des cristaux de Tartre vitriolé : il peut s'y trouver aussi une portion de Nitre non décomposée, mais qui se cristalise après le Tartre vitriolé, parcequ'il est beaucoup plus dissoluble dans l'eau.

D vj

CHAPITRE III.

DE L'ACIDE MARIN.

PREMIER PROCEDÉ.

Retirer le Sel marin des eaux de la mer & des fontaines salées. Sel d'Epsom.

FILTREZ les eaux salées dont vous voudrez retirer le Sel : faites les évaporer en bouillant, jusqu'à ce qu'il paroisse à la superficie une pellicule terne, qui n'est autre chose que les petits cristaux de sel qui commencent à se former : diminuez pour lors le feu, afin que la liqueur devienne tranquille, & que l'évaporation se fasse plus lentement. Les cristaux qui étoient d'abord fort petits, deviendront plus gros, & il se formera des pyramides tronquées dont la pointe regardera le fond du vase, & la bâse qui est creuse sera à niveau de la surface de la liqueur.

Quand ces cristaux pyramidaux ont acquis une certaine grosseur, ils tombent au fond de la liqueur. Ces pyramides ne font autre chofe qu'un amas de petits criftaux cubiques ainfi arrangés. Continuez l'évaporation, en décantant la liqueur de deffus les criftaux quand il s'en fera formé des monceaux qui atteindront prefque fa fuperficie, jufqu'à ce qu'il ne s'y forme plus de criftaux de Sel marin.

REMARQUES.

L'Acide du Sel marin ne fe trouve guères, foit dans les eaux de la mer, foit dans la terre, qu'uni avec un Alkali fixe d'une efpece particuliere, qui eft fa bâfe naturelle ; il eft parconféquent fous la forme d'un Sel neutre. Ce Sel eft diffous en très-grande quantité dans les eaux de la mer, & porte le nom de *Sel marin* quand on le retire de ces eaux. On le trouve auffi en grandes maffes criftalines dans la terre, & il fe nomme alors *Sel-géme* : ainfi le Sel marin & le Sel-géme ne font qu'une feule & même efpece de Sel, & ne différent guères l'un de l'autre, que par les endroits d'où ils font tirés.

Il fe trouve auffi dans les terres, des fources & des fontaines dont les eaux font très-falées, & tiennent en diffolu-

tion beaucoup de Sel marin. Ces fources ou viennent immédiatement de la
mer, ou paſſent à travers quelque mine
de Sel-géme, dont elles diſſolvent une
partie en les traverſant.

Le Sel marin ſe tenant diſſous dans
l'eau froide en auſſi grande quantité,
ou du moins preſque en auſſi grande
quantité, que dans l'eau bouillante, ne
peut pas ſe criſtaliſer, comme le nitre,
à la faveur du refroidiſſement de l'eau
qui le tient en diſſolution : ce n'eſt que
par le moyen de l'évaporation, qui diminue continuellement la proportion de
l'eau par rapport au Sel, & la réduit
enfin à n'en pouvoir plus tenir en diſſolution qu'une quantité toujours moindre, qu'on parvient à faire criſtaliſer le
Sel marin.

On ceſſe de faire bouillir la liqueur,
quand on apperçoit les pellicules de petits criſtaux qui commencent à ſe former, afin que par le calme de la liqueur
ils puiſſent ſe former plus régulierement,
& être plus gros. Il ne faut pas même
que l'évaporation ſoit enſuite trop précipitée, parcequ'il ſe formeroit ſur la
liqueur une croute ſaline, qui empêcheroit les vapeurs de ſe diſſiper, & fe-

roit obstacle à la cristalisation.

Si on continue l'évaporation lorsque la liqueur ne donne plus de cristaux de Sel marin, on en retire encore d'autres cristaux de figure longue & quarrée, d'une saveur amere, & qui sont presque toujours humides. Cette espece de Sel est connue sous le nom de *Sel d'Epsom*, nom qu'il a tiré d'une fontaine salée d'Angleterre, de laquelle on en a d'abord retiré. Ce Sel, ou plutôt ce composé salin, est un amas de Sel de Glauber & de Sel marin, qui sont comme confondus ensemble, & mêlés avec une partie de l'Eau-mere du Sel marin, laquelle contient elle-même une sorte de matiere bitumineuse. Ces deux Sels neutres qui constituent le Sel d'Epsom, peuvent facilement être séparés l'un de l'autre par le moyen de la seule cristalisation. Le Sel d'Epsom est purgatif, & amer. On le nomme aussi *Sel cathartique amer*.

On se sert de différens moyens pour retirer par un travail en grand, le Sel marin des eaux qui le tiennent en dissolution. Le plus simple & le plus facile, est celui qui se pratique en France, & dans tous les pays qui ne sont pas plus

froids. On difpofe fur les bords de la
mer des efpeces de foffes larges & peu
profondes, ou plutôt des efpeces de marais que la mer remplit d'eau dans le
temps du flux. Lorfque ces marais font
pleins d'eau, on ferme la communication qu'ils ont avec la mer, & on laiffe
l'eau s'évaporer d'elle-même au foleil.
Par ce moyen, tout le Sel qu'elle contient eft obligé de fe criftalifer. On nomme ces foffes, *Marais falans.* Ce n'eft que
pendant l'été, du moins en France &
dans les pays de la même température,
qu'on peut faire ainfi le Sel. Car pendant
l'hyver, où le foleil a moins de force,
& où il pleut fouvent, ce moyen n'eft
pas praticable.

C'eft par cette raifon qu'en Norman-
die, qui eft une province dans laquelle
il pleut affés fréquemment, on fe fert
d'une autre méthode pour retirer le
Sel des eaux de la mer. Les ouvriers qui
font occupés à ce travail amoncellent
fur les bords de la mer des tas de fable,
que la mer baigne & arrofe dans le
temps de fon flux. Ce fable demeure à
fec lorfque la mer fe retire, l'air & le
foleil defféchent facilement pendant l'intervalle d'une marée à l'autre, l'humi-

dité qui étoit reſtée , & il demeure enduit de tout le Sel que contenoit cette eau qui a été évaporée. Ils le laiſſent ainſi ſe charger de ſel à pluſieurs repriſes: après quoi ils le lavent avec de l'eau douce, qu'ils font évaporer ſur le feu dans des chaudieres de plomb.

On évapore ſimplement les eaux des ſources ſalées, pour en retirer le Sel ; mais comme beaucoup de ces eaux ne tiennent en diſſolution qu'une trop petite quantité de Sel, pour indemniſer des frais qu'on ſeroit obligé de faire ſi on n'employoit que le feu pour les faire évaporer , on a recours à des moyens moins couteux, pour en faire évaporer du moins la plus grande partie, & la mettre en état d'être conduite juſqu'à la criſtaliſation du Sel en bien moins de temps , & avec beaucoup moins de feu, qu'il n'en auroit fallu ſans cela.

Ces moyens conſiſtent à faire tomber l'eau d'une certaine hauteur ſur beaucoup de menus morceaux de bois qui la diviſent comme une pluie. Cela ſe fait ſous des engars ouverts à tous les vents, qui paſſent librement à travers cette pluie artificielle. De cette ſorte , l'eau préſentant à l'air beaucoup de ſur-

faces, puisqu'elle est elle-même réduite
presque toute en surfaces, l'évaporation
se fait avec beaucoup de facilité & de
promptitude. On fait monter l'eau par
le moyen de pompes, à la hauteur dont
on veut qu'elle retombe. *

II. PROCEDÉ.

*Expériences sur la décomposition du Sel
marin, par l'interméde du Phlogistique. Phosphore de Kunckel.*

» PRENEZ de l'urine pure qui aura
» fermenté pendant cinq ou six
» jours. La quantité doit être propor-
» tionnée à celle du Phosphore qu'on
» veut faire. Il en faut environ un tiers
» de muid pour un gros de Phosphore.
» Faites-la évaporer dans des chaudieres
» de fer, jusqu'à ce qu'elle soit devenue
» grumeleuse, dure, noire & à peu près
» semblable à de la suye de cheminée,

---

* M. le Marquis de Montalembert, de l'Académie Royale des Sciences, a lu, à l'Académie, un Mémoire dans lequel il donne de nouveaux moyens de
faire ces évaporations, & de perfectionner beaucoup la
construction & la disposition des engars & des atteliers
où l'on fait ces travaux ; on les nomme en France
Bâtimens de Graduation.

» elle fera pour lors réduite environ à
» un foixantiéme de ce qu'elle pefoit
» avant d'avoir été évaporée.

» Quand l'urine eſt en cet état,
» mettez-la par parties dans des mar-
» mittes de fer, fous lefquelles vous en-
» tretiendrez un feu de charbon affés
» vif pour en rougir le fond ; & agitez-
» la fans relâche, jufqu'à ce que le Sel
» volatil & l'Huile fœtide foient diffi-
» pés prefqu'entierement, que la matie-
» re ne fume plus, & qu'elle ait pris l'o-
» deur de fleurs de pêcher. Ceffez pour
» lors la calcination, & verfez fur la
» matiere qui fe trouvera réduite en
» poudre, un peu plus du double de fon
» poids d'eau chaude. Agitez-la dans
» cette eau, & laiffez-la tremper pen-
» dant vingt-quatre heures. Verfez l'eau
» par inclination ; defféchez & réduifez
» en poudre la matiere leffivée. La cal-
» cination précédente enleve à la ma-
» tiere environ un tiers de fon poids,
» la leffive emporte la moitié des deux
» autres tiers.

» Mêlez à ce qui vous refte de ma-
» tiere calcinée, leffivée & defféchée,
» la moitié de fon poids de gros fable,
» ou de grais jaunâtre égrugé, dont

» vous aurez féparé le plus fin par un
» tamis pour ne pas l'employer. Le Sa-
» ble de riviere n'eft pas un intermé-
» de convenable , parcequ'il pétille au
» grand feu. Ajoûtez enfuite à ce mê-
» lange un feiziéme de fon poids de
» charbon de hêtre , ou autre bois qui
» ne foit pas du chêne , parcequ'il pétil-
» le auffi. Humectez le tout avec une
» fuffifante quantité d'eau pour le ré-
» duire en une pâte ferme en le maniant
» & le roulant entre les mains : puis fai-
» tes-le entrer dans la cornue , en pre-
» nant des précautions pour ne pas falir
» le col. La cornue doit être de la meil-
» leure terre , & de telle grandeur que
» quand on y aura mis la matiere , il en
» demeure un grand tiers de vuide

» Placez enfuite la cornue dans un
» fourneau de réverbere , proportion-
» né de façon qu'il y ait deux pouces
» d'efpace entre les parois du fourneau
» & le corps de la cornue , même dans
» l'endroit du retréciffement où com-
» mence le col de ce vaiffeau , qui doit
» demeurer incliné fous un angle de
» foixante degrés. Bouchez toutes les
» ouvertures du fourneau , excepté cel-
» le du foyer & du cendrier.

» Adaptez à la cornue un grand
» balon de verre rempli d'eau au tiers,
» & luttez-le avec elle, comme dans la
» diſtillation de l'Eſprit de Nitre fu-
» mant. Ce balon doit être percé d'un
» petit trou dans ſa partie poſtérieure,
» un peu au-deſſus de la ſurface de l'eau.
» On bouche ce trou avec un brin de
» bouleau qui puiſſe y entrer fort à l'ai-
» ſe, & où il y ait un nœud pour l'em-
» pêcher de tomber dedans. On le reti-
» re de temps en temps, pour préſenter
» la main à ce petit trou, & voir ſi l'air
» raréfié par la chaleur de la cornue ſort
» trop rapidement ou pas aſſés.

» Si le dard d'air eſt trop fort, &
» ſort avec ſifflement, on ferme entie-
» rement la porte du cendrier pour ral-
» lentir le feu. S'il ne frappe pas aſſés vi-
» vement la main, on ouvre d'avanta-
» ge cette porte, & on met de grands
» charbons dans le foyer pour raminer
» le feu par une flamme ſubite.

» L'opération dure ordinairement
» vingt-quatre heures, & voici les ſignes
» qui annoncent qu'elle réuſſira ſi la cor-
» nue peut réſiſter au feu.

» Il faut la commencer en mettant
» d'abord du charbon noir dans le cen-

» drier du fourneau, & un peu de char-
» bon allumé à la porte, afin d'échauf-
» fer la cornue très-lentement. Quand
» il est allumé, on le pousse dans le cen-
» drier, & on en ferme la porte avec
» une tuile. Cette chaleur modérée fait
» distiller le phlegme du mélange. Il
» faut entretenir ce même degré de feu
» pendant quatre heures, après lequel
» temps on met du charbon sur la gril-
» le du foyer. Le feu de dessous l'allu-
» me peu à peu. A ce second feu appro-
» ché de la cornue, le balon s'échauffe
» & se remplit de vapeurs blanches, qui
» ont une odeur d'Huile fœtide. Quatre
» heures après, ce vaisseau se refroidit
» & s'éclaircit. Alors il faut ouvrir d'un
» pouce la porte du cendrier, mettre
» du charbon dans le foyer de trois mi-
» nutes en trois minutes, & en fermer à
» chaque fois la porte, pour que l'air
» froid de dehors ne frappe pas le fond
» de la cornue ; ce qui la feroit fêler.

» Quand on a entretenu le feu à
» ce degré environ pendant deux heu-
» res, le balon commence à se tapisser
» d'un Sel volatil d'une nature singulie-
» re, qui ne peut être chassé que par un
» très-grand feu, & qui a une odeur

» affés forte d'amandes de noyaux de
» pêche. Il faut prendre garde que ce
» Sel concret ne bouche le petit trou
» du balon, parceque ce vaiffeau fe bri-
» feroit, la cornue étant rouge alors ,
» & l'air très-raréfié. L'eau du balon
» qui s'échauffe par le voifinage du four-
» neau fournit des vapeurs qui diffol-
» vent ce Sel raméfié , & le balon s'é-
» claircit une demi-heure après que fa
» diftillation a ceffé

    » Environ trois heures après que
» ce Sel a commencé à paroître , le ba-
» lon fe remplit de nouvelles vapeurs ,
» qui ont l'odeur du Sel Ammoniac
» qu'on brûleroit fur le charbon. Elles
» fe condenfent aux parois du récipient
» en un Sel qui n'eft plus raméfié , mais
» formé en longues ftries perpendicu-
» laires, que les vapeurs de l'eau ne dif-
» folvent point. Ces vapeurs blanches
» font les avant - coureurs du Phofpho-
» re; & vers la fin de leur diftillation
» elles perdent leur premiere odeur de
» Sel Ammoniac , & prennent l'odeur
» d'ail.

    » Comme elles fortent avec beau-
» coup de rapidité , il faut déboucher
» fouvent le petit trou, pour voir s'il ne

» fiffle point trop fort; car en ce cas il
» faudroit fermer entierement la porte
» du cendrier. Ces vapeurs blanches du-
» rant environ deux heures. Quand on
» reconnoît qu'elles ont ceffé, on don-
» ne un peu de jour au dôme du four-
» neau, en ouvrant quelques-uns de fes
» regiftres, pour commencer à donner
» iffue à la flamme. On entretient le feu
» dans cet état moyen, jufqu'à ce qu'il
» commence à paroître un premier Phof-
» phore volatil.

» C'eft environ trois heures après
» que les vapeurs blanches ont commen-
» cé à fortir, qu'il paroît. Pour le fça-
» voir, on retire de minute en minute
» le petit brin de bouleau, & on le frot-
» te en un endroit échauffé du fourneau,
» où il laiffera un trait de lumiere s'il eft
» enduit de Phofphore.

» Peu de temps après qu'on a re-
» connu ce figne, on voit fortir par le
» petit trou du balon un dard de lumie-
» re bleuâtre, qui dure plus ou moins
» allongé jufqu'à la fin de l'opération.
» Le dard ou jet de lumiere ne brûle
» point. Qu'on y tienne le doigt vingt
» ou trente fecondes, il fe charge de
» cette lumiere ; & fi on en frotte la
main,

» main, il l'en enduit & la rend lumi-
» neuse.

» Mais de temps en temps ce jet
» s'allonge jusqu'à sept ou huit pouces,
» avec décrépitation & étincelles. Alors
» il brûle les corps combustibles qu'on
» lui présente. Quand cela arrive, il faut
» conduire le feu avec beaucoup d'atten-
» tion, fermer entierement la porte du
» cendrier, sans discontinuer cependant
» de mettre du charbon dans le foyer
» de deux minutes en deux minutes.

» Le Phosphore volatil dure deux
» heures, au bout desquelles le petit jet
» de lumiere se raccourcit à une ligne
» ou deux. C'est alors qu'il faut pousser
» le feu à l'extrême, ouvrir entierement
» la porte du cendrier, y mettre du bois,
» déboucher tous les regiftres du réver-
» bere, mettre de grands charbons dans
» le foyer de minute en minute; en un
» mot, il faut que pendant six à sept
» heures tout le dedans du fourneau
» soit blanc, & qu'on ne puisse y distin-
» guer la cornue. »

» Pendant ce feu extrême, le véri-
» table Phosphore distille comme une
» huile ou comme une cire fondue : une
» partie est soûtenue par l'eau du réci-

<table><tr><td>Tome I.</td><td>E</td></tr></table>

» pient, l'autre s'y précipite. Enfin, on
» s'apperçoit que l'opération est finie,
» quand la partie supérieure du balon
» où le Phosphore volatil s'est condensé
» en une pellicule noirâtre, commence
» à rougir. C'est une marque qu'à l'en-
» droit de cette tache rouge le Phos-
» phore est brûlé. Il faut alors boucher
» tous les regiftres, & fermer toutes les
» portes du fourneau, pour étouffer le
» feu, puis boucher le petit trou du ba-
» lon avec du lut gras ou de la cire. On
» laiffe le tout en cet état pendant deux
» jours, parcequ'il ne faut pas démon-
» ter les vaiffeaux qu'ils ne foient parfai-
» tement refroidis, de crainte que le
» Phofphore ne s'allume.

» Auffitôt que le feu eft éteint, le
» balon qui fe trouve alors dans l'obf-
» curité offre un fpectacle affés agréa-
» ble : toute la partie vuide de ce vaif-
» feau qui eft au-deffus de l'eau, paroît
» remplie d'une belle lumiere bleue, qui
» dure pendant fept à huit heures, ou
» tant que ce vaiffeau eft chaud, & ne
» difparoît que quand il eft refroidi.

» Le fourneau étant parfaitement
» froid, on démonte les vaiffeaux, on
» les fépare l'un de l'autre le plus pro-

» prement qu'il est possible. On enleve
» avec un linge toute la matiere noire
» qu'on trouve à l'entrée du col du ba-
» lon ; car si cette saleté se mêloit avec
» le Phosphore, elle empêcheroit qu'il
» ne devînt bien transparent dans le
» moule. Il faut que cela se fasse vîte.
» Après quoi on verse deux ou trois
» pintes d'eau froide dans le balon, pour
» accélérer la précipitation du Phospho-
» re qui est soutenu sur l'eau. On agite
» ensuite l'eau du balon, pour détacher
» tout le Phosphore qui seroit adhérent
» aux parois ; puis on verse toute cette
» eau agitée & troublée dans une terri-
» ne bien nette, & on la laisse s'éclair-
» cir. On décante ensuite cette premie-
» re eau inutile, & on verse de l'eau
» bouillante sur le sédiment noirâtre
» resté au fond de la terrine pour fon-
» dre le Phosphore. Il s'unit alors avec
» la matiere fuligineuse ou phosphore
» volatil qui s'est précipité avec lui ; &
» il se met en une masse couleur d'ar-
» doise. Quand cette eau dans laquelle
» le Phosphore est fondu, est suffisam-
» ment refroidie, on le jette dans l'eau
» froide, & on l'y casse en petits mor-
» ceaux pour le mouler.

E ij

» Il faut prendre alors un matras
» à long col, dont le col soit un peu
» plus large vers la boule qu'à son autre
» extrémité; couper la moitié de cette
» boule pour en former un entonnoir,
» & boucher d'un bouchon de liége le
» bout étroit de ce col. Le premier
» moule étant ainsi préparé, on le plon-
» ge dans toute sa longueur dans un
» vaisseau plein d'eau bouillante, & on
» l'emplit de cette eau. On jette dans
» cet entonnoir les petits morceaux de
» la masse ardoisée, qui se fondent de
» nouveau dans cette eau chaude, & se
» précipitent tout fondus au bas du tu-
» be. On agite cette matiere fondue
» avec un fil de fer, pour aider le Phos-
» phore à se séparer de la matiere fuli-
» gineuse qui le sallissoit, & qui étant
» moins pesante que lui, prend peu à
» peu le dessus du cylindre

» On entretient l'eau du vaisseau
» dans sa premiere chaleur, jusqu'à ce
» qu'en retirant le tube on voie le Phos-
» phore net & transparent. Alors on
» laisse un peu refroidir le tube clair,
» & on le trempe ensuite dans de l'eau
» froide, où le Phosphore se congéle
» en se refroidissant. Lorsqu'il est bien

» congelé, on ôte le bouchon de liége,
» & avec un petit bâton à peu près de
» la grosseur du tube, on pousse le cy-
» lindre de Phosphore vers l'entonnoir
» qui est le côté de la dépouille. On
» coupe la partie noire du cylindre pour
» la mettre à part. Car lorsqu'on en a
» une certaine quantité, on peut la re-
» fondre par la même méthode, & en
» séparer le Phosphore net qu'elle con-
» tient encore. A l'égard du reste du
» cylindre qui est net & transparent, si
» on a dessein de le mouler en plus pe-
» tits cylindres, on le coupe par tron-
» çons, pour le faire refondre à l'aide de
» l'eau bouillante dans des tubes de ver-
» re plus petits. »

REMARQUES.

J'ai tiré en entier des Mémoires de
l'Académie des Sciences, année 1737,
le procédé pour faire le Phosphore. Ce
procédé y est décrit avec tant d'exactitude, de clarté & de précision par M.
Hellot, que j'ai cru ne pouvoir mieux
faire que de le donner tel qu'il est, en
faveur de ceux qui n'ont pas les Mémoires de l'Académie, & de rapporter même les propres termes de M. Hellot.

Nous allons avoir occaſion , dans ces remarques , de faire obſerver quelques particularités eſſentielles que j'ai omiſes dans la deſcription du procédé , pour ne point interrompre l'expoſition de la ſuite des faits qui ſe préſentent dans cette expérience.

Il eſt bon de remarquer prémierement , qu'une des cauſes les plus ordinaires qui fait manquer l'opération , eſt le défaut de bonté & de ſolidité dans la cornue dont on ſe ſert. Il eſt abſolument néceſſaire que ce vaiſſeau ſoit de la meilleure terre , & tel qu'il puiſſe réſiſter très-long-temps à la derniere violence du feu ; comme on a pu le voir dans la deſcription du procédé. Les cornues que nos potiers & nos fournaliſtes vendent ici , ne peuvent ſervir à cette opération. M. Hellot a été obligé d'en faire venir de Heſſe-Caſſel , pour les avoir conditionnées comme il convient.

» Nous obſerverons , en ſecond
» lieu , avec M. Hellot , qu'avant de pla-
» cer la cornue dans le fourneau , il eſt
» bon de faire un eſſai de ſa matiere ,
» pour voir s'il y a eſpérance de réuſ-
» ſir. On en met pour cela environ une
» once dans un petit creuſet qu'on chauf-

» fe jufquà le faire rougir. Le mêlange
» après avoir fumé, doit fe refendre
» fans fe gonfler, fans même s'élever. Il
» en fort des ondulations de flammes
» blanches & bleuâtres qui s'élevent
» avec rapidité. C'eft-là le premier Phof-
» phore qui eft volatil, & qui fait tout
» le danger de l'opération. Quand ces
» premieres flammes font paffées, il faut
» augmenter l'ardeur de la matiere, en
» mettant fur le creufet un gros char-
» bon allumé. On voit alors le fecond
» Phofphore ; c'eft une vapeur lumineu-
» fe, tranquille, couvrant toute la fu-
» perficie de la matiere, & de couleur
» tirant fur le violet ; elle dure fort long-
» temps, & répand une odeur d'ail, qui
» eft l'odeur diftinctive du Phofphore
» dont il eft à préfent queftion.

» Lorfque toute cette vapeur lumi-
» neufe eft diffipée, il faut verfer la ma-
» tiere embrafée du creufet fur une pla-
» que de fer. S'il ne fe trouve aucune
» goutte de fel en fufion, & qu'au con-
» traire tout fe réduife en poudre, c'eft
» une marque que la matiere a été fuf-
» fifamment leffivée, & qu'elle ne con-
» tient de Sel fixe, ou, fi l'on veut, de
» Sel marin, que ce qu'il lui en faut. Si

E iv

» on trouve fur la plaque quelques gout-
» tes de fel figé, c'eft qu'il eft trop refté
» de fel, & l'opération court rifque de
» ne pas réuffir, parceque la cornue fe-
» roit rongée & percée par ce fel fur-
» abondant. En ce cas, il faudra leffiver
» de nouveau le mêlange, puis le deffé-
» cher fuffifamment. »

Notre troifiéme remarque fera fur le fourneau qu'il convient d'employer dans cette opération. Ce fourneau doit être tel que dans un efpace affés petit, il puiffe donner autant & plus de chaleur qu'un four de Verrerie, fur-tout pendant les fept ou huit dernieres heures de l'opération. M. Hellot donne dans fon Mémoire une defcription exacte de ce fourneau.

» Comme il peut arriver des acci-
» dens pendant le cours de l'opération,
» il y a quelques précautions à prendre.
» Par exemple, fi le balon venoit à fe
» rompre pendant que le Phofphore dif-
» tille, ce qui en tomberoit fur des corps
» combuftibles, y mettroit le feu avec
» rifque d'incendie, parceque ce feu eft
» fort difficile à éteindre. Ainfi, il faut
» que le fourneau foit conftruit dans
» quelqu'endroit vouté, ou fous la hot-

» te élevée de quelque cheminée qui
» pompe bien l'air. Il ne faut pas non
» plus laisser auprès aucun meuble ou
» utensile de bois. S'il tomboit du Phos-
» phore allumé sur les jambes ou sur les
» mains, en moins de trois minutes il
» pénétreroit jusqu'à l'os. Il n'y a que
» l'urine qui puisse arrêter le progrès de
» cette brulure.

» Si pendant que le Phosphore se
» distille, la cornue se fêle, l'opération
» est manquée. Il est aisé de s'en apper-
» cevoir, par ce qu'on sent auprès du
» fourneau l'odeur d'ail; & de plus, la
» flamme qui sort par les ouvertures du
» réverbere est d'un beau violet. L'Aci-
» de du Sel marin teint toujours de cet-
» te couleur la flamme des matieres qui
» se brûlent avec lui. Mais si la cornue
» se casse avant que le Phosphore ait
» commencé à paroître, on peut sauver
» la matiere, en jettant plusieurs briques
» froides dans le foyer, & un peu d'eau
» par-dessus pour étouffer le feu subite-
» ment. » Toutes ces utiles remarques
font encore de M. Hellot.

Le Phosphore dont nous venons de
donner la description, a été découvert
d'abord par un bourgeois de la ville de

E v.

Hambourg nommé Brandt, qui cher-
choit la pierre philofophale, & travail-
loit fur l'urine. Deux autres habiles Chymiftes, qui ne fçavoient autre chofe du
procédé, fi ce n'eft que cette matiere
étoit tirée de l'urine, ou même en général de corps humain, ont travaillé à le
découvrir auffi depuis, & en ont fait
effectivement la découverte chacun de
leur côté. Ces deux hommes font Kunckel & Boyle.

Le premier a fait la découverte en
entier, & avoit trouvé le moyen d'en
faire à la fois une affés grande quantité;
ce qui a fait donner à ce Phofphore le
nom de *Phofphore de Kunckel.* Le fecond, qui étoit Anglois, n'a pas eu le
temps de pouffer fa découverte jufqu'au
bout, & s'eft contenté de dépofer ce
premier témoignage de fa découverte
entre les mains du Secrétaire de la So-
ciété Royale de Londres, qui lui en don-
na un certificat.

> Quoique Brandt, dit M. Hellot,
> qui avoit déja vendu fon fecret à un
> Chymifte nommé Kraft, l'ait vendu
> depuis à plufieurs autres perfonnes,
> même à vil prix; quoique M. Boyle
> en ait publié le procédé; il eft cepen-

» dant très vraisemblable que l'un &
» l'autre se sont réservé le mot de l'é-
» nigme, c'est-à-dire, *tout le détail né-*
» *cessaire pour faire réussir l'opération* ;
» puisque jusqu'à la découverte de Kunc-
» kel & de M. Gotfridth-Hantkuit Chy-
» miste Anglois, à qui M. Boyle a dé-
» voilé tout le mystère, aucun Chymi-
» ste n'avoit fait une quantité un peu
» considérable de ce Phosphore,

» Nous sommes bien éloignés ,
» continue M. Hellot, de prétendre ce-
» pendant que tous ceux qui ont décrit
» cette opération aient voulu en impo-
» ser ; mais nous croyons que la plûpart
» ayant vû paroître des vapeurs lumi-
» neuses dans le balon , & quelques
» étincelles vers la jointure des vais-
» seaux, ils ont cru que cela leur suffi-
» soit. Ainsi M. Gotfridth-Hantkuit a
» été depuis la mort de Kunckel, & de-
» puis celle de M. Boyle, le seul Chy-
» miste qui en ait pu fournir à tous les
» Physiciens de l'Europe : c'est pour ce-
» la que cette matiere a été aussi assés
» connue sous le nom de *Phosphore*
» *d'Angleterre.* »

Presque tous les Chymistes pensent
que le Phosphore est une substance com-

E vj

posée de l'Acide du Sel marin combiné
avec le Phlogistique, de même que le
Soufre n'est que l'Acide vitriolique uni
aussi au Phlogistique. Voici les principaux faits sur lesquels est appuyé ce sentiment.

Premierement, l'urine abonde en Sel
marin, & contient aussi beaucoup de
Phlogistique, c'est-à-dire, les matériaux
dont on soupçonne qu'est composé le
Phosphore.

Secondement, ce Phosphore a plusieurs des propriétés du Soufre; comme
d'être dissoluble dans les Huiles, de se
fondre à une douce chaleur, d'être très-
combustible, de brûler sans donner de
suye, d'avoir une flamme vive & bleuâtre; enfin, de laisser après sa combustion
une liqueur acide : preuves sensibles qu'il
ne différe du Soufre que par la nature
de son Acide.

Troisiémement cet Acide du Phosphore mêlé avec la dissolution d'argent
dans l'esprit de Nitre, précipite l'argent;
& ce précipité est une vraie Lune-cornée, qui paroît même encore plus volatile, dit M. Hellot qui en a fait cette expérience, que la Lune-cornée ordinaire. Ce fait prouve invinciblement que

l'Acide du Phosphore eſt de la nature de celui du Sel marin ; car tous les Chymiſtes ſçavent qu'il n'y a que ce ſeul Acide qui ait la propriété de précipiter l'argent en Lune-cornée.

Quatriémement, M. Sthal remarque, que ſi on jette du Sel marin ſur des charbons ardens, ces charbons brûlent auſſi-tôt avec beaucoup d'activité ; qu'il s'en éleve une flamme fort vive, & qu'ils ſont bien plutôt conſumés que s'ils n'a-voient pas touché à ce Sel ; que le Sel marin lui - même , qui peut ſoutenir la violence du feu aſſés long - temps lorſ-qu'il eſt en fuſion dans un creuſet , ſans ſouffrir une diminution ſenſible, s'éva-pore très promptement, & ſe réduit en fleurs blanches par le contact immédiat des charbons ardens ; qu'enfin la flam-me qui s'éleve dans cette occaſion a une couleur bleue tirant ſur le violet, ſur-tout ſi on ne le jette pas immédiatement ſur les charbons, mais ſi on le tient en fuſion dans un creuſet au milieu des charbons ardens , & que le creuſet ſoit placé de façon que la vapeur du Sel puiſ-ſe ſe joindre avec le Phlogiſtique em-braſé qui s'éleve des charbons.

Ces expériences de M. Stahl prouvent que le Phlogiftique a de l'action fur l'Acide du Sel marin, même lorfqu'il eft engagé dans fa bâfe alkaline. La flamme qui s'éleve dans cette occafion peut être regardée comme un Phofphore ébauché. La couleur de cette flamme eft même tout-à-fait femblable à celle du Phofphore.

Tous les faits que nous venons de rapporter prouvent que l'Acide du Phofphore eft analogue à celui du Sel marin; ou plutôt eft l'Acide du Sel marin lui-même. Mais il y a d'autres faits qui prouvent au moins que cet Acide a fubi une altération, & une préparation particuliere avant d'entrer dans la combinaifon du vrai Phofphore, & que lorfqu'il en eft dégagé par la combuftion, il n'eft point un Acide du Sel marin pur; mais qu'il eft encore altéré par le mêlange de quelqu'autre fubftance qui le fait différer affés confidérablement de cet Acide. Nous fommes redevables de ces expériences, à M. Marggraff, célébre Chymifte de l'Académie des Sciences de Berlin. Je m'en vais en rapporter les principales le plus fuccinctement qu'il me fera poffible.

M. Marggaff a auffi rendu public un

procédé pour faire du Phosphore , & il assure que par le moyen de ce procédé , on retire en moins de temps , avec moins de chaleur , moins de peine & moins de frais , une plus grande quantité de Phosphore que par tout autre méthode. Voici quelle est son opération.

Il prend deux livres de Sel Ammoniac réduit en poudre , & les mêle exactement avec quatre livres de Minium. Il met le mélange dans une cornue de verre , & en retire à un feu gradué un esprit volatil urineux très-pénétrant.

Nous avons dit dans nos Elémens de théorie , que quelques substances métalliques avoient la propriété de décomposer le Sel Ammoniac , & d'en séparer l'Alkali volatil, & nous avons expliqué notre sentiment à ce sujet. Le Minium , qui est une chaux de plomb , est du nombre de ces substances métalliques. Il décompose dans cette expérience le Sel Ammoniac , en sépare l'Alkali volatil ; & ce qui reste dans la cornue , est une combinaison du Minium avec l'Acide du Sel Ammoniac , qui , comme on sçait , est le même que celui du Sel marin : par conséquent le résidu de cette opération est une espéce de plomb corné.

Il s'en trouve quatre livres huit onces. Il mêle trois livres de ce plomb corné avec neuf à dix livres d'urine putréfiée pendant deux mois, & évaporée
jufqu'à confiftence de miel. Il fait ce mêlange peu à peu dans un chaudron de
fer fur le feu, en le remuant de temps
en temps. Il y ajoûte une demi-livre
de charbon pulvérifé, & il évapore en
remuant toujours la matiere jufqu'à ce
qu'elle foit entierement réduite en poudre noire. Il diftille enfuite ce mêlange
à un feu gradué, dans une retorte de
verre, en pouffant fur la fin le feu jufqu'à la faire rougir pour enlever tout
ce qu'il peut y avoir d'efprit urineux,
d'huile fuperflue & de matiere ammo-
niacale. Il ne refte dans la cornue, après
cette diftillation, qu'un *caput mortuum*
très friable.

Il pulvérife encore ce réfidu, & il en
jette une pincée fur des charbons ardens, pour s'affurer fi la matiere eft
bien préparée, & en état de fournir du
Phofphore. Si elle eft telle, il en fort
auffitôt une odeur arfenicale, & une
flamme bleue qui fe proméne à la fuperficie des charbons en faifant des ondulations.

Après s'être ainsi assuré du succès de son opération, il met la moitié de sa matiere par parties égales, dans trois petites cornues de terre d'Allemagne, capables de contenir chacune environ dix-huit onces d'eau. Ces cornues ne se trouvent pleines que jusqu'aux trois quarts. Il place ces trois cornues à la fois dans un même fourneau de réverbere, fait à peu près comme ceux dont nous avons donné la description, excepté qu'il est disposé de façon qu'il peut contenir à la fois les trois cornues rangées sur une même ligne. Il lutte à chaque cornue un récipient un peu plus qu'à moitié plein d'eau, & arrange le tout de maniere que le bec des cornues soit très-proche de la superficie de l'eau.

Il commence la distillation, en échauffant peu à peu les cornues, environ pendant une heure, par le moyen d'une douce chaleur. Il augmente après ce temps le feu, de maniere que dans l'espace d'une demi-heure, les charbons commencent à toucher le fond des cornues. Il continue à mettre peu à peu des charbons dans le fourneau, jusqu'à ce qu'ils aient atteint la moitié de la hauteur des cornues, & il emploie à cela

encore une demi-heure. Enfin, pendant
la demi-heure suivante, il met du charbon jusque par dessus la voûte des cornues.

Alors le Phosphore commence à paroître en vapeurs : il augmente aussitôt
l'ardeur du feu, autant qu'il lui est possible, en emplissant entierement le fourneau de charbon, & faisant bien rougir
les cornues. Ce degré de feu fait sortir
le Phosphore en gouttes qui se précipitent dans l'eau. Il soutient ce degré de
feu pendant une heure & demie ; après
quoi l'opération est achevée, ainsi elle
ne dure en tout qu'environ quatre heures & demie, encore assure-t-il qu'un
Artiste adroit dans l'administration du
feu, peut la faire en quatre heures seulement. Il distille de la même maniere
la seconde moitié de son mêlange dans
trois autres cornues pareilles.

L'avantage qu'il trouve à se servir de
plusieurs petites cornues, plutôt que d'u-
ne grosse, c'est que le feu les pénétre
plus facilement, & que l'opération se
fait avec moins de chaleur & en moins
de temps. Il purifie & moule son Phosphore, à peu près de la même maniere
que M. Hellot : il retire deux onces &

demie de beau Phofphore criftalin tout
moulé, de la quantité de mêlange dont
noûs avons parlé.

M. Marggraff confidérant en confé-
quence des expériences que nous venons de rapporter, que l'Acide du Sel
marin très-concentré contribue beaucoup à la formation du Phofphore, a
fait encore plufieurs autres expériences,
où il emploie cet Acide engagé dans
d'autres bâfes. Il a mêlé par exemple,
une once de Lune-cornée avec une once
& demie d'urine putréfiée & épaiffie, &
il a retiré de ce mêlange un très-beau
Phofphore.

Enfin, toutes les expériences que nous
venons de rapporter, lui faifant croire
fermement que l'Acide du Sel marin,
pourvû qu'il fût très-concentré, fe com-
binoit avec le Phlogiftique auffi facilement que l'Acide vitriolique, il a voulu
voir s'il pourroit faire du Phofphore avec
des matieres qui continffent cet Acide
& du Phlogiftique, mais fans employer
l'urine.

Il a fait dans cette vûe un grand nombre d'expériences différentes, dans lefquelles il a employé le Sel marin en
fubftance, le Sel Ammoniac, le plomb

Tome I.

corné, la Lune-cornée, le Sel Ammoniac fixe, autrement nommé *Huile de
chaux*. Il a mêlé ces différentes subſtan-
ces qui contiennent toutes l'Acide du
Sel marin, avec différentes matieres
abondantes en Phlogiſtique, différens
charbons végétaux, & même des matieres animales, telles que l'huile de
corne de cerf, le ſang humain, & d'autres, en variant de pluſieurs manieres
les doſes de toutes ces ſubſtances, ſans
avoir jamais pu parvenir à faire un atôme de Phoſphore : ce qui a fait ſoupçonner avec raiſon à cet habile Chymiſte,
que l'Acide marin pur & crud n'eſt pas
capable de ſe combiner comme il convient avec le Phlogiſtique pour former
du Phoſphore ; qu'il faut que préalable-
ment cet Acide ait contraĉté union avec
quelqu'autre matiere : que celui qui ſe
trouve dans l'urine a apparemment ſubi
l'altération convenable pour cela : M.
Marggraff croit que cette matiere, qui
par ſon union rend l'Acide du Sel marin capable d'entrer dans la combinaiſon du Phoſphore, eſt une eſpece de
terre vitrifiable extrêmement ténue.
Nous allons voir, par les expériences
qu'il a faites ſur l'Acide du Phoſphore,

que fon fentiment n'eft point fans fondement.

M. Marggraff, en laiffant repofer dans
un lieu frais de l'urine évaporée jufqu'à
confiftence de miel, en a retiré par la
criftalifation un Sel d'une nature finguli-
liere. Il s'eft affuré qu'en diftillant enfuite l'urine de laquelle il l'avoit retiré,
elle lui fourniffoit beaucoup moins de
Phofphore que celle dont il ne l'avoit
point retiré; & comme on ne peut la
dépouiller entierement de ce Sel, il croit
que la petite quantité de Phofphore que
cette urine lui a fourni, venoit du Sel
qui y étoit refté.

De plus, il a diftillé ce Sel feul avec
du noir de fumée; & il lui a fourni une
quantité confidérable de très-beau Phofphore. Il a même mêlé de la Lune - cornée avec ce Sel, pour voir s'il en retireroit une plus grande quantité de Phofphore ; mais infructueufement : ce qui
lui a fait conclure que c'eft dans cette
matiere faline que réfide le véritable
Acide propre à entrer dans la combinaifon du Phofphore. Plufieurs expériences
qu'il a faites fur l'Acide du Phofphore,
auquel il a trouvé des propriétés femblables à celles de ce Sel d'urine, con-

firment encore son sentiment.

L'Acide du Phosphore paroît être plus fixe qu'aucun autre, c'est pourquoi lorsqu'on veut le séparer par la combustion du Phlogistique auquel il est uni, on n'a pas besoin d'un appareil de vaisseaux semblables à celui qu'on employe pour retirer l'Esprit de Soufre. Cet Acide se trouve au fond du vaisseau dans lequel on a fait brûler du Phosphore. Si on le pousse au feu, la partie la plus subtile s'évapore, & le reste prend la forme d'une matiere vitrifiée.

Le même Acide fait effervescence avec les alkalis fixes & volatils, & forme avec eux des especes de Sels neutres ; mais qui différent beaucoup du Sel marin, & du Sel Ammoniac. Celui qui a pour bâse l'Alkali fixe, ne décrépite point sur les charbons ardens; mais il s'y gonfle & s'y vitrifie comme le Borax. Celui qui a pour bâse l'Alkali volatil, forme des cristaux longs & pointus ; & poussé au feu dans une cornue, laisse échapper son Alkali volatil. Il reste dans la cornue une matiere vitrifiée. Ce Sel est semblable à celui dont nous venons de parler qu'on retire de l'urine, & qui fournit le Phosphore.

On voit par les expériences que nous venons de rapporter, que l'Acide du Phoſphore tend toujours à la vitrification ; ce qui prouve qu'il n'eſt pas pur , & qui a donné lieu à M. Marggraff de croire qu'il eſt altéré par le mêlange d'une terre vitrifiable très-ſubtile.

Le même M. Marggraff a retiré du Phoſphore de pluſieurs ſubſtances végétales qui nous ſervent tous les jours d'alimens : cela lui donne lieu de croire que le Sel propre à former le Phoſphore peut exiſter dans les végétaux, & paſſer de-là dans les animaux qui s'en nourriſſent.

Enfin, il nous apprend, en terminant ſon Mémoire, une vérité très importante : c'eſt que l'Acide qu'on retire du Phoſphore par la combuſtion , peut ſervir à reformer de nouveau Phoſphore. Il ne faut pour cela que le combiner avec quelque matiere charbonneuſe , comme le noir de fumée , & le diſtiller.

Les Chymiſtes , comme on peut le voir par ce que nous avons rapporté dans cet article , ont beaucoup de recherches curieuſes & intéreſſantes à faire ſur le Phoſphore , & particulierement ſur ſon Acide.

Je terminerai cet article, en rapportant quelques-unes des propriétés du Phofphore dont je n'ai pas encore fait mention.

Le Phofphore expofé à l'air s'y diffout. Ce que l'eau ne peut faire, dit M. Hellot, ou ne fait que pendant huit ou dix années, l'humidité de l'air le fait en dix ou douze jours, foit par ce que le Phofphore s'allume à l'air, & que la partie inflammable s'évaporant prefque toute entiere, laiffe à découvert l'Acide de ce Phofphore, qui comme tout autre Acide extrêmement concentré, eft fort avide de l'humidité; foit auffi parceque l'humidité de l'air étant une eau divifée en particules infiniment déliées, elle fe trouve alors d'une ténuité analogue à la petiteffe des pores du Phofphore, dans lefquels les particules trop groffieres de l'eau commune ne pourroient s'introduire.

Le Phofphore échauffé par la proximité du feu, ou par quelque frottement s'allume auffitôt, & brûle avec vivacité. Il fe diffout dans toutes les Huiles & dans l'Ether, & donne à ces liqueurs la propriété d'être lumineufes quand on débouche le flacon dans lequel elles font contenues.

contenues. Lorsqu'on le fait bouillir dans l'eau, il lui communique aussi la faculté lumineuse. Cette observation est de M. Morin Professeur à Chartres.

Feu M. Grosse, célébre Chymiste, de l'Académie des Sciences, a observé que le Phosphore dissous dans les Huiles essentielles s'y cristalise. Ces cristaux s'allument à l'air, soit qu'on les jette dans un vaisseau sec, ou qu'on les mette dans un morceau de papier. Si on les trempe dans l'Esprit-de-vin, & qu'on les en retire sur le champ, ils ne s'enflamment plus à l'air : ils fument un peu, & pendant très-peu de temps, & ne se consument presque point. Il en a laissé pendant quinze jours dans une cuillere, sans qu'ils aient paru diminués de volume; mais si on échauffe un peu la cuillere, ils s'enflamment comme le feroit le Phosphore ordinaire, avant sa distillation & sa cristalisation dans une huile essentielle.

M. Marggraff ayant mis un gros de Phosphore avec une once d'esprit de Nitre très concentré dans une cornue de verre, a observé que sans le secours du feu, l'Acide dissolvoit le Phosphore ; qu'une partie de cet Acide passoit dans le récipient lutté à la cornue, & qu'en

Tome I.   F

même temps le Phofphore s'eft allumé avec impétuofité, & qu'il a brifé les vaiffeaux avec fracas. Il n'arrive rien de femblable lorfqu'on le traite de même avec les autres Acides quoique concentrés.

III. PROCEDÉ.

Décompofer le Sel marin par l'interméde de l'Acide vitriolique. Sel de Glauber. Purification & concentration de l'Efprit de Sel.

METTEZ d'abord dans un pot de terre non verniffé le Sel marin dont vous voudrez retirer l'Acide. Placez ce pot au milieu des charbons ardens. Le Sel décrépitera, fe defféchera, & fe réduira en poudre. Mettez ce Sel décrépité dans une cornue de verre tubulée, dont les deux tiers demeurent vuides. Placez la cornue dans un fourneau de réverbere, & adaptez-y un récipient pareil à celui de la diftillation de l'Efprit de Nitre fumant. Luttez-le auffi de même avec la cornue, & encore plus exactement s'il eft poffible. Verfez enfuite par le trou fupérieur de la cornue environ un tiers du poids de votre Sel,

d'Huile de Vitriol bien concentrée , &
bouchez auſſitôt exactement le trou de
la cornue avec un bouchon de verre qui
doit être uſé à l'émeri dans le même
trou.

A peine l'Huile de Vitriol aura-t-elle
touché le Sel, que la cornue & le récipient ſe rempliront d'une grande quantité de vapeurs blanches ; & que bientôt après, ſans qu'il ſoit beſoin de mettre du feu dans le fourneau, il ſortira du
bec de la cornue des gouttes d'une liqueur jaune. Laiſſez ainſi aller la diſtillation ſans feu, tant que vous verrez paroître des gouttes ; mettez enſuite très-
peu de feu ſous la cornue , & continuez
la diſtillation en augmentant le feu peu
à peu avec beaucoup de ménagement
juſqu'à la fin de la diſtillation. Elle ſera
achevée ſans qu'on ait été obligé d'augmenter le feu juſqu'à faire rougir la cornue. Déluttez les vaiſſeaux , & verſez
promptement la liqueur du récipient ,
qui eſt un Eſprit de Sel très-fumant ,
dans un flacon de criſtal ſemblable à celui de l'Eſprit de Nitre fumant.

REMARQUES.

Le Sel marin eſt , comme nous avons

déja dit , un Sel neutre compofé d'un Acide différent du vitriolique & du nitreux , combiné avec un Alkali fixe qui a quelques propriétés qui lui font particulieres, mais qui ne différent point des autres en ce qui regarde fes affinités. Ce Sel doit donc être décompofé par l'Acide vitriolique , de même que le Nitre ; c'eft auffi ce qui arrive dans l'expérience que nous venons de décrire. L'Acide vitriolique s'unit à la bâfe alkaline du Sel marin , & en fépare l'Acide avec encore plus de facilité qu'il ne dégage l'Acide nitreux de fon Alkali fixe , parceque l'Acide du Sel marin a moins d'affinité que l'Acide nitreux avec les Alkalis fixes.

Comme on employe dans cette expérience de l'Huile de Vitriol bien concentrée, & qu'on a fait deffécher & décrépiter le Sel marin , avant de le diftiller, l'Acide qu'on en retire eft très-déphlegmé & toujours fumant, avec encore plus d'impétuofité que l'Acide nitreux le plus fort. Les vapeurs de cet Acide font auffi beaucoup plus élaftiques & plus pénétrantes que celles de l'Acide nitreux ; ce qui eft caufe que notre diftillation de l'Efprit de Sel fumant eft une des plus difficiles , des plus laborieuſes , & des plus dangereuſes opérations de la Chymie.

Nous avons demandé une cornue tubulée pour ce procédé , afin qu'on puiſſe ne mêler l'Huile de Vitriol avec le Sel marin qu'après que le récipient eſt bien lutté avec la cornue ; car auſſitôt que ces deux matieres ſont mêlées enſemble , l'Eſprit de Sel ſort avec tant de vivacité , que ſi les vaiſſeaux n'étoient point luttés dans le temps , les vapeurs qui ſortiroient en grande quantité par le col du balon , le mouilleroient tellement , ainſi que celui de la cornue , qu'on ne ſeroit plus maître d'y appliquer , & d'y faire tenir le lut comme il convient. Ajoûtez à cela , que l'Artiſte ſe trouveroit expoſé à ces dangereuſes vapeurs qui entrent dans le poûmon avec une activité prodigieuſe , & y font une telle impreſſion , qu'on eſt menacé ſur le champ de ſuffocation.

Après ce que nous venons de dire ſur l'élaſticité & la vivacité des vapeurs de l'Eſprit de Sel , il n'eſt pas beſoin que nous inſiſtions ici ſur la néceſſité qu'il y a de donner de temps en temps de l'évent aux vaiſſeaux , en débouchant le petit trou du balon ; c'est - là même le cas pour éviter de perdre beaucoup de vapeurs, d'employer l'appareil des balons enfilés, & d'appliquer dessus les linges mouillés, pour rafraîchir & condenser les vapeurs dans les récipiens.

On trouve, lorsque l'opération est achevée, une masse saline blanche & moulée dans la cornue. Si on la fait dissoudre dans l'eau, & qu'on fasse cristaliser la dissolution, elle fournit une assés grande quantité de Sel marin qui n'a pas été décomposé, & un Sel neutre composé de l'Acide vitriolique uni à la bâse alkaline de celui qui a été décomposé. Ce Sel neutre, qui porte le nom de *Glauber* son inventeur, différe du Tartre vitriolé ou du Sel de *duobus* qu'on trouve après la distillation de l'Acide nitreux, principalement en ce qu'il est plus fusible, plus dissoluble dans l'eau, & que la figure de ses cristaux est différente. Comme l'Acide est néanmoins le même dans ces deux Sels, c'est à la nature particuliere de la bâse du Sel marin qu'il faut attribuer les différences qui se trouvent entr'eux.

L'Esprit de Sel tiré par le procédé que nous venons de donner est altéré par le mélange d'un peu d'Acide vitriolique qui a été emporté par le feu avant qu'il ait pu se combiner avec l'Alkali du Sel marin, comme cela arrive aussi à l'Acide nitreux tiré par la même méthode. Si on veut le rendre pur, & en séparer absolument l'Acide vitriolique, il faut le redistiller une seconde fois sur du Sel marin, comme nous avons vu qu'on redistille l'Acide nitreux sur de nouveau Nitre, pour le purifier du mélange de l'Acide vitriolique.

On peut aussi décomposer le Sel marin de même que le Nitre, par toutes les combinaisons d'Acide vitriolique uni à une substance métallique ou terreuse; mais il est bon d'observer que si on veut distiller de l'Esprit de Sel par l'intermé- de du Vitriol verd, l'opération ne réussit point aussi-bien que la distillation de l'Acide nitreux par le même interméde. On retire moins d'Esprit de Sel par cette méthode, & il faut un feu beaucoup plus violent.

La raison de cela est fondée sur la propriété qu'a l'Acide du Sel marin de dissoudre le fer; lors même qu'il a été privé d'une partie de son Phlogistique par l'union qu'il a contractée avec un

F iv

autre Acide: d'où il arrive qu'à mesure que l'Acide vitriolique le dégage de sa bâse, il s'unit avec la bâse ferrugineuse du Vitriol, & n'en peut être séparé que par une violente action du feu. Cela arrive sur-tout si on employe du Vitriol calciné; car l'humidité; comme nous allons le voir bientôt, facilite beaucoup la séparation de cet Acide d'avec les substances ausquelles il est uni.

Lorsqu'on n'a pas intention de retirer un Esprit de Sel très-déphlegmé & fumant, on peut le distiller en se servant pour interméde de quelque terre qui contienne de l'Acide vitriolique, comme de l'Argile, par exemple, ou du Bol. Il faut pour cela mêler exactement une partie de Sel marin légerement desséché & réduit en poudre fine, avec deux parties de la terre qui sert d'interméde aussi mise en poudre; faire de ce mélange une pâte dure, en y ajoûtant une quantité convenable d'eau de pluie; former avec cette pâte de petites boules de la grosseur d'une noisette, & les laisser sécher au soleil; lorsqu'elles sont séches, les mettre dans une cornue de grais ou de verre luttée, de laquelle un tiers demeure vuide; placer la cornue dans

un fourneau de réverbere & la couvrir
du dôme ; y adapter un récipient, qu'il
n'eſt pas beſoin de lutter d'abord; échauffer les vaiſſeaux très-lentement. Il ſort
d'abord de la cornue une eau inſipide
qu'il faut jetter : il paroît après cela des
vapeurs blanches, qui ſont l'Eſprit de
Sel. Il eſt temps pour lors de lutter les
vaiſſeaux, & d'augmenter le feu par degrés. Il faut le pouſſer ſur la fin juſqu'à
la derniere violence. On reconnoît que
l'opération eſt achevée, quand il ne ſort
plus de gouttes du bec de la cornue,
que le récipient ſe refroidit, & que les
vapeurs blanches dont il étoit rempli
diſparoiſſent.

L'Eſprit de Sel qu'on retire par le procédé que nous venons de donner, n'eſt
pas fumant, & contient beaucoup plus
de phlegme que celui qu'on diſtille par
l'interméde de l'Huile de Vitriol concentrée ; parceque la terre, quoique deſ-
féchée au ſoleil, contient encore beaucoup d'humidité, qui ſe mêle avec l'A-
cide du Sel marin. Il eſt beaucoup plus
facile, par conſéquent, de raſſembler
ſes vapeurs, & cette opération eſt bien
moins laborieuſe que l'autre. Il eſt bon,
néanmoins, d'aller doucement ; de ne

F v

donner que peu de chaleur dans le commencement , & de déboucher de temps
en temps le petit trou du récipient : car
les vapeurs de l'Efprit de Sel , même af-
foiblies par le mélange de l'eau , quand
elles font en une certaine quantité , font
capables de faire caffer les vaiffeaux.

Il faut un degré de feu bien plus confidérable pour retirer l'Efprit de Sel par
ce dernier procédé , que pour celui où
l'on employe l'Acide vitriolique pur ,
parcequ'une partie de l'Acide marin fe
joint à la terre qu'on employe pour interméde , à mefure qu'il eft dégagé de
fa bâfe par l'Acide vitriolique que contient cette même terre , & qu'il n'en peut
être féparé que par une violente action
du feu.

On pourroit retirer auffi, par l'interméde de l'Acide vitriolique pur , un Efprit de Sel qui ne feroit pas fumant. Il
faut pour cela n'emploïer que de l'Efprit
de Vitriol , ou de l'Huile de Vitriol affoiblie par beaucoup d'eau.

Il y a quelques Chymiftes qui prefcri-
vent de mettre de l'eau dans le récipient, lorfqu'on diftille de l'Efprit de Sel
par l'interméde de l'Huile de Vitriol
concentrée , afin que les vapeurs acides

qui s'élévent puiſſent s'y condenſer plus facilement. A la vérité, on évite par cette méthode une partie des inconvéniens dont nous avons parlé dans la diſtillation de l'Eſprit de Sel fumant ; mais auſſi, comme les vapeurs acides ſe noient dans l'eau à meſure qu'elles ſortent de la cornue, on n'obtient par cette méthode qu'un Eſprit de Sel auſſi aqueux que celui qu'on retire par l'interméde des terres : c'eſt parconſéquent une dépenſe ſuperflue. Ainſi quand on ne veut point avoir d'Eſprit de Sel fumant , il vaut mieux ſe ſervir de l'intermede des terres , d'autant plus que l'Acide marin qu'on retire par ce moyen eſt plus pur , & eſt moins altéré par le mélange de l'Acide vitriolique , par la raiſon que nous en avons déja donnée.

On peut ſéparer une partie de l'Acide du Sel marin de ſa bâſe alkaline par la ſeule action du feu, & ſans ſe ſervir d'aucun interméde. Il faut pour cela mettre le Sel dans la cornue ſans l'avoir fait deſſécher. Il ſort d'abord une eau inſipide ; mais qui peu à peu devient acide , & a toutes les propriétés de l'Eſprit de Sel. Quand le Sel qui eſt dans la cornue eſt bien deſſéché , il n'en ſort plus

F vj

rien, quelque degré de chaleur qu’on emploie. Si on veut en retirer une plus grande quantité, il faut retirer la masse saline qui est dans la cornue, la mettre en poudre, & la laisser exposée à l’air pendant quelque temps, afin qu’elle puisse en attirer l’humidité, ou bien l’humecter d’abord avec un peu d’eau de pluie, & recommencer à distiller ce Sel comme la premiere fois. On en retirera de même de l’eau insipide, & un peu d’Esprit de Sel; mais qui cessera aussi de s’élever quand le Sel contenu dans la cornue sera desséché. On peut réitérer cette manœuvre un aussi grand nombre de fois qu’on voudra. Peut-être parviendroit-on à décomposer ainsi entierement le Sel marin, sans se servir d’aucun interméde. L’Esprit de Sel qu’on retire par cette voie est extrêmement foible, en petite quantité, & chargé de beaucoup d’eau.

Cette expérience prouve que l’humidité facilite beaucoup la séparation de l’Acide du Sel marin d’avec les matieres auxquelles il est uni. Aussi, dans notre distillation de l’Esprit de Sel par l’interméde des terres, a-t-on besoin d’un degré de feu infiniment moindre dans le

commencement de l'opération, temps
où la terre & le Sel contiennent encore
beaucoup d'humidité, que vers la fin,
lorſque ces matieres commencent à être
bien deſſéchées.

Il reſte dans la cornue, après l'opération, une maſſe ſaline & terreuſe qui
contient 1°. du Sel marin entier, & qui
n'a ſouffert aucune décompoſition; 2°.
du Sel de Glauber, Sel neutre compoſé, comme nous avons dit, de l'Acide
vitriolique uni à la bâſe alkaline du Sel
marin, de laquelle il a dégagé l'Acide;
3°. de la terre qu'on a employée pour
interméde, laquelle contient encore une
partie de l'Acide vitriolique qu'elle avoit
originairement, & qui ne s'étant pas
trouvé aſſés près de quelques molécules
ſalines, n'a point ſervi à la décompoſition du Sel, & eſt demeuré uni à ſa bâſe terreuſe; 4°. la même terre impré-
gnée d'une partie de l'Acide du Sel marin qui s'eſt combiné avec elle à meſure
qu'il a été ſéparé de ſa bâſe alkaline par
l'Acide vitriolique, & que la violence
du feu n'a pu en détacher lorſque les
matieres ſe ſont trouvées parfaitement
ſéches. En conſéquence de ce qui reſte
dans ce *caput mortuum*, ſi on trituroit

toute cette maſſe, qu'on l'humectât avec un peu d'eau, & qu'on la ſoumît à une ſeconde diſtillation, on en retireroit encore beaucoup d'Eſprit de Sel. La même choſe arrive dans toutes les diſtillations de cette eſpece.

L'Eſprit de Sel qu'on retire par tout autre interméde que l'Huile de Vitriol concentrée, eſt ordinairement aſſés foible. On peut, ſi on veut, le déphlegmer & le concentrer à peu près comme l'Huile de Vitriol : il faut pour cela le mettre dans une cucurbite de verre, la placer ſur un bain-marie, y adapter un chapiteau & un récipient, & retirer à un degré de feu modéré, le tiers ou la moitié de la liqueur contenue dans la cucurbite. Ce qui ſera paſſé dans le récipient ſera la partie la plus aqueuſe qui ſe ſera élevée la premiere comme étant la plus legere, chargée cependant d'un peu d'acide ; & ce qui reſtera dans la cucurbite ſera de l'Eſprit de Sel concentré, ou la partie la plus acide, qui comme plus peſante n'aura pas été enlevée par le degré de feu capable de faire diſtiller le phlegme. L'Eſprit de Sel ainſi concentré, qu'on nomme auſſi *Huile de Sel,* a une couleur jaune tirant ſur le verd, &

une odeur faffranée affés gracieufe. Il
n'eft point fumant.

IV. PROCEDÉ.

*Décompofer le Sel marin par l'interméde
de l'Acide nitreux. Eau-régale.
Nitre quadrangulaire.*

PRENEZ du Sel marin defféché. Ré-
duifez-le en poudre. Mettez-le dans
une cornue de verre dont la moitié demeure vuide. Verfez deffus un tiers de
fon poids de bon Efprit de Nitre. Placez
la cornue fur le bain de fable d'un fourneau de réverbere : ajoûtez-y le dôme :
luttez-y un récipient percé d'un petit
trou, & échauffez les vaiffeaux très-lentement. Il paffera dans le récipient des
vapeurs & une liqueur acide. Augmentez le feu par degrés, jufqu'à ce qu'il ne
forte plus rien de la cornue. Déluttez
enfuite les vaiffeaux, & mettez dans un
flacon de criftal, bouché comme ceux
des autres Efprits acides, la liqueur qui fe
trouvera dans le récipient.

REMARQUES.

L'Acide nitreux a plus d'affinité avec

les Alkalis fixes que n'en a l'Acide marin. Si donc on mêle ensemble de l'Esprit de Nitre & du Sel marin, il arrivera à certains égards la même chose que lorsque l'on mêle l'Acide vitriolique avec ce même Sel ; c'est-à-dire, que l'Acide nitreux le décomposera comme l'Acide vitriolique, en séparant son Acide de sa bâse alkaline, & se substituant à sa place. Mais comme l'Acide nitreux est beaucoup moins fort ; & beaucoup moins pesant que le vitriolique, il s'en éleve une grande partie avec l'Acide du Sel marin pendant l'opération, La liqueur qu'on trouve dans le récipient est donc une véritable Eau-régale.

Si on a employé, pour faire l'opération, du Sel décrépité & de l'Esprit de Nitre bien fumant, on retire une Eau-régale qui est très-forte ; & il sort pendant l'opération des vapeurs très-élastiques qui briseroient les vaisseaux, si on ne prenoit pas les précautions que nous avons indiquées pour les distillations de l'Esprit de Nitre, & de l'Esprit de Sel fumant.

On trouve dans la cornue, quand l'opération est achevée, une masse saline qui contient du Sel marin non décompoſé, & une nouvelle eſpece de Nitre, qui ayant pour bâſe l'Alkali du Sel marin, lequel, comme nous avons dit pluſieurs fois, eſt d'une nature particuliere, différe auſſi du Nitre ordinaire, premierement, par la figure de ces criſtaux qui ſont des ſolides à quatre faces, ayant la figure de loſanges; ſecondement, en ce qu'il ſe criſtaliſe plus difficilement, retient plus d'eau dans ſa criſtaliſation, attire l'humidité de l'air, & ſe diſſout dans l'eau avec les mêmes phénoménes que le Sel marin.

CHAPITRE IV
DU BORAX.

PROCEDÉ.

Décompoſer le Borax par l'interméde des Acides, & en ſéparer le Sel ſédatif par ſublimation & par criſtaliſation.

REDUISEZ en poudre fine le Borax dont vous voudrez retirer le Sel ſédatif. Mettez cette poudre dans une cornue de verre dont le col ſoit large. Verſez deſſus un huitiéme de ſon poids d'eau commune, pour humecter la poudre ; puis ajoûtez un peu plus du quart du poids du Borax d'Huile de Vitriol concentrée. Placez la cornue dans un fourneau de réverbere : faites d'abord un feu modéré, que vous augmenterez peu à peu jusqu'à faire rougir ce vaisseau.

Il passe d'abord dans le récipient un peu de phlegme ; puis le Sel sédatif monte avec les dernieres humidités qui s'élevent encore de la masse saline : ce qui fait qu'une portion de ce Sel se dissout dans ce second phlegme , & passe avec lui dans le récipient ; mais la plus grande partie du Sel s'attache sous la forme de fleurs salines à la premiere partie du col de la cornue , qui sort de l'échancrure du fourneau. Elles s'y accumulent en se poussant insensiblement les unes les autres , ensorte qu'elles bouchent légerement cette portion du col. Alors celles qui montent lorsque le col est bouché restent derriere , s'attachent à la partie du col de la cornue qui est échauffée , s'y vitrifient en quelque maniere , & y forment un cercle de Sel fondu. Dans cet arrangement les fleurs du Sel sédatif semblent partir de ce cercle , & l'avoir pour bâse : elles y sont en lames extrêmement minces, brillantes, très-légéres qu'il faut détacher avec une plume.

Il restera au fond de la cornue une masse saline : faites-la dissoudre dans une suffisante quantité d'eau chaude ; filtrez la dissolution pour en séparer une terre brune qui se précipite ; mettez la liqueur évaporer : il s'y formera des cristaux de Sel sédatif.

REMARQUES.

Quoique le Borax soit d'un grand usage dans plusieurs opérations Chymiques, & particulierement dans les fusions métalliques, comme nous aurons occasion de le voir, la nature de ce Sel a cependant jusqu'à ces derniers temps été inconnue aux Chymistes, & son origine l'est encore. Tout ce qu'on en sçait de certain, c'est qu'on l'apporte brut des Indes Orientales, & qu'on le purifie en Hollande.

M. Homberg est un des premiers Chymistes qui ait entrepris de faire l'analyse de ce Sel. C'est-lui qui a fait connoître, qu'en le mêlant avec l'Acide vitriolique, & en le distillant, on en retire un Sel qui se sublime en petites aiguilles fines. Il a donné lui-même le nom de Sel sédatif à ce produit du Borax, parcequ'il lui a reconnu la propriété de calmer les grands mouvemens & les effervefcences du fang dans les maladies.

Depuis M. Homberg, d'autres Chymiftes fe font exercés fur le Borax. M. Lémery a reconnu que l'Acide vitriolique n'étoit point le feul par le moyen duquel on pût obtenir du Sel fédatif en le travaillant avec le Borax; mais que les deux autres Acides minéraux, le nitreux & le marin, pouvoient lui être fubftitués.

M. Geoffroy a facilité beaucoup le moyen de retirer le Sel fédatif du Borax, en faifant voir qu'on pouvoit le retirer auffi-bien par la criftalifation, que par la fublimation, & que le Sel fédatif qu'on retire par cette voie ne le céde en rien à celui qu'on retiroit avant lui par la fublimation; c'eft à lui auffi que nous avons l'obligation de fçavoir qu'il entre dans la compofition du Borax un Sel alkali de la nature de la bâfe du Sel marin. M. Geoffroy l'a reconnu en voyant qu'il retiroit du Sel de Glauber de la diffolution de Borax dans laquelle il avoit mêlé de l'Acide vitriolique pour en retirer le Sel fédatif.

Enfin , M. Baron dont nous avons déja parlé à ce sujet, a prouvé par un grand nombre d'expériences, qu'on pouvoit retirer du Sel sédatif du Borax , en se servant des Acides végétaux, ce qu'on n'avoit pu faire avant lui; que le Sel sédatif n'est point une combinaison d'une matiere alkaline avec l'Acide qu'on emploie pour le retirer , comme quelques-unes de ses propriétés sembloient l'indiquer; mais qu'il existe tout formé dans le Borax; que l'Acide qu'on emploie pour l'extraire ne sert qu'à le dégager de l'Alkali avec lequel il est uni; que cet Alkali est effectivement de la nature de celui du Sel marin , puisqu'après en avoir séparé le Sel sédatif , qui uni avec lui forme le Borax , on retrouve un Sel neutre , de même espece que celui qui doit résulter de l'union de l'Acide qu'on a employé avec la bâse du Sel marin; c'est-à-dire , un Sel de Glauber , si c'est l'Acide vitriolique; un Nitre quadrangulaire , si c'est l'Acide nitreux , & un véritable Sel marin, si c'est l'Acide marin ; que le Sel sédatif peut se rejoindre avec son Alkali & reformer du Borax.

Il ne nous reste plus à présent, pour avoir sur la nature du Borax toutes les connoissances qu'on peut desirer, qu'à sçavoir ce que c'est que le Sel sédatif. M. Baron a déja donné sur sa nature des connoissances en quelque sorte négatives, en nous faisant voir ce qu'il n'est pas, c'est-à-dire, que l'Acide qu'on emploie pour le retirer n'entre point dans sa composition. Nous avons tout lieu d'esperer qu'il poussera plus loin ses recherches, & qu'il ne laissera rien à desirer sur cette matiere.

On peut séparer le Sel sédatif du Borax, non-seulement par le moyen des Acides libres & purs, mais aussi avec ces mêmes Acides engagés dans une bâse métallique. Ainsi les Vitriols, par exemple, peuvent servir très-bien dans cette occasion. On sent bien que le Vitriol doit alors se décomposer, & que son Acide ne peut s'unir avec l'Alkali dans lequel est engagé le Sel sédatif, sans abandonner sa bâse métallique, qui se précipite en conséquence.

Le Sel sédatif se sublime à la vérité, quand on distille une liqueur dans laquelle il est contenu; mais ce n'est pas à dire pour cela qu'il soit volatil par lui-même; il ne se sublime ainsi qu'à la faveur de l'eau avec laquelle il est joint.

La preuve en eſt , que lorſque toute l'humidité du mêlange dans lequel il eſt contenu eſt diſſipé , il ne s'en ſublime plus , quelque violent que ſoit le feu ; & qu'en ajoûtant de l'eau pour mouiller de nouveau la maſſe deſſéchée qui le contient , on peut en retirer encore à pluſieurs repriſes. De même , ſi on ex-poſe à un degré de chaleur convenable du Sel ſédatif mouillé , il s'en ſublime d'abord un peu à la faveur de l'eau ; mais auſſitôt qu'il eſt ſec , il demeure très-fixe. Cette obſervation eſt dûe à M. Rouelle.

Le Sel ſédatif a la figure & la ſaveur d'un Sel neutre : il n'altére point la cou-leur du ſuc des violettes. Il ſe diſſout même difficilement dans l'eau , puiſqu'il faut deux pintes d'eau bouillante pour en diſſoudre quatre onces ; cependant il a, par rapport aux Alkalis, les propriétés d'un Acide : il s'unit avec ces Sels, for-me avec eux un compoſé ſalin qui ſe criſtaliſe , & même chaſſe les Acides qui ſont unis avec eux , enſorte qu'il décom-poſe les mêmes Sels neutres que l'Acide vitriolique.

Le Sel ſédatif, expoſé ſubitement à une chaleur violente à feu ouvert, perd près de la moitié de son poids, se fond, se met & demeure sous l'appparence d'un verre ; mais il ne change point de nature pour cela. Ce verre se dissout dans l'eau, & se recristalise en Sel sédatif. Ce Sel communique au Sel alkali auquel il est joint, lorsqu'il est sous la forme de Borax, la propriété de se fondre à une chaleur modérée, & de former une espece de verre : c'est à cause de cette grande fusibilité, qu'on emploie souvent le Borax pour servir de fondant dans les essais de mine. On le fait entrer aussi quelquefois dans la composition des verres ; mais il leur communique à la longue le défaut qu'a son verre, de se ternir à l'air. Le Sel sédatif a aussi la propriété singuliere de se dissoudre dans l'Esprit-de-vin, & de donner à sa flamme, lorsqu'on le brûle, une couleur d'un beau verd ; toutes ces remarques sont de MM. Geoffroy & Baron.

Voici de quelle maniere M. Geoffroy fait le Sel sédatif, uniquement par la cristalisation.

» Il fait dissoudre quatre onces de
» Borax raffiné dans une suffisante quan-
» tité d'eau chaude : ensuite il y verse
une once deux gros d'Huile de Vitriol
bien

» bien concentrée , qui y tombe avec
» bruit. Après avoir laissé évaporer
» quelque temps ce mélange, le Sel sé-
» datif s'y fait appercevoir en petites
» lames fines & brillantes, qui surna-
» gent la liqueur. Alors il faut arrêter
» l'évaporation, & peu à peu ces lames
» augmentent en épaisseur & en lar-
» geur. Elles se joignent les unes aux au-
» tres en petits floccons, ou forment en-
» tr'elles d'autres arrangemens. Pour peu
» qu'on remue le vaisseau , on trouble
» l'ordre de la crystalisation. Ainsi il ne
» faut pas y toucher qu'elle ne paroisse
» achevée. Pour lors, les floccons crista-
» lins devenant des masses trop pesan-
» tes , tombent d'eux-mêmes au fond du
» vaisseau ; en cet état, il faut décanter
» doucement la liqueur saline qui surna-
» ge ces petits cristaux ; & comme ils ne
» sont point aisément dissolubles, il faut
» les laver en versant lentement de l'eau
» fraîche sur les bords de la terrine, à
» deux ou trois reprises, pour emporter
» le reste de cette liqueur saline ; ensuite
» les égouter, & les mettre sécher au so-
» leil. Ce Sel, en forme de neige, folié
» & léger, est alors doux au toucher,
» frais à la bouche, légerement amer,

Tome I.   G

» faifant un peu de bruit fous les dents,
» & laiffant une petite impreffion d'aci-
» dité fur la langue. Il fe conferve fans
» s'humecter ni fe calciner, s'il eft traité
» avec les précautions fufdites ; c'eft-à-
» dire, fi on l'a exactement féparé de fa
» liqueur faline.

» Il ne differe du Sel fédatif fait par
» la fublimation, qu'en ce que malgré
» fa légereté apparente, il eft un peu
» plus pefant que lui. M. Geoffroy pré-
» fume que la caufe de cette pefanteur
» vient de ce que dans la cryftalifation
» plufieurs de ces lames fe collant les
» unes aux autres, elles retiennent en-
» tr'elles quelque portion d'humidité ;
» ou, fi l'on veut, que formant des cri-
» ftaux moins divifés, ils préfentent nu-
» mériquement moins de furfaces à l'air
» qui éleve les corps légers. Au contrai-
» re, l'autre Sel fédatif pouffé par la vio-
» lence du feu, s'éleve au chapiteau des
» cucurbites, fous une forme plus tenue,
» & dont les parties font beaucoup plus
» divifées.

» M. Geoffroy s'eft affuré, en fou-
» mettant fon Sel fédatif fait par crifta-
» lifation à toutes les mêmes épreuves
» que celui qu'on retire par fublimation,

» qu'il n'y a aucune autre différence en-
» tre ces deux Sels. S'il arrive que le
» Sel sédatif cristalisé se calcine au so-
» leil, c'est-à-dire, que sa surface se ter-
» nisse & devienne farineuse, c'est une
» marque qu'il contient encore un peu
» de Borax, ou de Sel de Glauber : car
» ces deux Sels sont sujets à se calciner
» ainsi, & le Sel sédatif pur ne doit point
» être sujet à cet inconvénient. Il faut,
» pour le purifier & le séparer entiere-
» ment de ces Sels, le redissoudre dans
» de l'eau bouillante. Aussitôt que l'eau
» est refroidie, on voit reparoître le Sel
» sédatif en lames légeres, brillantes,
» cristalines & voltigeantes dans la li-
» queur. Vingt-quatre heures après, il
» faut décanter la liqueur, & laver le
» Sel avec de l'eau fraîche : on l'a par
» ce moyen très-beau & très-pur. »

Le Sel de Glauber & le Borax sont infiniment plus dissolubles dans l'eau que
le Sel sédatif, & se cristalisent en conséquence bien moins promptement : ainsi
la petite quantité de ces Sels qui pouvoit être demeurée sur la superficie du
Sel sédatif, se trouvant étendue dans
beaucoup d'eau, y reste dissoute tandis
que le Sel sédatif se cristalise. Comme

on le lave encore avec de l'eau pure ;
lorsqu'il est cristalisé, il est impossible
qu'il reste la moindre particule de ces
autres Sels, & par conséquent c'est un
très-bon moyen de le purifier.

SECTION SECONDE.

Des Opérations qui se font sur
les Métaux.

CHAPITRE PREMIER.

DE L'OR.

PREMIER PROCÉDÉ.

Séparer l'Or, par l'amalgame avec le
Mercure, d'avec les terres & les pier-
res avec lesquelles il se trouve mêlé.

RÉDUISEZ en poudre les terres &
pierres parmi lesquelles il y aura de
l'Or mêlé. Mettez cette poudre dans de
petites sebilles de bois : plongez-les sous

l'eau, & remuez doucement la febille,
& ce qu'elle contient. L'eau deviendra
trouble, & fe chargera des parties terreufes de la mine. Continuez à la laver
ainfi, jufqu'à ce que l'eau ne fe trouble
plus. Verfez fur cette mine ainfi lavée,
de fort vinaigre, dans lequel vous aurez fait diffoudre, à l'aide de la chaleur,
environ le dixieme de fon poids d'alun.
Il faut que toute la poudre foit mouil-
lée & couverte de ce vinaigre. Laiffez le
tout en repos pendant deux fois vingt-
quatre heures.

Décantez le vinaigre, & lavez avec
de l'eau chaude la poudre qui aura été
ainfi macérée, jufqu'à ce que l'eau avec
laquelle vous la laverez ne prenne plus
aucune faveur en paffant deffus. Faites
fécher la matiere : mettez-la dans un
mortier de fer, avec le quadruple de
fon poids de Mercure coulant : triturez
le tout avec un large pilon de bois, jufqu'à ce que toute la poudre ait une couleur noirâtre : verfez-y pour lors de
l'eau, & continuez encore à triturer
pendant quelque temps. Les parties terreufes & hétérogènes feront encore féparées par le moyen de cette eau d'a-
vec les métalliques. Décantez cette eau

qui fera devenue trouble : ajoutez-en de nouvelle à plufieurs reprifes : féchez avec une éponge, & par le moyen d'une douce chaleur, ce qui reftera dans le mortier. Ce fera un amalgame du Mercure avec l'Or.

Mettez cet amalgame dans un fac de peau de chamois : nouez-le, & preffez-le fortement entre vos doigts, au-deffus de quelque vaiffeau évafé ; il fortira à travers les pores de la peau de chamois une grande quantité de petits jets de Mercure, qui formeront comme une pluie qui fe raffemblera en groffes gouttes dans le vafe que vous aurez mis deffous. Lorfque vous ne pourrez plus faire fortir de Mercure par ce moyen, ouvrez le fac, & vous y trouverez l'amalgame dépouillé de la quantité furabondante de Mercure qu'il contenoit : l'Or en aura retenu feulement un poids à peu près égal au fien.

Mettez cet amalgame dans une cornue de verre, & placez cette cornue dans le bain de fable d'un fourneau de reverbere : couvrez-la entierement de fable : ajuftez à la cornue un récipient de verre à moitié plein d'eau, & difpofez-le de façon que le bout de la cornue foit plongé dans cette eau. Il n'eft pas néceffaire de lutter ce récipient à la cornue. Echauffez-la par degrés, & augmentez le feu jufqu'à ce que vous apperceviez le Mercure fe fublimer en gouttes dans le col de la cornue, & tomber dans l'eau en faifant un fifflement. Si vous entendez quelque bruit dans la cornue, diminuez un peu le feu. Enfin, lorfque vous verrez qu'en augmentant encore le feu il ne fortira plus rien, caffez la cornue, vous y trouverez l'Or qu'il faut faire fondre dans un creufet avec du Borax.

REMARQUES.

L'Or eft un métal parfait, qui ne peut être dépouillé de fon phlogiftique en aucune maniere, & fur lequel la plupart des diffolvans chymiques, même les plus forts, n'ont aucune action : c'eft pourquoi on le trouve prefque toujours dans la terre fous fa forme métallique, & il n'a befoin quelquefois que d'une fimple lotion pour en être féparé. Celui qu'on trouve dans le fable de certaines rivieres qui roulent des paillettes d'Or, eft dans ce cas. Lorfqu'il eft dans des pierres, ou dans des terres tenaces, on a recours au procédé que nous venons de donner, qui eſt un amalgame, ou une union du Mercure avec l'Or. Le Mercure ne peut contracter d'union avec les ſubſtances terreuſes, pas même avec les terres métalliques, lorſqu'elles ſont privées de leur phlogiſtique, & qu'elles ne ſont pas ſous la forme métallique.

Il ſuit de-là, que lorſqu'on triture avec le Mercure un mêlange de particules d'Or, terreuſes & pierreuſes, le Mercure ſe joint avec l'Or, & le ſépare d'avec ces autres ſubſtances qui lui ſont étrangeres. Si cependant il y avoit avec l'Or quelqu'autre métal ſous ſa forme métallique, excepté le Fer, le Mercure s'amalgameroit auſſi avec lui. Cela arrive ſouvent par rapport à l'Argent, qui étant comme l'Or un métal parfait, eſt par la même raiſon quelquefois dans la terre ſous ſa forme métallique, & même joint avec l'Or. Quand cela eſt ainſi, ce qu'on trouve dans la cornue après avoir retiré le Mercure de l'amalgame, eſt un compoſé d'Or & d'Argent, qu'il faut ſéparer l'un de l'autre par les procédés que nous indiquerons pour cela. Le procédé dont il eſt à préſent queſtion peut donc avoir lieu auſſi bien pour l'Argent que pour l'Or.

Quelquefois l'Or eſt intimement mêlé avec des matieres minérales qui empêchent que le Mercure n'ait action ſur lui. Il faut pour lors torréfier le mélange avant de procéder à l'amalgame, parceque ſi ces matieres ſont volatiles, antimoniales, par exemple, ou arſénicales, le feu les diſſipe; & dans ce cas l'amalgame réuſſit après la torréfaction. Mais quelquefois ce ſont des matieres fixes qui exigent la fuſion ; pour lors il faut avoir recours à des procédés particuliers dont nous donnerons la deſcription lorſque nous parlerons de l'Argent, parceque ces procédés ſont les mêmes pour ces deux métaux.

On doit laver les mines orifiques avant de les traiter par l'amalgame, afin que le métal dégagé de beaucoup de parties terreuſes qui l'environnent, puiſſe plus facilement ſe combiner avec le Mercure. D'ailleurs, le Mercure a la propriété de prendre la forme d'une poudre terne & non métallique, lorſqu'on le triture long-temps avec d'autres matieres, en ſorte qu'on a de la peine à le diſtinguer d'avec les parties ter-

G. v

reuſes. De-là vient que lorſqu'on lave une ſeconde fois les matieres après que l'amalgame eſt fait, ſi on continuoit toujours à triturer, l'eau qui ſortiroit de deſſus l'amalgame ſeroit toujours trouble, parcequ'elle emporteroit avec elle des parties de l'amalgame. La preuve en eſt, que ſi on laiſſe repoſer cette eau trouble, & qu'on diſtille le ſédiment qui s'y forme, on en retire du Mercure coulant.

On fait macérer la mine dans le vinaigre chargé d'alun, afin de nettoyer la ſuperficie de l'Or, qui eſt ſouvent enduite d'une fine couche de terre, laquelle empêche que l'amalgame ne ſe faſſe facilement.

Il faut avoir attention d'employer pour cette opération du Mercure qui ſoit très-pur. S'il étoit altéré par le mélange de quelque ſubſtance métallique, il faudroit l'en ſéparer par les procédés que nous indiquerons à ſon article.

Le moyen dont on ſe ſert pour ſéparer le Mercure d'avec l'Or, eſt fondé ſur la propriété qu'ont ces deux ſubſtances métalliques, l'une d'être très-fixe, & l'autre d'être très-volatile. L'union que contracte le Mercure avec les métaux n'eſt pas aſſez intime pour que le nouveau compoſé qui réſulte de cette union, participe entierement des propriétés des deux ſubſtances unies , au moins en ce qui regarde le degré de fixité & de volatilité. De-là vient que l'Or ne communique que très-peu de ſa fixité au Mercure dans notre amalgame , de même que le Mercure ne lui communique que très-peu de ſa volatilité. Si cependant en faiſant la diſtillation on employoit un degré de chaleur beaucoup plus conſidérable que celui qui eſt néceſſaire pour enlever le Mercure, il ne laiſſeroit pas d'emporter avec lui une quantité d'Or aſſez conſidérable.

Il eſt encore important, par une autre raiſon, de bien adminiſtrer le feu dans cette occaſion ; car ſi on donnoit un degré de feu trop fort , & qu'on vînt enſuite à le diminuer , l'eau du récipient dans laquelle eſt plongé le bout du col de la cornue , monteroit dans le corps de cette même cornue , la feroit caſſer auſſi-tôt , & l'opération ſeroit manquée.

La raiſon de ce phénomene eſt fondée ſur la propriété qu'a l'air de ſe raréfier par la chaleur , & de ſe condenſer par le refroidiſſement , & ſur ſa peſan-

G vj

teur. Lorsque la cornue commence à éprouver un degré de chaleur moindre que celui qu'elle éprouvoit l'instant d'avant, l'air qu'elle contient se condense, & laisse un espace vuide, que l'air extérieur, en vertu de sa pesanteur, tend à occuper : mais comme l'orifice de la cornue est plongé dans l'eau, l'air extérieur ne peut s'y introduire qu'en forçant l'eau, qui lui ferme le passage, à entrer elle-même. Cette observation a lieu pour toutes les distillations où les vaisseaux sont appareillés comme dans celle-ci ; comme nous l'avons déja dit plus haut.

Il faut prendre garde aussi que le col de la cornue ne soit trop enfoncé dans l'eau, parceque comme il s'échauffe assez considérablement pendant le cours de l'opération, le Mercure ayant besoin pour s'élever d'une chaleur à peu près trois fois plus grande que celle qui éleve l'eau, il peut être cassé facilement par le contact de l'eau froide du récipient.

Cette maniere de tirer l'Or & l'Argent de leur mine, par l'amalgame avec le Mercure, n'est pas absolument sûre pour juger par un essai en petit de la quantité de ces métaux que peut four-

nir la terre qu'on ſoumet à cet eſſai, parcequ'il y a toujours une petite partie d'e
l'amalgame qui ſe perd dans la lotion,
& que de plus le Mercure emporte auſſi
avec lui une petite quantité d'Or, lorſqu'on le paſſe dans la peau de chamois.
Ainſi, lorſqu'on veut connoître plus
exactement par ce moyen la quantité
d'Or ou d'Argent qui ſe trouve mêlée
dans les terres, il ne faut pas preſſer l'a-
malgame dans la peau de chamois, mais
le diſtiller tout entier. Le moyen le plus
ſûr de tous pour faire un eſſai exact, eſt
la fuſion & la ſcorification, dont nous
donnerons la deſcription à l'article de
l'Argent.

On ſe ſert du moyen de l'amalgame
pour retirer par un travail en grand l'Or
& l'Argent qu'on trouve ſous leur forme
métallique en certains pays, & principalement en Amérique. Agricola & d'autres Métallurgiſtes ont donné la deſcription des machines, par le ſecours deſquelles on fait ces amalgames en grand.

II. PROCÉDÉ.

Diſſoudre l'Or dans l'Eau-régale, & le ſéparer d'avec l'Argent par ce moyen. Or fulminant. Réduction de l'Or ful-minant.

PRENEZ de l'Or pur, ou qui ne ſoit allié qu'avec de l'Argent. Ré-duiſez-le en petites lames minces, en la frappant avec un marteau ſur une enclu-me. Si l'Or n'eſt pas bien ductile, fai-tes-le rougir dans un feu modéré, dont les charbons ne fument point, & le laiſ-ſez refroidir doucement pour lui rendre ſa ductilité.

Lorſque les lames ſeront bien minces, faites les rougir de même, & coupez-les en petirs morceaux avec des cifailles. Mettez ces petits morceaux dans une cucurbite haute, & dont l'ouverture ſoit étroite : verſez deſſus le double de leur poids de bonne Eau-régale, faite avec une partie d'eſprit de ſel, ou de Sel am-moniac, & quatre parties d'eſprit de Ni-tre. Mettez la cucurbite ſur un bain de ſable médiocrement chaud, & bouchezen légerement l'ouverture avec un cornet de papier, pour empêcher les ordures d'y tomber. L'Eau-régale commencera bien-tôt à fumer. Il se formera autour des petits morceaux d'Or une infinité de petites bulles qui monteront à la surface de la liqueur. L'Or se dissoudra entierement s'il est pur, & la dissolution sera d'une belle couleur jaune : s'il est allié avec une petite quantité d'Argent, cet Argent restera au fond du vaisseau sous la forme d'une poudre blanche. Si l'Or est allié avec beaucoup d'Argent, l'Argent conservera après la dissolution la forme des petites lames métalliques que vous aurez mises dans le vaisseau pour les faire dissoudre.

Lorsque la dissolution sera faite, versez doucement la liqueur dans une autre cucurbite de verre qui soit basse, & dont l'ouverture soit large, en prenant garde qu'aucune partie de l'Argent resté en forme de poudre au fond du vase ne s'échappe avec la liqueur. Reversez sur cette poudre d'Argent une quantité de nouvelle Eau - régale assez grande pour la submerger entierement. Ajoutez de nouvelle Eau-régale, jusqu'à ce que vous soyez sûr qu'elle ne dissout plus rien. Enfin, après avoir décanté l'Eau-régale de dessus l'Argent, lavez cet Argent avec un peu d'esprit de Sel affoibli avec de l'eau, & mêlez cet esprit de Sel avec l'Eau-régale qui aura dissous l'Or. Ajustez ensuite un chapiteau à la cucurbite qui contiendra ces liqueurs, & à ce chapiteau un récipient, & distillez à une douce chaleur, jusqu'à ce que la matiere contenue dans la cucurbite soit seche.

REMARQUES.

L'Eau-régale est, comme on sçait, le vrai dissolvant de l'Or, & ne touche point à l'Argent. Ainsi, si l'Or qu'on dissout se trouve allié avec l'Argent, ce qui arrive souvent, on l'en sépare par ce moyen assez exactement. Mais si l'on veut que l'Or qu'on retire de cette dissolution soit absolument pur, il faut, avant de le dissoudre, qu'il soit exempt du mêlange de toute autre substance métallique que de l'Argent; parceque l'Eau-régale a de l'action sur la plupart des autres métaux & demi-métaux. Nous indiquerons, comme nous avons dit, à l'article de l'Argent, les moyens de purifier une masse d'Or & d'Argent de l'alliage de toute autre substance métallique. Nous renvoyons auſſi à cet article, le départ ordinaire par l'Eau-forte, parceque c'eſt l'Argent qui ſe diſſout dans cette occaſion.

Si l'Or qu'on diſſout par l'Eau-régale eſt pur, la diſſolution ſe fait facilement & promptement. Si au contraire il eſt allié avec de l'Argent, l'Eau-régale a plus de difficulté à le diſſoudre. Si même la quantité de l'Argent ſurpaſſe celle de l'Or, la diſſolution ne ſe fait point du tout, par les raiſons que nous en avons données dans nos Élémens de Théorie, & dont nous ferons encore mention à l'article du départ par l'Eau-forte.

Nous avons recommandé dans le procédé, de faire la diſſolution de l'Or dans un vaiſſeau élevé. Cette précaution eſt néceſſaire pour empêcher qu'une partie de l'Or ne ſoit perdue. L'Eau-régale ayant la propriété d'en enlever avec elle une certaine quantité, ſur-tout quand elle eſt faite par le mélange du Sel ammoniac, qu'on échauffe le vaiſſeau dans lequel on fait la diſſolution, & que l'Eau-régale eſt bien forte. Il eſt bon néanmoins d'employer de l'Eau-régale plutôt trop forte que trop foible, parceque ſi elle eſt trop forte, & qu'on remarque qu’elle n’agisse point à cause de cela sur le métal, il est aisé de l’affoiblir en y ajoutant de l’eau pure peu à peu, jusqu’à ce qu’on voie qu’elle commence à agir avec vigueur. Cette regle est générale pour toutes les dissolutions métalliques par les Acides.

Si après avoir fait évaporer la dissolution d’Or jusqu’à siccité, on veut réduire en masse la poudre d’Or qui reste au fond de la cucurbite, il faut le mettre dans un creuset, & le couvrir de Borax réduit en poudre, mêlé avec un peu de Nitre & de cendres gravelées ; fermer ensuite le creuset, & l’échauffer par un feu modéré ; puis en augmenter le feu assez pour mettre le tout en fusion. Vous trouverez au fond du creuset un culot d’Or, sur lequel les sels que vous y aurez ajoutés seront comme vitrifiés. On y mêle ces sels, principalement pour faciliter la fusion.

On peut, si l’on veut, séparer l’Or d’avec son dissolvant, sans évaporer la dissolution comme nous l’avons prescrit. Il n’y a qu’à mêler peu à peu avec la dissolution un Alkali fixe ou volatil, jusqu’à ce qu’on voie qu’il ne se forme plus aucun précipité ; laisser reposer la liqueur, au fond de laquelle il se formera un dépôt ; filtrer le tout, & laisser sécher ce qui sera resté sur le filtre.

Les Alkalis soit fixes soit volatils, ayant, comme nous l'avons dit bien des fois, plus d'affinité que les substances métalliques avec les Acides, précipitent l'Or, & le séparent d'avec les Acides qui le tenoient dissous ; mais il est essentiel de remarquer, que si on vouloit fondre dans un creuset cet Or ainsi précipité, il se feroit une fulmination si terrible, aussi-tôt qu'il commenceroit à sentir la chaleur, que si la quantité en étoit un peu considérable, cela mettroit l'Artiste en danger de périr. Cet Or se nomme pour cette raison, *Or fulminant* ; il ne lui faut même qu'un frottement un peu fort pour le faire fulminer.

On n'a donné jusqu'à présent aucune explication satisfaisante de ce phénomène singulier. Quelques Chymistes considérant que lorsqu'on précipite l'Or, il se régénere du Nitre par l'union de l'Alkali avec l'Acide nitreux qui fait partie de l'Eau-régale, ont cru qu'une partie de ce Nitre régénéré se joignant à l'Or précipité, s'enflammoit, & détonnoit, soit par le secours du peu de phlogisti-

que que peut contenir l'Alkali, soit même par le moyen de celui de l'Or. Mais
on sçait d'abord, que les Alkalis fixes
contiennent trop peu de phlogistique
pour faire détonner le Nitre. A-la vérité, si on emploie un Alkali volatil pour
faire la précipitation, il se formera un
Sel ammoniacal nitreux, qui contient
assez de phlogistique pour être capable
de détonner sans le concours d'une nouvelle quantité de phlogistique ; mais cette détonnation du Sel ammoniacal nitreux n'a rien de comparable pour la
violence des effets, avec la fulmination
de l'Or. D'ailleurs, on ne remarque pas
que l'Or précipité par un Alkali volatil,
fulmine avec plus de violence que celui
qui est précipité par un Alkali fixe. Pour
ce qui est de l'Or, on s'est assuré qu'il
ne souffre aucune décomposition dans
sa fulmination. On en a fait fulminer
sous une cloche de verre une assez petite quantité pour n'avoir rien à craindre des effets de cette fulmination, &
l'on a retrouvé ensuite sous la cloche
les petites parties de l'Or qui avoient
été jettées de côtés & d'autres, mais
qui n'avoient reçu aucune altération.

D'autres ont cru que la fulmination

de l'Or n'étoit que la décrépitation du
Sel marin, qui se régénere lors de la précipitation de ce métal, par l'union de
l'Alkali fixe avec l'Acide marin qui fait
partie de l'Eau-régale. Mais on peut leur
répondre, que l'Or précipité par un Alkali volatil, n'est pas moins fulminant
que celui qui est précipité par un Alkali
fixe; & cependant il ne se forme point
de Sel marin dans la liqueur par l'addition de l'Alkali volatil, mais seulement
un Sel ammoniac qui n'a pas la propriété de décrépiter. D'ailleurs, il n'y a nul-
le comparaison pour les effets, entre la
décrépitation du Sel marin & la fulmination de l'Or.

Enfin, on ne peut guères attribuer
cette fulmination à l'explosion que feroient les Sels pour se dégager d'entre
les particules d'Or, entre lesquelles on
supposeroit qu'ils seroient fortement res-
serrés; car il ne faut que faire bouillir
cet Or dans de l'eau pour lui faire perdre toute sa vertu, & dissoudre entierement les particules salines dont il n'est
vraisemblablement qu'enduit. Il y a,
comme on voit, sur ce sujet matiere à
de très-belles recherches. On trouve
dans la Traduction françoise de la Mi-

néralogie de Walerius les observations
qui peuvent jetter quelque jour sur la
question dont il s'agit.

« On obtient une plus grande quan-
» tité d'Or fulminant qu'on n'avoit mis
» d'Or dans le dissolvant : si l'Eau-régale
» a été faite avec du Sel ammoniac ,
» l'explosion sera plus forte ; elle sera
» aussi plus violente , quand la solution
» aura été précipitée par un Alkali vo-
» latil , & non par un Alkali fixe. »

Un des moyens des plus prompts &
des plus faciles pour dépouiller l'Or de
sa qualité fulminante , est de broyer dans
un mortier deux fois autant de fleurs de
Soufre qu'on a d'Or à réduire , & de
mêler peu à peu cet Or fulminant avec
le Soufre , en continuant toujours de le
broyer ; de mettre le tout dans un creuset , & de chauffer le mélange autant
qu'il est nécessaire pour faire fondre le
Soufre. Une partie du Soufre se dissipe
en vapeurs , & le reste s'allume. Lorsqu'il est consumé, il faut augmenter le feu
jusqu'à faire rougir le creuset. Quand on
ne sent plus aucune odeur de Soufre , il
faut verser sur l'Or un peu de Borax
qu'on aura fondu dans un autre creuset
avec un Alkali fixe , comme cendres

gravelées, ou Nitre fixé par le Tartre ; pousser ensuite le feu assez fort pour fondre le tout. Vous trouverez sous les Sels au fond du creuset, après la fusion, un petit culot d'Or.

On peut encore réduire l'Or fulminant en versant dessus une assez grande quantité d'Alkali fixe réduit en liqueur, ou d'Huile de Vitriol, faisant évaporer ensuite toute l'humidité, puis jettant peu à peu dans un creuset qu'on tient rouge dans un fourneau, ce qui reste après l'évaporation, mêlé avec quelque matiere grasse. La raison pour laquelle ces matieres enlevent à l'Or sa qualité fulminante, tient à l'explication du phénomène de la fulmination.

On peut aussi séparer l'Or d'avec l'Eau-régale, & le précipiter par l'intermede de plusieurs substances métalliques, qui ont plus d'affinité que lui, soit avec l'Eau-régale, soit avec un des deux Acides qui la composent. Une de celles qui est le plus propre à cet effet, est le Mercure. En versant peu à peu dans une dissolution d'Or, une dissolution de Mercure dans l'Acide nitreux, les liqueurs se troublent, & il se forme un précipité. Il faut ajouter de la dissolution de Mercure jusqu'à ce qu'il ne se fasse plus de précipité ; laisser ensuite reposer la liqueur, au fond de laquelle il se formera un dépôt qui est l'Or précipité, de dessus lequel il faut décanter la liqueur, & qu'il faut laver avec de l'eau pure.

Le Mercure a plus d'affinité avec l'Acide du Sel marin qu'avec l'Acide nitreux. Cette affinité du Mercure avec l'Acide du Sel marin, est aussi plus grande que celle de l'Or avec ce même Acide, l'Or ne pouvant même être dissous par l'Acide marin, que quand cet Acide est associé avec l'Acide nitreux, ou au moins avec une certaine quantité de phlogistique ; de-là il arrive que lorsqu'on mêle une dissolution de Mercure par l'Acide nitreux avec une dissolution d'Or dans l'Eau-régale, le Mercure s'unit à l'Acide du Sel marin qui fait partie de cette Eau-régale ; l'Acide marin ne peut s'unir ainsi au Mercure, sans se séparer de l'Or & de l'Acide nitreux auxquels il étoit joint ; & l'Or qui ne peut être tenu en dissolution par l'Acide nitreux seul, est obligé de se précipiter & de se séparer de son dissolvant. La liqueur qui surnage cet Or ainsi précipité, contient donc du Mercure uni avec

l'Acide

l'Acide du Sel marin : aussi peut-on en retirer un vrai Sublimé corrosif, lequel, comme on sçait, n'est qu'un composé de Mercure & d'Acide marin.

On se sert du Mercure dissous dans l'esprit de Nitre pour faire la précipitation dont nous venons de parler, parceque les substances métalliques ainsi divisées par un Acide, sont beaucoup plus propres à ces expériences que celles qui sont en masse.

L'Or ainsi précipité par l'interméde d'une substance métallique, n'est point fulminant.

III. PROCEDÉ.

Dissoudre l'Or par le Foie de Soufre.

MESLEZ ensemble parties égales de Soufre commun & d'un Sel Alkali fixe bien fort ; par exemple , le Nitre fixé par les charbons. Mettez-les dans un creuset, & faites fondre le mélange en le remuant de temps en temps avec un petit bâton. Il ne sera pas nécessaire de pousser le feu bien vivement, parceque le Soufre facilite la fusion du Sel alkali. Il s'élevera du creuset quelques vapeurs sulphureuses. Les deux matieres se mêleront intimement ensemble , & il en résultera un composé rougeâtre. Jettez ensuite dans le creuset quelques petits morceaux d'Or réduits en lames minces dont le poids total n'excéde pas le tiers de celui du Foie de Soufre : augmentez un peu le Feu. Aussitôt que le Foie de Soufre sera parfaitement fondu, il commencera à dissoudre l'Or avec ébullition; il sortira même quelques flammes du mélange. L'Or se trouvera entierement dissous dans l'espace de quelques minutes , sur-tout s'il a été réduit en petites lames minces.

REMARQUES.

Le procédé que nous venons de décrire, est de M. Stahl. Cet habile Chymiste s'étoit proposé à examiner par quels moyens Moyse avoit pu brûler le veau d'or qu'avoient fabriqué les Israélites pour l'adorer pendant le temps qu'il étoit sur la montagne : comment il avoit pu réduire ensuite ce veau en poudre , le jetter dans l'eau dont s'abreuvoit le peuple , & le faire boire ainsi à tous ceux qui avoient prévariqué, conformément à ce qui est rapporté dans l'Exode.

M. Stahl, après avoir rémarqué que
l'Or eſt abſolument inaltérable & indeſ-
tructible par la ſeule action du feu, quelque violent qu'il ſoit, conclut qu'à moins
qu'on ne veuille ſuppoſer un miracle,
Moyſe n'a pu faire ſur le veau d'or les
opérations qui ſont ici rapportées, ſans
avoir mêlé avec cet Or quelque matiere
propre à l'altérer & le diſſoudre. Il remarque enſuite que le Soufre pur n'a pas
d'action ſur l'Or, & que bien d'autres
ſubſtances qu'on croit capables de le di-
viſer & de le diſſoudre, ne peuvent le
faire auſſi intimement qu'il eſt néceſſaire
pour rendre ce métal capable des effets
qui ſont rapportés. Il donne le moyen
de le diſſoudre par le foie de Soufre,
comme nous venons de le dire.

. Le foie de Souffre diſſout auſſi tous
les autres métaux; mais M. Stahl obſerve qu'il atténue l'Or plus qu'aucune autre ſubſtance métallique, & qu'il s'unit
avec lui d'une maniere encore plus intime qu'avec les autres : ce qui paroît
par ce qui arrive lorſqu'on veut diſſoudre dans l'eau les compoſés qui réſultent de l'union d'un métal avec le foie
de Soufre; car alors le métal ſe ſépare
& paroît ſous la forme d'une poudre ou

chaux fine, au lieu que quand c'eft l'Or qui eft uni au Soufre, tout le compofé fe diffout fi parfaitement dans l'eau, que l'Or même paffe avec le foie de foufre à travers les pores du papier à filtrer.

Si on verfe un Acide dans la diffolution du compofé de foie de Soufre & d'Or, l'Acide s'unit avec l'Alkali du foie de Soufre, & l'Or fe précipite au fond de la liqueur avec le Soufre qui ne le quitte pas. Il eft très-facile, par une légere torréfaction, d'emporter tout le Soufre qui s'eft auffi précipité avec l'Or. Cet Or refte après cela extrêmement atténué. On peut auffi, fans avoir recours à la diffolution & précipitation, emporter le Soufre de notre compofé en le torréfiant, & l'Or demeure de même fi divifé, qu'il peut fe mêler avec les liqueurs fur lefquelles il nâge, ou dans lefquelles il fe foutient de maniere qu'il eft très-facile de l'avaler lorfqu'on les boit. M. Stahl conclut de tout cela, qu'il y a tout lieu de croire que c'eft par le moyen du foie de Soufre que Moyfe a divifé & en quelque forte calciné le veau d'or, de maniere qu'il ait pu le répandre dans les eaux, & le faire boire aux Ifraélites.

IV. PROCEDÉ.

Séparer l'Or d'avec toute autre sub-
stance métallique par le moyen
de l'Antimoine.

METTEZ dans un creuset l'Or que vous voudrez purifier. Placez ce creuset dans un fourneau de fusion : couvrez-le, & faites fondre l'Or. Lorsque ce métal fera fondu, jettez deffus, à plufieurs reprifes, deux fois autant de bon Antimoine crud réduit en poudre, & recouvrez auffitôt le creuset : entretenez la matiere en fufion pendant quelques minutes. Quand vous verrez que le mê-lange métallique fera parfaitement fondu, & que fa fuperficie commencera à étin-celler, verfez-le dans un cône de fer creux, que vous aurez auparavant chauf-fé & graiffé avec du fuif. Frappez auffi-tôt avec un marteau le plancher fur le-quel fera pofé ce cône ; & lorfque le tout fera refroidi, ou du moins bien figé, ren-verfez le cône, & le frappez : toute la maffe métallique en fortira, & la partie inférieure, celle qui étoit dans la pointe du cône fera un Régule plus ou moins jaune, fuivant que l'Or fe fera trouvé plus ou moins allié. En frappant la maf-fe métallique, ce Régule fe féparera facilement de la maffe fulphureufe de deffus.

Remettez auffitôt dans le creufet ce Régule, & le faites fondre. Il n'eft pas néceffaire d'employer pour cela autant de feu que la premiere fois. Ajoûtez-y enfuite la même quantité d'Antimoine, & procédez de même. Faites encore la même chofe une troifiéme fois, fi l'Or eft fort impur.

Mettez enfuite votre Régule dans un bon creufet, beaucoup plus grand qu'il ne faut pour le contenir : puis placez le creufet dans le fourneau de fufion. E-chauffez la matiere autant feulement qu'il eft néceffaire pour la faire fondre, & que fa fuperficie foit unie & brillante. Quand elle fera en cet état, dirigez-y le bout d'un foufflet à long tuyau, & faites jouer continuellement & doucement ce foufflet. Il s'élevera du creufet une fumée confidérable qui diminue beaucoup fi on ceffe de fouffler, & augmente lorfqu'on recommence à fouffler. A mefure que l'opération approche de fa fin, il faut augmenter le feu. Si la fur-

face du métal perd son poli brillant, &
qu'elle paroisse se couvrir d'une croûte
dure, c'est une marque que le feu n'est
pas assés fort: il faut l'augmenter dans
ce cas, jusqu'à ce que cette surface ait
repris sa premiere apparence. Enfin ,
lorsque la fumée cesse entierement de
paroître, & que l'Or a une surface nette & verdâtre , jettez dessus peu à peu
du Nitre en poudre , ou un mêlange de
Nitre & de Borax. La matiere se gon-
flera. Ajoûtez ainsi du Nitre peu à peu ,
jusqu'à ce qu'il ne se fasse plus aucun
mouvement dans le creuset; laissez alors
refroidir le tout. Si quand l'Or est froid
vous remarquez qu'il n'est pas bien ductil, faites-le refondre encore , & y ajoûtez les mêmes Sels quand il commencera à fondre. Réitérez ainsi jusqu'à ce
qu'il soit parfaitement ductil.

REMARQUES.

L'Antimoine est un composé d'une
partie demi - métallique unie avec environ un quart de son poids de Soufre
commun. On peut voir par la neuviéme
colonne de la table des affinités , que la
partie réguline de l'Antimoine a une

moindre affinité avec le Soufre qu'aucun autre métal, excepté le Mercure & l'Or. Si donc l'Or est altéré par le mêlange du Cuivre, de l'Argent ou de quelqu'autre métal, & qu'on le fonde avec l'Antimoine, ces métaux doivent s'unir avec le Soufre de l'Antimoine, & le séparer de la partie réguline, qui devenue libre, s'unit & se confond avec l'Or. Ces deux substances métalliques formant un tout beaucoup plus pesant que le mêlange des autres métaux avec le Soufre, se réunissent au fond du creuset, en forme de Régule ; pendant que les autres les surnagent comme des especes de scories. Dès ce moment l'Or ne se trouve donc plus allié qu'avec la partie réguline de l'Antimoine.

Tous les métaux ayant beaucoup d'affinité avec le Soufre, & l'Or étant seul capable de résister à son action, on pourroit croire que le Soufre seul suffiroit pour le séparer d'avec les métaux qui sont unis avec lui, & qu'ainsi il seroit plus avantageux d'emploier le Soufre pur dans notre opération, que de se servir d'Antimoine dont la partie réguline demeure unie avec l'Or ; ce qui est cause que pour l'en féparer on eft obligé d'avoir recours à une autre opération longue & laborieufe..

A la vérité, à prendre la chofe dans la rigueur, le Soufre feul feroit fuffifant pour opérer la féparation qu'on defire ; mais il eft bon d'obferver que le Soufre feul étant très-combuftible, la plus grande partie en feroit confumée dans l'opération, avant d'avoir pu fe joindre avec les fubftances métalliques ; au lieu que lorfqu'il eft combiné avec le Régule d'Antimoine, il eft capable de foutenir beaucoup plus long-temps l'action du feu fans fe brûler, & eft par conféquent plus propre à l'opération dont il s'agit. D'ailleurs, fi on emploioit le Soufre pur, une grande partie de l'Or que le Régule d'Antimoine tient dans une fufion parfaite, & dont il facilite la précipitation, demeureroit confondue dans le mêlange fulphureux

Cependant, comme lorfqu'on fe fert d'Antimoine, les métaux alliés avec l'Or ne peuvent s'en féparer qu'il ne s'uniffe avec l'Or une quantité de Régule proportionnée à celle du métal qui s'en fépare, & que plus l'Or contient de ce Régule, plus l'opération devient longue,

difpendieufe & laborieufe, cette confi-
dération doit entrer pour quelque chofe dans l'ordonnance de notre procédé.
Ainfi, fi l'Or eft fort allié, & eft au-def-
fous du titre de feize karats, il ne faut
point mêler avec lui de l'Antimoine crud
feul, mais y ajoûter autant de fois deux
gros de Soufre pur, qu'il s'en faut de karats que l'Or ne foit à feize, en diminuant à proportion la quantité de l'Antimoine par rapport à l'Or.

Il eft effentiel de ténir le creufet bien
couvert après avoir mêlé l'Antimoine
avec l'Or, pour empêcher qu'il ne tombe dedans quelque charbon ; car fi cela
arrivoit, le mêlange fe gonfleroit confidérablement, & pourroit même furmon-
ter le creufet.

On graiffe avec du fuif l'intérieur du
cône dans lequel on verfe le mêlange
métallique fondu, afin de l'empêcher de
s'y attacher, & qu'on puiffe l'en retirer
facilement. Le coup qu'on donne fur le
plancher lorfque la matiere eft dans le
cône, fert à faciliter la précipitation, &
la defcente du Régule d'Or & d'Antimoine au fond de ce même cône.

Il faut moins de feu lorfqu'on refond
ce Régule compofé, pour y mêler de

nouvel Antimoine, qu'il n'en faut quand l'Or n'eſt pas encore mêlé avec la partie réguline de l'Antimoine, parceque cette ſubſtance métallique étant beaucoup plus fuſible que l'Or, en facilite la fuſion. On mêle ainſi l'Antimoine avec l'Or à pluſieurs repriſes, afin que la ſéparation des métaux ſe faſſe plus facilement & plus exactement. On pourroit cependant faire réuſſir l'opération, en mettant en une ſeule fois tout l'Antimoine, & ne répétant point les fontes.

Le culot métallique qu'on trouve après toutes ces opérations au fond du cône, eſt un mêlange de l'Or avec la partie réguline de l'Antimoine. Tout le reſte du procédé ne conſiſte qu'à ſéparer de l'Or cette partie réguline. Comme l'Or eſt le plus fixe de tous les métaux, & que le Régule d'Antimoine ne peut éprouver la violence du feu ſans s'exhaler en vapeurs; il ne s'agit, pour parvenir à ce but, que d'expoſer ce mêlange, ainſi qu'il eſt preſcrit dans le procédé, à un feu aſſés violent, & aſſez long-temps continué pour diſſiper tout le Régule d'Antimoine. Ce demi - métal s'exhale ſous la forme d'une fumée blanche fort épaiſſe. On ſouffle doucement dans le

H vj

creuset pendant tout le temps de l'opération, parceque le contract immédiat
de l'air continuellement renouvellé, facilite & augmente considérablement l'é-
vaporation. Cette regle est générale pour
toutes les matieres qui s'évaporent.

A mesure que le Régule d'Antimoine se dissipe, & que l'opération approche de sa fin, il faut augmenter le feu,
parceque le mêlange de Régule d'Antimoine & d'Or est d'autant moins fusible, que la proportion du Régule est
moindre. Quoique dans cette opération
le Régule d'Antimoine se sépare d'avec
l'Or, par la raison que ce métal, étant
très-fixe, peut résister sans se volatiliser,
à la violence du feu qui dissipe le Régule ; cependant, comme ce Régule est
fort volatil, il ne laisse pas d'emporter
avec lui une partie de l'Or, sur-tout si
on presse vivement l'évaporation, en employant un degré de feu considérable,
en soufflant avec activité dans le creuset,
& encore plus si au lieu de creuset on a
mis le mêlange dans un vaisseau évasé.
Ainsi, il faut éviter tout cela, si on
veut ne perdre de l'Or que le moins
qu'il sera possible.

A moins qu'on ne pousse l'évaporation à l'extrême, par les moyens que nous venons d'indiquer, il reste toujours une petite portion de Régule d'Antimoine unie avec l'Or, qui la défend contre l'action du feu. Cette petite portion de Régule empêche que l'Or ne soit entierement pur & ductil ; c'est pour la consumer & la scorifier, qu'on ajoûte du Nitre dans le creuset lorsqu'on n'en voit plus sortir de vapeurs blanches.

Le Nitre, comme on sçait, a la propriété de réduire en chaux toutes les substances métalliques excepté l'Or & l'Argent, parcequ'il s'enflamme avec la partie phlogistique, qui leur donne la forme métallique; mais comme cette inflammation du Nitre occasionne une effervescence & un gonflement, il faut avoir attention de ne le mettre que peu à peu, si on en mettoit une trop grande quantité à la fois, la matiere surmonteroit les bords du creuset.

On pourroit, pour abréger beaucoup cette opération, mettre à profit la propriété qu'a le Nitre de consumer ainsi le phlogistique des substances métalliques, & détruire par son moyen tout le Régule d'Antimoine qui se trouve mêlé avec l'Or, sans avoir recours à une évapora-

tion longue & ennuyeuſe. Mais auſſi, en
ſe ſervant de ce moyen, on perd une
beaucoup plus grande quantité d'Or, à
cauſe du tumulte & de l'efferveſcence
qui ſont inſéparables de la détonnation
du Nitre. Si donc on emploie le Nitre
pour purifier l'Or, il faut avoir grande attention à ne le mettre qu'en petite quantité à la fois.

Tout l'Argent qui étoit mêlé avec
l'Or, & même une petite portion de
l'Or, demeurent engagés dans les ſcories ſulphureuſes qui ſurnagent le Régule
d'Or après qu'on a ajoûté l'Antimoine;
nous indiquerons à l'article de l'Argent,
comment il faut ſéparer ces métaux d'a-
vec le Soufre.

CHAPITRE II.
DE L'ARGENT

PREMIER PROCEDÉ.

Séparer l'Argent de ses mines par le moyen de la scorification avec le plomb.

REDUISEZ en poudre dans un mortier de fer la mine dont vous voudrez retirer l'Argent, après l'avoir bien torréfiée pour lui enlever tout ce qu'elle peut contenir de Soufre & d'Arsenic. Pesez-la exactement : pesez ensuite séparément huit fois autant de Plomb réduit en grenailles. Mettez dans un têt à rôtir la moitié de votre Plomb que vous distribuerez également sur son fond : mettez sur ce Plomb votre mine, & recouvrez-la entierement avec le reste du Plomb.

Placez le vaisseau ainsi chargé au fond de la moufle d'un fourneau de coupelle. Allumez le feu, & augmentez-le par degrés. En regardant par une des ou-

vertures de la porte du fourneau, vous
verrez la mine couverte de chaux de
Plomb furnager ce même Plomb fondu.
Peu de temps après elle commencera à
s'amollir : elle fe fondra, & fera pouffée vers les bords du vaiffeau, la furface du plomb paroiffant dans le milieu
nette & brillante comme un difque lu-
mineux : le Plomb même commencera
alors à bouillir, & à laiffer échapper des
vapeurs. Il faut pour lors diminuer un
peu le feu environ pendant un quart-
d'heure, enforte que l'ébullition du
Plomb ceffe prefqu'entierement ; & a-
près ce temps le remettre au même degré, enforte que le Plomb recommence à bouillir & à fumer. Sa furface brillante diminuera peu à peu, & fe couvrira de fcories. Remuez le tout avec un
crochet de fer, & ramenez vers le milieu ce qui eft fur les bords, afin que
s'il y avoit quelque partie de la mine
qui ne fût point encore diffoute par le
Plomb, elle puiffe fe mêler avec ce
métal.

Lorfque vous verrez que la matiere
fera en parfaite fufion ; que ce qui s'attachera au crochet de fer, en le plongeant dans la matiere fondue, s'en fépa-

fera pour la plus grande partie, & retombera dans le vafe, & que l'extrémité de cet inftrument refroidi fe trouvera enduite d'une croûte mince, brillante
& polie, ce fera une marque que la fcorification fera achevée; & vous la juge-
rez d'autant plus parfaite, que la couleur de cette croûte fera plus uniforme
& plus égale.

Les chofes étant en cet état, il faut
retirer avec des pinces le vafe de deffous la mouffle, & verfer tout ce qu'il
contient dans un cône de fer chauffé &
graiffé de fuif. Toute cette opération
dure environ trois quarts-d'heure. Lorfque le tout eft refroidi, on fépare d'un
coup de marteau le Régule d'avec les
fcories : & comme il n'eft pas poffible,
quelque parfaite qu'ait été la fcorification, qu'une petite portion du Plomb
tenant Argent ne foit retenue dans les
fcories, il eft à propos de pulvérifer ces
mêmes fcories, & d'en féparer tout ce
qui peut s'étendre fous le marteau, pour
l'ajoûter au Régule.

REMARQUES

L'Argent, de même que l'Or, eft fouvent prefque tout pur & fous fa forme

métallique dans les entrailles de la terre ; pour lors on peut le féparer d'avec les pierres & les fables par la fimple lotion, & par l'amalgame avec le Mercure, fuivant le procédé que nous avons donné pour l'Or. Mais auffi il arrive fréquemment que l'Argent eft combiné dans les mines avec d'autres fubftances métalliques, & des minéraux qui empêchent qu'on ne puiffe fe fervir de ce procédé ; ce qui oblige d'avoir recours à d'autres moyens pour l'en féparer.

Le Soufre & l'Arfenic font les fubftances qui tiennent le plus ordinairement l'Argent & les autres métaux dans l'état minéral. Ces deux matieres ne font point unies bien étroitement avec l'Argent, enforte qu'elles en font féparées affés facilement par l'Action du feu & l'addition du Plomb. Si c'eft l'Arfenic qui domine dans la mine d'Argent, ce minéral s'unit avec le plomb, à l'aide d'une chaleur affés modérée, & en réduit promptement une affés grande partie en un verre pénétrant & fufible qui a la propriété de fcorifier facilement toutes les fubftances fufceptibles de fcorification.

Lorfque c'eft le Soufre qui domine,

la scorification se fait plus lentement, &
ne réussit pas toujours, parceque ce minéral combiné avec le Plomb diminue
sa fusibilité , & retarde sa vitrification.
Il faut dans ce cas, qu'une partie du Soufre soit dissipée par l'action du feu. L'autre partie s'unit avec le Plomb , lequel
rendu plus léger par cette union , surnage le reste du mêlange qui contient
principalement l'Argent. L'action de
l'air & du feu dissipent enfin la portion
du Soufre qui s'étoit combinée avec le
Plomb. Ce Plomb se vitrifie , & réduit
en scories tout ce qui n'est point Argent
ou Or : ainsi l'Argent étant débarrassé
de ces matieres hétérogènes ausquelles
il étoit uni, dont une partie est dissipée
& l'autre vitrifiée, se combine avec la
portion de Plomb qui n'a pas été vitrifiée, & se précipite à travers les scories
qui doivent être pour cela dans une parfaite fusion.

Tout ce procédé consiste donc dans
trois opérations distinctes. La premiere
est la torréfaction, qui dissipe une partie
des substances volatiles qui étoient unies
avec l'Argent. La seconde est la scorification ou vitrification des matieres fixes
unies avec ce même Argent, telles que

les fables, les pierres, les métaux, &c.
& la troifiéme eft la précipitation , & la
féparation de l'Argent d'avec ces fcories:
cette derniere eft , comme on l'a vu ,
préparée & produite par les deux autres.

Comme tout ce que nous avons dit
de l'Or, quand nous avons parlé du procédé de l'amalgame, doit s'appliquer à
l'Argent qu'on peut retirer par ce même moyen lorfqu'il eft fous fa forme métallique ; de même , tout ce que nous
difons à préfent fur la maniere de retirer l'Argent par la fcorification, lorfqu'il
eft altéré par le mêlange de fubftances
hétérogènes , doit auffi s'appliquer à l'Or
quand il eft dans le même état, l'Argent
d'ailleurs contenant prefque toujours naturellement une plus ou moins grande
quantité d'Or.

Nous avons prefcrit dans ce procédé, de pulvérifer la mine avant de l'expofer au feu, afin d'en augmenter la furface, de faciliter l'action du Plomb, &
de procurer l'évaporation des parties
volatiles.

La précaution que nous avons dit qu'il
falloit avoir, de diminuer un peu le feu
dans le commencement de l'opération,

a pour but d'empêcher que le Plomb, réduit trop promptement en litarge, ne pénétre & ne ronge le vaisseau, avant d'avoir pu dissoudre entierement la mine. Ainsi, si on étoit absolument sûr que le vaisseau dont on se sert est assés bon pour ne se point laisser pénétrer par le Plomb, cette précaution ne seroit pas nécessaire.

Il est bon d'ajoûter huit parties de Plomb sur une de mine, quoique souvent cette quantité ne soit pas absolument nécessaire, sur-tout quand la mine est bien fusible. La réussite de cette opération dépend principalement de la parfaite scorification. Ainsi il n'y a aucun inconvénient à ajoûter beaucoup de Plomb, qui facilitant toujours la scorification, ne peut jamais être nuisible.

Si la mine est mêlangée de parties terreuses & pierreuses, qu'on ne puisse pas en séparer par la lotion, elle est plus difficile à mettre en fusion, quand même ces pierres seroient du nombre de celles qui sont les plus disposées à la vitrification, parceque les terres & les pierres les plus fusibles, le font toujours moins que la plûpart des matieres métalliques. Il faut dans ce cas, pour par-

venir à la scorification , mêler exactement avec la mine réduite en poudre ,
partie égale de Verre de Plomb , & ajoûter ensuite douze fois autant de Plomb
réduit en grenailles ; puis procéder comme nous l'avons indiqué pour la mine
fusible , faisant éprouver à ce mélange
un degré de chaleur assés vif & assés long-
temps continué , pour donner aux scories toutes les propriétés dont nous avons
fait mention , & qui indiquent que la
scorification est parfaite.

Quelquefois la mine d'Argent est mêlée avec des pyrites & de la mine d'Arsenic ou Cobolt , ce qui la rend aussi réfractaire. Comme les pyrites contiennent une grande quantité de Soufre , lequel est très-volatil aussi-bien que l'Arsenic , il convient dans ce cas de commencer par la débarrasser de ces deux
matieres étrangeres. On y parvient aisément par le moyen de la torréfaction :
il faut seulement avoir attention , quand
on commence à exposer la mine au feu
dans le têt à rôtir , de la couvrir pendant quelques minutes avec un autre
vaisseau renversé de même grandeur ,
parceque ces sortes de mines sont sujettes à décrépiter quand elles commen-

cent à éprouver la chaleur. On la dé-couvre ensuite, & on la laisse exposée au feu, jusqu'à ce qu'il ne s'en éléve plus aucunes matieres sulphureuses ou arsé-nicales. On la mêle après cela avec la même quantité de Verre de Plomb, que nous venons d'indiquer pour la mine qui est rendue réfractaire par le mélange des terres & des pierres, & on procéde de même.

Il est d'autant plus nécessaire de tor-réfier la mine d'Argent altérée par le Soufre & l'Arsenic, que le Soufre met-tant obstacle à la fusion du Plomb, ne peut qu'être nuisible, & prolonger l'o-pération. Pour l'Arsenic, il a l'inconvé-nient de scorifier trop promptement une très-grande quantité de Plomb.

Lorsque le Soufre & l'Arsenic sont dissipés par la torréfaction, il faut trai-ter la mine comme celle qui est rendue réfractaire par les matieres pierreuses & terreuses, parceque les pyrites conte-nant beaucoup de Fer, il reste après l'évaporation du Soufre une assés grande quantité de terre martiale difficile à sco-rifier. Ces pyrites, ainsi que les Cobolts, contiennent outre cela une terre non

métallique, qui eſt difficile à mettre en
fuſion.

La regle générale eſt donc, lorſque
la mine eſt rendue réfractaire par quelque cauſe que ce ſoit, d'y mêler du Verre de Plomb, & d'y ajoûter une plus
grande quantité de Plomb granulé. Il ſe
trouve néanmoins des mines ſi réfractaires, que le Plomb ſeul ne ſuffit pas, &
qu'il faut avoir recours à quelqu'autre
fondant. Celui qui convient le mieux
dans cette occaſion eſt le Flux noir, compoſé d'une partie de Nitre & de deux
parties de Tartre qu'on a fait détonner
enſemble. Le Phlogiſtique que contient
cette quantité de Tartre, eſt plus que
ſuffiſant pour alkaliſer le Nitre. Ce Flux
n'eſt donc autre choſe que du Nitre alkaliſé par le Tartre, mêlé avec une partie de ce même Tartre qui n'a pas perdu
ſon phlogiſtique, & qui ſe trouve ſeulement réduit en une eſpece de charbon.

On préfére dans cette occaſion le Flux
noir au blanc, qui cependant eſt auſſi
très-propre à faciliter la fuſion, parceque le phlogiſtique du Flux noir empêche que le Plomb ne ſoit réduit ſi promptement

ptement en litarge , & lui donne le temps de diſſoudre les matieres métalliques. Le Flux blanc , qui eſt le réſultat de parties égales de Tartre & de Nitre alkaliſés enſemble , n'étant qu'un Alkali privé de Phlogiſtique , ou du moins n'en contenant que très-peu , n'auroit pas cet avantage.

Si l'Argent étoit mêlé avec du Fer qui eût ſa forme métallique , ce qui n'arrive cependant pas ordinairement dans l'état de mine , & qu'on voulût l'en ſéparer , il faudroit avant de fondre ce mêlange avec le Plomb , dépouiller le Fer de ſon phlogiſtique, & le réduire en *crocus* ; on y parvient en le faiſant diſſoudre dans l'Acide vitriolique , & en faiſant enſuite évaporer cet Acide.

On eſt obligé d'avoir recours à cette manœuvre , parceque le Fer ſous ſa forme métallique ne ſe laiſſe point diſſoudre par le Plomb ni par le Verre de Plomb ; mais lorſqu'il eſt réduit en chaux , la litarge peut s'unir avec lui & le ſcorifier.

Si on n'avoit pas les uſtenſiles néceſſaires pour faire dans un têt à rôtir , & ſous a mouffle , l'opération que nous venons

I

de décrire, ou qu'on voulût traiter à la fois une plus grande quantité de mine, on pourroit fe fervir d'un creufet, & faire cette opération dans un fourneau de fufion.

Il faut pour cela préparer la mine, comme nous l'avons indiqué, fuivant fa nature ; la mêler avec la quantité de verre de Plomb, & de Plomb convenable ; mettre le tout dans un bon creufet ; dont les deux tiers doivent demeurer vuides, & ajoûter par-deffus un mêlange de Sel marin, & d'un peu de Borax, le tout très-fec, à la hauteur d'un bon demi-pouce.

Cela fait, il faut placer le creufet au milieu d'un fourneau de fufion ; mettre du charbon jufqu'au bord fupérieur du creufet ; allumer ce charbon ; couvrir le fourneau de fon dôme, & ne pas pouffer le feu plus qu'il n'eft néceffaire pour mettre le mêlange en fufion parfaite ; le laiffer ainfi en fufion pendant un bon quart-d'heure ; remuer le tout avec une petite verge de fer ; puis le laiffer refroidir ; caffer le creufet, & féparer le Régule d'avec les fcories.

Les Sels qu'on ajoûte dans cette occafion font des fondans , & font deftinés à procurer aux fcories une fufion par-faite.

Si on laiffoit plus long-temps que nous ne l'avons indiqué les matieres ex-pofées au feu, foit dans le têt à rôtir , foit dans le creufet, à la fin la portion de Plomb qui s'eft unie & précipitée avec l'Argent , fe vitrifieroit , & fcorifie-roit avec lui tout l'alliage que pourroit avoir ce métal. Mais comme il n'y a pas de vaiffeaux qui puiffent foutenir affés long-temps l'action de la litarge fans être percés & comme criblés , une par-tie de l'Argent pourroit paffer à travers les trous ou les fentes de ces vaiffeaux , & être perdue. Il vaut donc mieux , pour achever de purifier l'Argent , avoir re-cours à l'opération de la coupelle , dont nous allons donner la defcription.

I I. P R O C É D É.

Affinage de l'Argent par la coupelle.

PRENEZ une coupelle qui puiffe te-nir un tiers de plus de matiere que celle que vous aurez à y mettre : placez la fous la mouffle d'un fourneau tel que celui dont nous avons donné la defcription dans nos Elémens de Théorie , & qui eft deftiné particuliérement à cette forte d'opération. Empliffez ce fourneau de charbon : allumez-le : faites rougir la coupelle , & la tenez ainfi très-rouge , jufqu'à ce que toute l'humidité en foit diffipée , c'eft-à-dire , environ pendant un bon quart - d'heure , fi la coupelle n'eft compofée que de cendres d'os brûlés , & pendant une heure entière , s'il eft entré dans fa compofition des cendres de bois leffivées.

Réduifez le Régule reftant de l'opération précédente , en petites lames fines , l'applatiffant avec un petit marteau , & obfervant d'en féparer exactement tout ce qui peut y avoir de fcories. Enveloppez dans un morceau de papier ces petites lames de Régule , & mettez-les doucement dans la coupelle avec une pince. Le papier étant confumé , le Régule fe fondra auffitôt , & les fcories qui naîtront du Plomb , à mefure qu'il fe réduira en litarge , feront pouffées vers les bords de la coupelle , par laquelle elles feront auffi-tôt abforbées. La coupelle prendra en même temps une couleur jaune , brune ou noirâtre , suivant la quantité & la nature des fcories dont elle fera pénétrée.

Diminuez le feu par les moyens que nous avons indiqués , quand vous verrez que la matiere contenue dans la coupelle fera agitée par une forte ébullition , & fumera confidérablement. Entretenez un degré de chaleur , tel que la fumée qui fortira de la coupelle ne monte pas bien haut , & que vous puiffiez diftinguer la couleur que les fcories donneront à cette même coupelle.

A mefure qu'il fe formera de la litarge , & que cette litarge fera abforbée , il faut augmenter le feu. Si le Régule que vous mettrez à cette épreuve ne contient point d'Argent , vous le verrez ainfi fe convertir entierement en fcories , & difparoître enfin abfolument. S'il contient de l'Argent , lorfque la quantité du Plomb fera beaucoup diminuée, vous appercevrez à fa fuperficie des couleurs d'iris très-vives, qui s'agiteront & fe croiferont de différentes manieres avec beaucoup de vîteffe. Enfin , lorfque tout le Plomb fera détruit , la petite peau terne produite continuellement par le Plomb à mefure qu'il fe convertit

I iij

en litarge, & qui couvre la superficie de l'Argent, disparoîtra subitement ; & s'il se trouve que dans ce moment le feu ne soit point assez fort pour entretenir l'Argent en fusion, la surface du métal paroîtra tout d'un coup très-brillante : mais si dans ce temps le feu est assez fort pour entretenir l'Argent en fusion, quoiqu'il ne soit plus allié de Plomb, ce changement, qu'on nomme *fulguration*, n'est pas si sensible, & le bouton d'Argent paroît tout embrasé.

Ces phénomènes dénotent que l'opération est achevée. Il faut laisser alors la coupelle pendant une minute ou deux sous la moufle : après quoi l'approcher peu à peu de la porte par le moyen d'un crochet ; & lorsque l'Argent n'est plus que médiocrement rouge, il faut retirer la coupelle de dessous la moufle avec des pinces : il se trouvera au milieu un bouton d'Argent extrêmement blanc, dont la partie inférieure sera inégale & pleine de petits enfoncemens.

REMARQUES.

Le Régule qu'on retire du procédé antérieur à celui-ci, n'est que l'Argent contenu dans la mine, allié avec une portion des autres métaux qui ont pû se trouver dans la même mine, & une bonne partie du Plomb qu'on a ajouté pour précipiter cet Argent. L'opération de la coupelle n'est en quelque sorte qu'une suite de ce procédé, & a pour but de réduire en scories tout ce qui n'est point Or ou Argent. Le Plomb étant celui de tous les métaux qui se vitrifie le plus aisément, qui facilite le plus la vitrification des autres, & le seul qui étant vitrifié pénetre la coupelle, & entraîne avec lui les autres métaux qu'il a vitrifiés, est en conséquence le plus plus propre à cette opération. Nous verrons à l'article du Bismuth, que ce demi-métal a les mêmes propriétés que le Plomb, & qu'il peut lui être substitué dans cette opération.

Il faut avoir attention de choisir une coupelle de grandeur convenable. Il vaut mieux même la prendre plutôt plus grande que trop petite, parceque la grandeur de ce vaisseau ne porte aucun préjudice à l'opération, au lieu que lorsqu'il est trop petit, il arrive que la coupelle étant chargée d'une trop grande quantité de Plomb, sa surface intérieure se trouve enfin rongée par la litarge qui détruit

I iv

tout, & il se forme des fentes dans le corps même du vaisseau. Ajoutez à cela, que les cendres dont il est composé, étant une fois surchargées de litarge, ne l'absorbent plus que très-lentement, & que cette litarge convertie en verre se trouvant en trop grande quantité pour être contenue dans la substance de la coupelle, transpire à travers, se répand sur la mouffle, qu'elle corrode, rend inégale, & à laquelle elle soude les vaisseaux qu'on pose dessus. On peut prendre pour regle de la grandeur des coupelles, de leur donner au moins la moitié de la pesanteur de la masse métallique qu'on veut coupeller.

Il est encore de la derniere conséquence de faire bien sécher les coupelles avant d'y mettre le métal. Il faut pour cela, comme nous l'avons dit, les tenir rouges pendant un certain temps ; car quoiqu'à la vûe & au toucher elles paroissent très-seches, elles retiennent cependant avec beaucoup d'opiniâtreté une petite quantité d'humidité, laquelle suffiroit, lorsque le métal est fondu, pour en faire perdre une partie, qui seroit lancée en forme de petits globules jusqu'à la voûte de la mouffle. Ce sont principalement les coupelles dans la composition desquelles il entre des cendres de bois qui ont befoin d'être ainſi chauffées vivement, parceque quelque foin qu'on ait eu de leſſiver ces cendres avant de s'en fervir, elles retiennent toujours une petite quantité de Sel alkali, lequel, comme on ſçait, eſt très-avide de l'humidité, ne s'en laiſſe priver entierement que par le moyen d'une violente calcination, & la reprend bien-tôt, quand il eſt expoſé à l'air.

Il peut encore être reſté un peu de phlogiſtique dans les cendres dont les coupelles font compoſées, & c'eſt une raiſon de plus pour les calciner avant de s'en fervir; on diſſipe ainſi ce reſte de phlogiſtique, qui ſe combinant avec la litarge pendant l'opération, en feroit la réduction, & occaſionneroit un mouvement dans la matiere, capable d'en faire répandre une partie. Il faut ajouter encore à ces inconvéniens qui réſultent d'un reſte d'humidité ou de phlogiſtique, les fentes que les coupelles qui ne font point entierement privées de l'une ou de l'autre de ces matieres, font très-ſujettes à contracter.

Il n'eſt pas moins important pour le

I v

ſuccès de l'opération, d'entretenir un degré de chaleur convenable. Nous avons
donné dans le procédé, des marques qui
indiquent que la chaleur n'eſt ni trop forte ni trop foible ; voici celles auxquelles
on reconnoît qu'elle peche par l'un ou
l'autre excès.

Si la fumée qui s'éleve du Plomb monte comme un jet juſqu'à la voûte de la
mouffle ; ſi la ſuperficie du métal fondu
eſt extrêmement convexe eu égard à la
quantité du métal ; ſi la coupelle paroît
ſi rouge & ſi embraſée qu'on ne puiſſe
diſtinguer les couleurs que lui donnent
les ſcories en la pénétrant ; cela indique
que la chaleur eſt trop grande : il faut la
diminuer. Si au contraire les vapeurs ne
font en quelque ſorte que ramper à la ſuperficie du métal ; que ce métal fondu
ſoit très-peu ſphérique par rapport à ſa
quantité ; qu'il ne paroiſſe bouillir que
foiblement ; qu'on s'apperçoive que les
ſcories qui paroiſſent comme des gout-
telettes brillantes, n'ont qu'un mouvement lent ; que ces ſcories s'amaſſent dans
la coupelle, & ne la pénetrent point ;
que le métal en ſoit couvert comme d'un
enduit vitrifié, & qu'enfin la coupelle
paroiſſe ſombre, on a pour lors la preu-

ve que la chaleur est trop foible : il faut l'augmenter.

Comme le but de cette opération est de convertir le Plomb en litarge, & de lui donner le temps & la facilité de scorifier & d'entraîner avec lui tout ce qui n'est point Or ou Argent, il faut entretenir le feu à un degré tel, que le Plomb se réduise facilement en litarge, & que cependant cette litarge ne soit pas absorbée trop promptement par la coupelle, mais qu'il en reste toujours une petite quantité qui entoure comme un anneau le métal fondu.

On augmente le feu à mesure que l'opération approche de sa fin, parceque la proportion du Plomb avec l'Argent allant toujours en diminuant, la masse métallique se trouve moins fusible ; & que l'Argent défend contre l'action du feu le Plomb avec lequel il est mêlé, & l'empêche de se réduire facilement en litarge.

Lorsque l'opération est achevée, il faut laisser encore la coupelle sous la moufle, jusqu'à ce que toute la litarge l'ait pénétrée, afin qu'on puisse retirer facilement le bouton d'Argent, qui sans cette précaution seroit si adhérent, que

I vj

l'on ne pourroit l'en féparer fans emporter avec lui un morceau de la coupelle.
Il faut avoir attention auffi de laiffer refroidir peu à peu ce bouton d'Argent ,
& de le laiffer figer entierement , avant
de le retirer de deffous la mouffle ; car
quand on l'expofe tout d'un coup à l'air
froid , & avant qu'il foit figé , il fe gonfle , fe ramifie , & même jette affés loin
de petits grains qui font perdus.

Si le bouton fe trouve avoir un œil
jaunâtre , c'eft une marque qu'il contient
beaucoup d'Or , qu'il faudra en féparer
par les procédés que nous donnerons
dans la fuite.

Il eft bon d'obferver qu'il n'y a prefque point de Plomb qui ne contienne
une quantité d'Argent , trop petite à la
vérité pour qu'elle puiffe indemnifer des
frais qu'on feroit obligé de faire pour
l'en féparer ; mais cependant affés confidérable pour induire en erreur , en fe
mêlant avec l'Argent qu'on auroit retiré
de la mine , & en augmentant le poids.
Ainfi, lorfque c'eft pour faire l'effai d'une
mine , & voir ce qu'elle peut fournir
d'Argent , qu'on a recours aux opérations que nous venons de donner, il eft
effentiel de faire d'abord un effai du

Plomb qu'on fera obligé d'employer, & de s'affurer de la quantité d'Argent qu'il peut contenir, pour le défalquer du poids total du bouton d'Argent qu'on retire après l'avoir ainfi purifié.

On peut, par la feule opération de la coupelle, & fans avoir fait précéder de fcorification avec le Plomb, parvenir à féparer l'Argent de fa mine, & l'affiner en même temps. Il faut pour cela réduire la mine en poudre, la torréfier pour en diffiper toutes les parties volatiles ; la mêler avec un poids égal de litarge, fi elle eft réfractaire ; la divifer en cinq ou fix parties qu'on enveloppera dans de petits papiers ; pefer huit parties de Plomb pour une partie de mine fi elle eft fufible , & jufqu'à douze ou feize fi elle eft réfractaire ; mettre la moitié du Plomb dans une très-grande coupelle fous la mouffle ; y ajoûter un des petits paquets de la mine quand le Plomb commence à fumer & à bouillir ; diminuer auffitôt un peu le feu ; le foutenir au même degré jufqu'à ce qu'on s'apperçoive que la litarge qui s'eft formée autour du métal & à fa fuperficie ait un œil brillant ; augmenter pour lors le feu , ajoûter un nouveau paquet de mine ; continuer à procéder de la même maniere, jusqu'à ce que toute la mine soit employée ; ajoûter ensuite le reste du Plomb granulé, & conduire le reste de l'opération, comme celle de la coupelle.

Il est essentiel dans cette opération, de ne pas pousser le feu trop fort, & de le diminuer à chaque fois qu'on ajoûte une nouvelle portion de mine, afin de donner le temps au Plomb & à la litarge de dissoudre, de scorifier & d'entraîner dans les pores de la coupelle toutes les matieres étrangeres avec lesquelles l'Argent est mêlé. Malgré cette précaution, quand la mine est réfractaire, il s'amoncelle souvent dans la coupelle une assés grande quantité de scories, & même une partie de la mine qui n'a pu être dissoute & scorifiée. C'est pour remédier à cet inconvénient, qu'on ajoûte à la fin la seconde moitié du Plomb, qui achéve de dissoudre & de scorifier ce qui ne l'a pas été d'abord, & par ce moyen il ne reste point ou presque point de scories dans la coupelle à la fin de l'opération.

C'est principalement pour purifier l'Argent de l'alliage du Cuivre, qu'on a recours à l'opération de la coupelle, parceque ce métal étant plus fixe & plus difficile à calciner que les autres subftances métalliques, il eft le feul qui demeure uni avec l'Argent & le Plomb après la torréfaction & la fcorification par le Plomb. Il demande jufqu'à feize parties de Plomb pour être détruit dans la coupelle, & féparé de l'Argent. Il fe fond en une feule maffe avec le Plomb ; & le verre qui réfulte de ces deux métaux privés de leur phlogiftique , tire fur le brun ou fur le noir : c'eft à ces marques qu'on reconnoît principalement que l'Argent étoit allié avec ce métal.

III. PROCEDÉ.

Purifier l'Argent par le Nitre.

REDUISEZ en grenailles , ou en petites lames , l'Argent que vous voudrez purifier : mettez - le dans un bon creufet : ajoûtez - y un mêlange d'un quart de fon poids de Nitre bien fec réduit en poudre, de moitié du poids du Nitre de cendres gravelées , & d'environ un fixiéme de ce même poids du Nitre de verre ordinaire pulvérifé. Couvrez ce creufet avec un autre creufet

renversé, qui doit être moins grand, en
sorte qu'il puisse entrer un peu, & dont
le fond soit percé d'un trou d'environ
deux lignes de diametre. Luttez ensemble ces deux creusets avec de l'argile &
de la terre à four. Quand le lut sera sec,
placez ces creusets dans un fourneau de
fusion. Emplissez le fourneau de charbon,
en observant cependant que le charbon
n'excéde point la hauteur du fond du
creuset supérieur.

Allumez le feu, & faites rougir médiocrement les vaisseaux. Quand ils seront rouges, prenez avec les pincettes
un charbon ardent, que vous présenterez au trou du creuset supérieur. Si vous
voyez aussitôt une lueur brillante autour
de ce charbon, & que vous entendiez
en même temps un petit sifflement, c'est
une marque que le feu est à un degré
convenable ; & il faut l'entretenir à ce
même degré jusqu'à ce que ce phénoméne cesse de paroître.

Augmentez alors le feu jusqu'au point
convenable pour tenir l'Argent pur en
fusion, puis retirez les vaisseaux du fourneau. Vous trouverez l'Argent au fond
du creuset inférieur. Cet Argent sera
couvert par une masse de scories alkali-

nes de couleur verdâtre. Si après cette opération ce métal ne se trouve point encore bien pur & bien ductile, il faut la recommencer une seconde fois.

REMARQUES.

La purification de l'Argent par le Nitre, est fondée, de même que l'affinage par la coupelle, sur la propriété qu'a ce métal, de résister à l'action du feu la plus forte, & à celle des dissolvans les plus actifs, sans perdre son phlogistique. La différence qu'il y a entre ces deux opérations, se trouve dans les substances qu'on emploie pour faciliter la scorification des métaux imparfaits, ou des demi-métaux, qui peuvent être combinés avec l'Argent. Dans la premiere, c'est le Plomb, & dans celle - ci c'est le Nitre qui procure cet avantage. Nous avons vu que ce Sel a la propriété de calciner, & de détruire promptement toutes les substances métalliques, en consumant leur phlogistique, & qu'il n'y a que les métaux parfaits, c'est - à - dire, l'Or & l'Argent, qui puissent résister à son action. Cette méthode peut donc être emploiée aussi-bien pour purifier l'Or que l'Argent, ou même ces deux métaux alliés ensemble.

Le Nitre s'alkalife dans cette opération, à mesure que son acide se consume avec le phlogistique des substances métalliques. Le Sel alkali & le verre pilé qu'on ajoûte, font destinés à faciliter la fusion des chaux métalliques, à mesure qu'elles font formées, & à lier & retenir le Nitre, qui, comme nous l'allons voir, se dissipe lorsqu'il éprouve un certain degré de chaleur.

On prend la précaution de fermer le creuset avec un autre creuset renversé, qui n'a qu'un petit trou à son fond, pour empêcher qu'une partie de l'Argent ne soit perdue pendant l'opération; car lorsque le Nitre éprouve un certain degré de chaleur, & sur-tout quand il s'embrase avec quelque matiere inflammable, il se dissipe en partie, & même avec tant de rapidité, qu'il seroit capable d'enlever avec lui une assés grande quantité d'Argent. Le petit trou qu'on laisse au creuset qui sert de couvercle, est nécessaire pour donner issue aux vapeurs qui s'élevent pendant l'inflammation du Nitre, lesquelles se feroient jour en brifant les vaiffeaux, fi elles n'avoient pas d'autre moyen de fortir. Cette ouverture fe trouve, après l'opération, environnée de beaucoup de petites particules d'Argent, qui auroient été perdues fi le creufet étoit demeuré entierement ouvert.

Si on s'appercevoit que dans le temps de la détonnation du Nitre, il fortît par le petit trou une grande quantité de vapeurs avec un bruit & un fifflement confidérables, fans même y préfenter de charbon, ce feroit une marque que le feu feroit trop vif, & il faudroit en diminuer l'activité; car fi on n'avoit pas cette attention, il fe diffiperoit une grande partie du Nitre, qui emporteroit avec lui beaucoup d'Argent.

Il faut avoir attention de retirer l'Argent du creufet auffitôt qu'il eft en fufion; car fi on n'avoit pas cette précaution, le Nitre étant entierement diffipé ou alkalifé, les chaux des métaux qu'il auroit détruits pourroient reprendre un peu de phlogiftique qui leur feroit communiqué, foit par les vapeurs du charbon, foit par quelques petits charbons même qui tomberoient dans le creufet: d'où il arriveroit qu'une por-

tion de ces métaux étant reſſuſcitée, ſe
remêleroit avec l'Argent, & l'empêcheroit d'avoir le degré de ductilité & de
pureté convenable : ce qui mettroit dans
dans la néceſſité de recommencer l'opération.

IV. PROCEDÉ.

*Diſſoudre l'Argent dans l'Eau-forte, &
le ſéparer, par ce moyen, de toute autre
ſubſtance métallique. Purification de
l'Eau-forte. Précipitation de l'Argent
par le Cuivre.*

R Eduisez en petites lames l'Argent
que vous voudrez diſſoudre, mettez-le dans une cucurbite de verre : verſez deſſus le double de ſon poids de bonne Eau-forte précipitée : couvrez la cucurbite avec un papier, & placez-la ſur
un bain de ſable qui ait une chaleur modérée. L'Eau-forte commencera à diſſoudre l'Argent auſſitôt qu'elle ſera un
peu échauffée. Il s'élevera des vapeurs
rouges, & il paroîtra ſortir de deſſus
l'Argent des ſuites de petites bulles qui
s'éleveront juſqu'à la ſuperficie de la liqueur, & qui formeront des eſpeces de

petites chaînes : c'eſt la marque que la diſſolution ſe fait bien , & que le degré de chaleur eſt convenable. Si la liqueur paroiſſoit fortement agitée , & bouillante , & qu'il s'élevât en même temps une grande quantité de vapeurs rouges ; ce ſeroit une marque que la chaleur ſeroit trop grande , & il faudroit la diminuer, juſqu'à ce que la diſſolution fût revenue au point que nous venons d'indiquer. Il faut l'entretenir à ce point, juſqu'à ce qu'on n'apperçoive plus de bulles ni de vapeurs rouges.

Si l'Argent étoit allié avec de l'Or , cet Or ſe trouveroit après la diſſolution au fond du vaiſſeau ſous la forme d'une poudre. Il faut décanter la diſſolution encore chaude ; reverſer ſur cette poudre moitié moins de nouvelle Eau-forte , & la faire bouillir ; décanter encore cette Eau-forte, & réitérer une troiſiéme fois ; puis bien laver avec de l'eau pure la poudre reſtante , qui ſera d'une couleur brune tirant ſur le rouge. Nous donnerons dans les remarques les moyens de ſéparer l'Argent d'avec l'Eau-forte.

REMARQUES.

Tous les procédés que nous avons donnés jusqu'à préfent fur l'Argent, pour le féparer de fes mines, & pour l'affiner; foit par la coupelle, foit par le Nitre, conviennent auffi à l'Or. Et fi l'Argent fe trouvoit allié avec de l'Or avant d'avoir fubi ces différentes épreuves, il feroit encore allié de la même maniere, & en contiendroit la même quantité après les avoir fubies, parceque l'Or les foutient auffi-bien que lui. Tout ce que ces différentes opérations peuvent donc produire, c'eft de féparer d'avec ces métaux ce qui n'eft point Or ou Argent. Il faut, pour féparer ces deux métaux l'un de l'autre, avoir recours au procédé dont nous avons parlé à l'article de l'Or, ou à celui dont nous venons de donner la defcription, qui eft le plus commode, le plus ufité, & connu plus particulierement fous le nom de Départ.

L'Eau-forte eft le vrai diffolvant de l'Argent, & eft abfolument incapable de diffoudre la moindre partie d'Or. Si donc on expofe à l'action de l'Eau-forte une maffe compofée d'Or & d'Argent, cet acide diffoudra l'Argent contenu dans ce compofé fans toucher à l'Or , & ces deux métaux feront féparés l'un de l'autre. Ce départ eft l'inverfe de celui dont nous avons donné la defcription à l'article de l'Or , lequel fe fait par le moyen de l'Eau-régale.

Le départ par l'Eau-forte ne peut réuf-fir fans plufieurs conditions effentielles. La premiere eft que l'Or & l'Argent foient dans une proportion convenable ; c'eft-à-dire, qu'il faut qu'il y ait au moins deux fois plus d'Argent que d'Or dans la maffe métallique , fans quoi l'Eau-for-te ne pourroit le diffoudre , par la rai-fon que nous en avons donnée. Si donc l'Argent n'étoit point en affés grande quantité dans la maffe métallique , il faudroit ou la refondre pour y mêler une quantité d'Argent convenable , ou bien fi l'Or fe trouvoit en affés grande proportion , avoir recours au départ par l'Eau-régale.

Secondement , il eft néceffaire que l'Eau-forte dont on fe fert dans cette opération foit abfolument pure, & exem-pte des Acides vitriolique ou marin ; car fi elle étoit altérée par le mélange de l'Acide vitriolique , l'Argent fe précipi-teroit à mefure qu'il feroit diffous , & ce

précipité d'Argent se remêleroit avec
l'Or. Si l'Eau-forte contenoit de l'Acide
marin, outre l'inconvénient du précipité, on auroit encore celui que ce menſtrue étant en partie régalin, diſſoudroit
auſſi une portion de l'Or. Il eſt donc néceſſaire d'être bien ſûr de ſon Eau-forte,
avant de commencer l'opération. Il faut
pour cela la mettre à l'épreuve, en en
prenant une partie dans laquelle on fera
diſſoudre autant d'Argent qu'elle en
pourra diſſoudre. Si cette Eau-forte devient louche & laiteuſe à meſure qu'elle
diſſoudra l'Argent, c'eſt une marque
qu'elle contient quelqu'Acide étranger,
dont il faut la ſéparer.

Pour y parvenir, il faut laiſſer repoſer la portion d'Eau-forte qui aura ſervi
à faire l'épreuve. Ce qu'elle contient de
parties blanches & laiteuſes tombera peu
à peu au fond du vaſe. Quand tout ce
blanc ſera ainſi précipité, décantez doucement la partie claire, verſez enſuite
quelques gouttes de la diſſolution d'Argent que vous aurez décantée, dans l'Eau-
forte que vous voudrez précipiter. Elle
deviendra auſſitôt laiteuſe : laiſſez de même précipiter les particules blanches ;
puis ajoûtez encore quelques gouttes de
votre

votre diffolution d'Argent. Si l'Eau-forte devient encore laiteufe, laiffez-la précipiter de même que la premiere fois, & réitérez la même manœuvre jufqu'à ce qu'en mêlant de la diffolution d'Argent dans cette Eau-forte, vous remarquiez qu'elle ne fe trouble plus en aucune maniere. Filtrez-la pour lors à travers le papier gris. Cette Eau-forte ainfi précipitée fera très-propre à faire le départ.

Les particules blanches qui paroiffent & qui fe précipitent, quand on fait diffoudre de l'Argent dans de l'Eau-forte altérée par le mélange de quelqu'Acide étranger, ne font autre chofe que l'Argent même, qui, à mefure qu'il eft diffous par l'Acide nitreux, quitte ce diffolvant pour s'unir avec l'Acide vitriolique ou marin, avec lequel il a plus d'affinité, & fe précipite avec eux. Cela arrive ainfi tant qu'il y a dans l'Eau-forte un atôme de l'un ou de l'autre de ces deux Acides.

Lors donc que l'Eau-forte a diffous d'Argent tout ce qu'elle en peut diffoudre, & que toutes les particules blanches qui fe font formées pendant la diffolution, font précipitées au fond, on

Tome I.   K

peut être assuré que la portion qui resté claire & limpide est une Eau-forte extrêmement pure qui tient de l'Argent en dissolution. Mais si on mêle de cette dissolution d'Argent ainsi claréfiée, avec de l'Eau-forte chargée d'Acide vitriolique ou marin, aussitôt la même précipitation aura lieu, par les raisons que nous venons d'en donner, jusqu'à ce que tout ce que cette Eau-forte contient d'Aacide étranger soit entierement précipité.

L'Eau-forte purifiée par cet méthode ne contient aucune substance hétérogéne, qu'une petite portion d'Argent ; ainsi elle est très-propre à faire le départ : mais si on vouloit s'en servir à d'autres opérations chymiques, il faudroit la distiller à petit feu dans une cornue de verre, pour en séparer le peu d'Argent qu'elle contient, qui resteroit au fond de la cornue.

La troisiéme condition nécessaire pour la réussite du départ, est que l'Eau-forte ne soit ni trop aqueuse ni trop concentrée. Si elle étoit trop foible, elle n'attaqueroit point l'Argent. La même chose arriveroit si elle étoit trop forte. On peut aisément remédier à l'un & à l'autre inconvénient, en retirant par la dis-

tillation une partie du phlegme surabondant dans le premier cas, ou en mêlant
avec cette Eau-forte une quantité convenable d'Eau-forte beaucoup plus concentrée ; & en ajoûtant de l'eau de pluie
bien pure, ou de l'Eau-forte très-aqueu-
se, dans le second cas.

On peut s'assurer que cet Acide a un
degré de force convenable, en lui faisant dissoudre une petite lame d'un mêlange d'une partie d'Or, sur deux ou
trois d'Argent ; laquelle lame doit être
roulée en forme de cornet. Si lorsque
tout l'Argent qu'elle contient est dissous,
l'Or qui reste conserve la forme du cornet, c'est une marque que le dissolvant
a un degré de force convenable. Si au
contraire l'Or est réduit en poudre, cela
indique que l'Eau-forte a trop d'activité, & qu'elle doit être affoiblie.

L'Or qui reste après la dissolution doit
être fondu dans un creuset avec du Nitre & du Borax, comme nous l'avons
dit à l'article du départ par l'Eau-régale.
A l'égard de l'Argent qui reste dissous
dans l'Eau-forte, il y a plusieurs moyens
de l'en séparer.

Le plus usité, est de le précipiter par
l'intermède du Cuivre, qui a plus d'affi-

nité que l'Argent avec l'Acide nitreux.*
Pour cela, on affoiblit la diſſolution avec
deux ou trois fois autant d'eau de pluie
très-pure. On place ſur un bain de ſable
d'une chaleur douce la cucurbite qui
contient la diſſolution, & on met dedans des lames de Cuivre bien nettes. La
ſurface de ces lames ſe couvre en peu
de temps de petites écailles blanches,
qui, quand il y en a une certaine quantité,
ſe précipitent peu à peu au fond du
vaiſſeau. Il eſt bon même de donner de
temps en temps de petits coups ſur la
cucurbite, pour faire tomber l'Argent
de deſſus les lames de Cuivre, afin qu'il
puiſſe ſe faire une nouvelle précipitation
ſur ces mêmes lames.

Comme l'Argent ne ſe ſépare de l'Eau-
forte qu'à meſure que le Cuivre s'y diſſout, la liqueur contracte une couleur
verte tirant ſur le bleu, à meſure que la
précipitation avance. On continue à faire ainſi précipiter l'Argent, juſqu'à ce
que l'Eau-forte n'en contienne plus du
tout : ce que l'on reconnoît en plongeant
dans la liqueur une nouvelle lame de
Cuivre, qui dans ce cas doit demeurer

* Table des Rapports, quatriéme colonne.

nette, & ne point se couvrir de particules cendrées ou grises ; ou bien en mêlant
dans la liqueur une goutte de dissolution
de Sel marin , qui ne produit aucun
nuage blanc & laiteux , quand tout l'Argent en est séparé.

La précipitation étant achevée , on
décante doucement la liqueur de dessus
le précipité d'Argent, qu'on lave à plusieurs reprises dans de l'eau , qu'il faut
même faire bouillir pour enlever toutes
les parties de la dissolution de Cuivre.
L'Argent étant ainsi bien lavé, on le fait
sécher exactement, & on le fait fondre
dans un creuset , en le mêlant avec le
quart de son poids d'un flux composé de
parties égales de Nitre & de Borax calciné. On observe dans cette occasion
d'augmenter le feu doucement, & par degrés, jusqu'à ce que l'Argent soit en fusion.

Quoiqu'on lave exactement l'Argent
précipité , pour en séparer la dissolution
de Cuivre , cela n'empêche point que
cet Argent ne soit toujours allié avec
une petite portion de Cuivre ; mais ce
Cuivre est détruit facilement par le Nitre avec lequel on fait fondre ensuite
l'Argent ; ensorte que ce dernier métal
reste très-pur après l'opération.

K iij

Si l'Argent n'avoit pas été coupellé avant de le faire ainsi diffoudre, & qu'il fût allié avec d'autres fubftances métalliques, la diffolution, la précipitation, & la fufion avec le Nitre, fuffiroient pour l'en féparer exactement, & le mettre à un degré de pureté comparable à celui que lui donne la coupelle.

Le Cuivre qui fe trouve diffous dans l'Eau-forte après la précipitation de l'Argent, peut en être précipité de la même maniere par le Fer ; & comme il retient une petite portion d'Argent, il ne le faut pas négliger lorfque l'on fait ces opérations en grand.

Nous allons voir dans les deux procédés fuivans, deux autres moyens de féparer l'Argent de l'Eau forte.

V. PROCEDÉ.

Séparer l'Argent d'avec l'Acide nitreux par la diftillation. Criftaux de Lune. Pierre infernale.

METTEZ dans une cucurbite de verre, baffe & large, la diffolution d'Argent dont vous voudrez féparer l'Argent par la diftillation. Adaptez à cette cucurbite un chapiteau tubulé garni de son bouchon. Placez cet alembic dans un bain de sable, ensorte que la cucurbite soit presqu'entierement plongée dans le sable : ajustez un récipient à l'alembic, & distillez à feu modéré, de maniere que les gouttes se succédent l'une à l'autre dans l'intervalle de quelques secondes. Si le récipient s'échauffoit beaucoup, il faudroit diminuer le feu. Lorsque les vapeurs rouges commenceront à paroître, versez dans l'alembic, par l'ouveture du chapiteau, une nouvelle portion de votre dissolution d'Argent, que vous aurez eu soin de bien chauffer auparavant. Continuez à distiller de la même maniere, & réitérez jusqu'à ce que tout ce que vous aurez de dissolution soit entré dans l'alembic. Enfin, quand vous n'aurez plus de nouvelle dissolution à y mettre, & que tout le phlegme étant sorti, les vapeurs rouges reparoîtront, jettez dans l'alembic un demi-gros ou un gros de suif, & distillez jusqu'à siccité : après quoi augmentez le feu jusqu'à faire rougir le vaisseau qui contient le sable du bain. Vous trouverez dans l'alembic une chaux d'Argent qu'il faut faire fondre dans un creuset

K iv

avec du favon & des cendres gravelées.

REMARQUES.

On choifit pour cette opération une cucurbite qui foit baffe, afin que les parties de l'Acide nitreux qui font lourdes, puiffent être enlevées & paffent plus facilement dans le récipient. C'eft pour la même raifon qu'on plonge prefqu'entierement la cucurbite dans le fable ; car fi on ne prenoit point cette précaution, les vapeurs acides pourroient fe condenfer autour de la partie de la cucurbite, qui étant hors du fable, feroit beaucoup moins chaude que celle qui en eft environnée, d'où elles retomberoient au fond ; ce qui pourroit faire caffer le vaiffeau, & retarderoit à coup fûr la diftillation.

Nonobftant ces précautions, les vaiffeaux font fujets à fe caffer dans ces fortes de diftillations, fur-tout lorfqu'ils contiennent beaucoup de liqueur. C'eft pour éviter cet accident, que nous avons prefcrit de ne pas mettre en même temps dans l'alembic tout ce qu'on a de diffolution d'Argent à diftiller. Le petit morceau de fuif qu'on ajoûte à la fin de l'opération, eft deftiné à empêcher le métal de s'attacher fortement au vaisseau, lorsque toute l'humidité est dissipée, comme il feroit sans cela.

Le Savon & l'Alkali fixe qu'on mêle avec l'Argent pour le fondre, après qu'il a été ainsi séparé d'avec l'Eau-forte, servent à absorber quelques parties d'Acide le plus fixe qui peut être demeuré uni avec l'Argent.

Si on cessoit de distiller lorsqu'on a retiré une partie du phlegme, & qu'on laissât refroidir la liqueur, il s'y formeroit une grande quantité de cristaux, qui sont un Sel neutre composé de l'Acide nitreux & de l'Argent. Et si on interrompoit la distillation lorsqu'elle est encore plus avancée, & qu'elle approche de sa fin, toute la liqueur étant refroidie se condenseroit en une masse noirâtre qui est la Pierre infernale.

On a l'avantage, dans cette maniere de séparer l'Argent d'avec son dissolvant, de retirer toute l'Eau-forte, qui est très-bonne, & peut servir à d'autres opérations.

VI. PROCEDÉ.

Séparer l'Argent de l'Acide nitreux, en le précipitant en Lune - cornée. Réduction de la Lune-cornée.

VERSEZ dans la diſſolution d'Argent environ le quart de ſon poids d'Eſprit de Sel, de diſſolution de Sel marin, ou de diſſolution de Sel ammoniac. La liqueur ſe troublera auſſitôt, & deviendra laiteuſe. Ajoûtez-y deux ou trois fois ſon poids d'eau pure, & la laiſſez repoſer pendant quelques heures. Il ſe précipitera au fond une poudre blanche. Décantez la liqueur claire, & verſez ſur le précipité de nouvelle Eau-forte, ou de l'Eſprit de Sel, & faites chauffer doucement le tout pendant quelque temps ſur un bain de ſable. Décantez cette ſeconde liqueur, & faites bouillir à pluſieurs repriſes votre précipité dans l'eau pure, juſqu'à ce que l'eau & le précipité ſoient devenus inſipides. Filtrez le tout & faites ſécher le précipité. C'eſt une Lune-cornée dont il faut faire la réduction de la maniere ſuivante.

Enduiſez bien l'intérieur d'un bon

creuset avec du favon. Mettez-y votre Lune-cornée : ajoûtez par-deffus la moitié de fon poids de Sel de tartre bien fec, & réduit en poudre : preffez bien le tout : verfez autant d'huile, ou de fuif fondu que la poudre en pourra abforber : placez le creuset ainfi rempli, & couvert exactement, dans un fourneau de fufion, & ne faites de feu pendant le premier quart-d'heure, que ce qu'il faudra pour faire rougir médiocrement le creuset : augmentez-le enfuite jufqu'au point de faire fondre l'Argent & le Sel, jettant de temps en temps quelques morceaux de fuif dans le creuset. Lorfqu'il ne fortira plus de fumée, laiffez refroidir le tout, ou le verfez dans un cône de fer creux, chauffé & graiffé de fuif.

REMARQUES.

Le procédé que nous venons de donner fournit un moyen de donner à l'Argent un degré de pureté qu'il ne peut obtenir par quelqu'autre méthode qu'il foit traité. Celui qu'on affine par la coupelle retient toujours une petite portion de Cuivre, dont il eft impoffible de le féparer par cette voie ; mais fi on diffout cet Argent dans l'Eau-forte, & qu'on le

K vj

précipite en Lune-cornée par l'Acide marin, ce précipité eſt un Argent abſolument pur, & qui n'eſt plus allié avec cette petite portion de Cuivre que lui avoit laiſſé la coupelle. Cela arrive parceque le Cuivre ſe tient également bien en diſſolution dans l'Eſprit de Sel & dans l'Eau-régale, que dans l'Eau-forte. Ainſi, quand l'Argent eſt diſſous dans l'Acide nitreux avec le Cuivre dont il eſt allié, ſi on vient à mêler de l'Acide du Sel marin dans cette diſſolution, une portion de cet Acide ſe joint avec l'Argent, & forme avec lui un nouveau compoſé, qui n'étant point diſſoluble dans la liqueur, ſe précipite au fond. Le reſte de l'Acide étant mêlé avec le nitreux, forme une Eau-régale dans laquelle le Cuivre ſe tient diſſous, & de laquelle il ne ſe ſépare point.

On fait paſſer ſur la chaux d'Argent qui eſt précipitée un nouvel Acide, pour achever de diſſoudre le peu de Cuivre qui pourroit avoir échappé à l'action du premier diſſolvant. Il eſt indifférent d'employer pour cela de l'Eſprit de Sel ou de l'Eſprit de Nitre, parcequ'ils diſſolvent également bien le Cuivre, & que l'Argent précipité par l'Eſprit de Sel n'eſt diſſoluble ni dans l'un ni dans l'autre.

Il eſt néceſſaire de bien laver enſuite ce précipité avec de l'Eau pure , pour enlever exactement toutes les parties d'Eau-forte dont l'Argent pourroit être mouillé , parceque cette Eau-forte pouvant contenir quelques parties de Cuivre , elles ſe mêleroient avec l'Argent , quand on viendroit à le faire fondre , & en altéreroient la pureté.

Si on expoſe au feu ce précipité d'Argent ſans le mêler avec aucune autre ſubſtance , il ſe fond auſſitôt qu'il commence à rougir ; & en augmentant le feu , il s'en diſſipe une partie en vapeurs , & l'autre pénétre le creuſet dans lequel on l'a fait fondre. Mais ſi on le retire du creuſet auſſitôt qu'il eſt fondu , il ſe coagule en une maſſe d'un rouge pourpré demi-tranſparente , peſante , & qui ſe laiſſe plier juſqu'à un certain point, ſurtout ſi elle eſt mince. Elle a quelque reſſemblance avec de la corne , ce qui la fait nommer *Lune-cornée*

Comme la Lune-cornée n'eſt point diſſoluble dans l'eau , il faut avoir recours à la fuſion , ſi on veut la réduire , & ſéparer de l'Argent les Acides qui lui donnent les propriétés dont nous venons de parler. Les Alkalis fixes & les matieres graffes font très-propres à opérer cette féparation.

Nous avons prefcrit d'enduire exactement de favon l'intérieur du creufet dans lequel on veut faire cette réduction, & de couvrir entierement la Lune-cornée avec un Sel alkali fixe & de la graiffe, afin que lorfqu'elle éprouve un degré de chaleur affés fort pour la diffiper en vapeurs, ou pour lui donner affés de ténuité pour la rendre capable de pénétrer le creufet, elle foit obligée de paffer à travers ces matieres qui font propres à abforber fon Acide, & à la réduire.

On peut encore réduire la Lune-cornée, en la faifant fondre avec des fubftances métalliques qui ont plus d'affinité que l'Argent avec les Acides dont il eft imprégné. Telles font l'Etain, le Plomb, le Régule d'Antimoine; mais la jonction de la Lune-cornée avec ces fubftances métalliques, fe fait avec tant d'impétuofité, qu'il s'éléve une quantité confidérable de vapeurs, lefquelles enlévent avec elles une partie de l'Argent: c'eft pourquoi, fi on fait cette réduction

par l'interméde de ces substances métalliques, il faut se servir d'une cornue au
lieu d'un creuset.

On a encore l'inconvénient, dans cette méthode, qu'une partie de ces substances métalliques peut s'unir avec l'Argent, & en altérer la pureté : c'est pourquoi il vaut mieux se servir du premier
moyen que nous avons donné.

VII. PROCEDÉ.

Dissoudre l'Argent & le séparer d'avec
l'Or par la cémentation.

MESLEZ ensemble exactement quatre parties de tuiles réduites en
poudre fine, une partie de Vitriol calciné au rouge, & une partie de Sel marin
ou de Nitre, & mouillez un peu cette
poudre avec de l'eau. Garnissez de ce
cément le fond d'un creuset, à la hauteur d'un demi-pouce : placez sur ce
premier lit une petite lame du mêlange
d'Or & d'Argent que vous voudrez cémenter, & que vous aurez eu d'abord
la précaution de réduire ainsi en petites
lames. Couvrez cette lame d'une seconde couche de cément, de la même épais-

feur que la premiere : mettez fur cette
feconde couche une autre lame du métal : couvrez-la pareillement de cément,
& empliffez de cette maniere le creufet
jufqu'à un demi-pouce de diftance de
fon bord fupérieur. Achevez d'emplir
le creufet avec du cément, & couvrez-
le avec un couvercle que vous lutterez
avec de la terre à four détrempée avec
de l'eau : placez votre creufet ainfi difpofé dans un fourneau dont le foyer ait
affés de profondeur pour l'entourer en
entier, & jufqu'à fon bord fupérieur.
Allumez du charbon dans le fourneau,
enforte que le feu ne foit pas d'abord
bien vif : augmentez-le par degrés jufqu'au point feulement de faire rougir
médiocrement le creufet : entretenez le
feu à ce degré pendant dix-huit ou vingt
heures : laiffez après ce temps éteindre
le feu : ouvrez le creufet quand il fera
refroidi, & féparez le cément d'avec les
lames d'Or. Faites bouillir cet Or dans
de l'eau pure à plufieurs reprifes, jufqu'à ce que l'eau foit entierement infipide.

REMARQUES.

Il doit paroître étonnant, après ce

que nous avons dit de l'Acide du Sel marin, qui ne peut diffoudre l'Argent, que nous prefcrivions indifféremment de faire entrer du Nitre ou du Sel marin dans le cément, qui doit produire un Acide capable de ronger tout l'Argent qui eft mêlé avec l'Or. On conçoit bien que l'Acide nitreux dégagé du Nitre par l'interméde de l'Acide vitriolique, eft très-propre à produire cet effet ; mais fi c'eft du Sel marin au lieu de Nitre qu'on fait entrer dans le cément, fon Acide, quoique dégagé de même par le vitriolique, doit paroître infuffifant.

Il eft néceffaire, pour lever cette difficulté, que nous faffions remarquer ici qu'il y a deux différences très - effentielles entre l'Acide marin raffemblé en liqueur, comme il eft lorfqu'on l'a diftillé à la maniere ordinaire, & ce même Acide féparé de fa bâfe dans un creufet, comme dans la cémentation.

La premiere de ces deux différences eft, que l'Acide fe trouve réduit en vapeurs lorfqu'il agit fur l'Argent dans la cémentation, ce qui facilite beaucoup fon action : & la feconde, c'eft qu'il éprouve dans le creufet un degré de chaleur infiniment fupérieur à celui qu'il

peut éprouver lorsqu'il eſt ſous la forme
de liqueur. Car lorſqu'il eſt une fois diſ-
tillé & ſéparé de ſa bâſe , il ne peut ſoutenir un degré de chaleur un peu fort
ſans ſe volatiliſer , & ſe diſſiper entierement : au lieu que lorſqu'il eſt encore
engagé dans ſa bâſe , il eſt beaucoup plus
fixe , & demande même une chaleur
très-conſidérable pour en être ſéparé. Si
par conſéquent il trouve quelque matiere à diſſoudre dans l'inſtant même qu'il
vient d'être ſéparé de ſa bâſe , & qu'il
eſt pénétré d'une chaleur beaucoup plus
forte que celle qu'il peut éprouver dans
toute autre occaſion , il doit agir deſſus
d'une maniere beaucoup plus efficace :
& c'eſt par ce moyen qu'il eſt en état ,
dans la cémentation, de diſſoudre l'Argent , ſur lequel il ne pourroit mordre
s'il n'étoit point ainſi diſpoſé.

Mais il n'en eſt pas de l'Or comme de
l'Argent ; car quelque force qu'aient les
Acides , ſoit nitreux ſoit marin, lorſqu'ils ſont dégagés dans le creuſet de la
cémentation, ce métal n'en eſt pas plus
diſpoſé à céder à l'action de l'un ou de
l'autre ſéparément, & ne ſe laiſſe jamais
diſſoudre par ces deux Acides, que
lorſqu'ils ſont réunis enſemble.

Cette cémentation est donc un vrai départ qui se fait par la voie séche. L'Argent se dissout, & l'Or demeure inaltérable : & même comme l'action des Acides est beaucoup plus forte quand on emploie ce moyen, que quand on se sert de la dissolution par la voie humide, l'Acide nitreux qui dans le départ ordinaire ne peut dissoudre l'Argent, que quand son poids est double de celui de l'Or, est en état dans la cémentation de dissoudre une très-petite quantité d'Argent distribuée dans beaucoup d'Or.

Il arrive quelquefois qu'après l'opération le cément est extrêmement dur, en sorte qu'on a beaucoup de peine à le séparer entierement d'avec l'Or ; il faut dans ce cas le mouiller avec de l'eau chaude pour l'amollir. Cette dureté qu'acquiert le cément est occasionnée par la fusion des Sels ; ce qui arrive lorsqu'ils ont éprouvé une trop forte chaleur. C'est afin qu'ils puissent éprouver un degré de chaleur convenable, sans entrer ainsi en fusion, qu'on mêle dans le cément une assés grande quantité de matiere terreuse incapable de se fondre, telle qu'est la brique pilée. L'inconvénient seroit encore plus grand, si le feu étoit assés fort

pour fondre l'Or ; car il se remêleroit
pour lors en partie avec les autres substances métalliques que le cément auroit
mises en dissolution , & par conséquent
ne seroit pas purifié.

On ferme le creuset , & on lutte le
couvercle , pour empêcher les vapeurs
acides de se dissiper si promptement , &
les faire circuler plus long-temps dans le
creuset. Il est cependant nécessaire que
ces vapeurs trouvent enfin une issue , autrement elles briseroient le vaisseau; c'est
pourquoi nous avons prescrit de ne lutter le couvercle qu'avec de la terre à
four , qui ne se durcissant point beaucoup par l'action du feu , est en état de
céder & de donner des issues aux vapeurs, lorsqu'il y en a une certaine quantité d'amassée dans le creuset, & qu'elles
commencent à faire effort de tous les côtés pour s'échapper.

L'Argent qui a été dissous par l'Acide
du cément , est après l'opération distri-
bué en partie dans le cément, & en partie dans l'Or même qui en est imprégné :
c'est pourquoi il faut laver l'Or avec de
l'eau bouillante à plusieurs reprises, jusqu'à ce qu'elle soit absolument insipide ,
parceque sans cette précaution, quand

on viendroit à refondre l'Or, il se remêleroit avec l'Argent: on peut de même
laver le cément pour en retirer l'Argent.

Quoique cette cémentation soit à proprement parler une purification de l'Or,
nous l'avons cependant placée au nombre des procédés qui se font sur l'Argent,
parceque c'est l'Argent qui est dissous
dans cette occasion, & que c'est une maniere particuliere de dissoudre ce métal.
D'ailleurs, la plupart des procédés que
nous avons donnés tant sur l'Or que sur
l'Argent, sont communs à ces deux métaux.

Si après la cémentation, l'Or ne se
trouvoit pas bien pur, il faudroit la recommencer une seconde fois.

Il y a plusieurs moyens pour connoître le degré de pureté de l'Or, la quantité d'Argent dont il est allié, & la proportion dans laquelle ces deux métaux
sont mêlés dans une masse qui a été purifiée par la coupelle.

Un des plus simples est l'épreuve par
la Pierre de touche. Ce n'est autre chose, en quelque sorte, que de juger par
la couleur du métal composé, & à la
simple vûe, de la quantité d'Or & d'Ar-

gent dont il est composé.

La Pierre de touche est une espece de marbre noir, dont la surface doit être à demi-polie. Si on frotte sur cette Pierre la masse métallique dont on veut juger, elle y laisse une petite superficie de métal dont on peut voir facilement la couleur. Ceux qui sont dans l'habitude de voir & de manier souvent l'Or & l'Argent, jugent d'abord à peu près sur cet échantillon, de la proportion dans laquelle ces métaux sont combinés : mais pour avoir encore plus de justesse, les personnes qui sont dans le cas d'avoir souvent besoin de cette épreuve, ont un nombre suffisant de petites masses ou aiguilles, dont l'une est d'Or pur, une autre d'Argent pur, & toutes les autres sont composées de ces deux métaux mêlés ensemble dans différentes proportions, en suivant les karats, ou des fractions de karats, si on veut plus de précision.

Le titre de chaque aiguille est marqué dessus ; on frotte à côté de la marque qui est sur la Pierre de touche, celle des aiguilles dont la couleur paroît approcher le plus de celle de cette trace métallique. Cette aiguille y laisse aussi

une trace : & s'il ne paroît aucune différence entre les deux traces métalliques ,
on juge que la maffe métallique eft au
même titre que l'aiguille qu'on lui a
comparée. S'il fe trouve une différence
fenfible à la vûe, on cherche une autre
aiguille dont la couleur approche davantage de celle du métal qu'on examine-
ne. Mais quelqu'exercé que l'on foit à
juger ainfi à la fimple vûe du titre de
l'Or, on ne peut jamais avoir par ce feul
moyen une connoiffance abfolument
exacte de fon titre. Si on veut acquérir
cette connoiffance, il faut avoir recours
au départ ; encore quand on le fait , il
refte toujours une petite portion du métal qui devoit être diffous , & qui échappe à l'action du diffolvant. Par exemple,
fi on s'eft fervi de l'Eau-régale , l'Argent
qui refte après l'opération contient encore un peu d'Or ; & fi c'eft l'Eau-forte
qu'on a employée, l'Or qui refte après le
départ contient encore un peu d'Argent.
Ainfi quand on veut pouffer plus loin la
féparation de ces deux métaux , par les
diffolvans, il faut après avoir fait un premier départ , en faire un fecond , par la
voie contraire : par exemple, fi on s'eft
fervi de l'Eau-forte, il faut quand elle a

diſſous tout ce qu'elle peut diſſoudre de l'Argent contenu de la maſſe métallique, faire diſſoudre dans l'Eau-régale l'Or, qui reſte : on en ſépare par ce moyen la petite quantité d'Argent que l'Eau-forte y avoit laiſſée : & faire le contraire ſi on a d'abord employé l'Eau-régale.

CHAPITRE III.
DU CUIVRE.

PREMIER PROCEDÉ.

Séparer le Cuivre de ſa mine.

RÉDUISEZ en poudre fine la mine de Cuivre, de laquelle vous aurez d'abord ſéparé les parties pierreuſes, terreuſes, ſulphureuſes & arſenicales, le plus exactement qu'il vous aura été poſſible, par la lotion, & la torréfaction. Mêlez cette poudre ainſi pulvériſée, avec le triple de ſon poids de flux noir, mettez ce mélange dans un creuſet : ajoûtez par-deſſus du Sel commun, juſqu'à la hauteur d'un demi-pouce, & preſſez le tout avec les doigts. Il faut que le creu-

ſet

ſet ne ſoit qu'à moitié plein. Placez - le dans un fourneau de fuſion : allumez le feu par degrés, & augmentez-le inſenſiblement, juſqu'à ce que vous entendiez décrépiter le Sel marin. Quand la décrépitation ſera achevée, faites rougir le creuſet médiocrement pendant un demiquart-d'heure. Augmentez alors le feu conſidérablement, en excitant ſon action par le moyen d'un bon ſoufflet à deux vents, enſorte que le creuſet ſoit très-rouge, & embraſé. Entretenez le feu à ce degré environ pendant un quart-d'heure. Otez après ce temps le creuſet, & frappez de quelques coups de marteau le plancher ſur lequel vous l'aurez poſé. Caſſez-le lorſqu'il ſera refroidi. Si l'opération a été bien faite & a réuſſi, vous trouverez au fond de ce vaiſſeau un Régule dur, d'un jaune brillant & demimalléable, ſur lequel il y aura des ſcories d'un jaune-roux, dures & brillantes, d'avec leſquelles vous ſéparerez le Régule à coups de marteau.

REMARQUES.

Le Cuivre eſt ordinairement confondu dans ſa mine avec pluſieurs autres ſubſtances métalliques, & avec des mi-

néraux volatils , tels que le Soufre &
l'Arfenic : fouvent même les mines de
Cuivre participent de la nature des pyrites , & contiennent une terre martiale
& une terre non métallique , qui font
l'une & l'autre entierement réfractaires ,
& empêchent la mine de fe fondre. Il
faut dans ce cas ajoûter parties égales
de verre fufible , un peu de Borax , &
quatre parties de flux noir ; le tout pour
faciliter la fufion. Le flux noir eft encore
néceffaire pour donner au Cuivre le
Phlogiftique dont il manque , ou lui rendre celui dont il pourroit être privé pendant la fufion. Il eft néceffaire en général , par cette raifon , d'ajoûter du flux
noir ou quelque matiere abondante en
Phlogiftique , dans toutes les fufions de
mines qui ne font pas d'Or ou d'Argent.

Le Régule qu'on trouve après l'opération n'eft point malléable , parceque
ce n'eft point du Cuivre pur , mais un
mêlange de Cuivre avec les autres fubftances métalliques qui étoient dans la
mine , excepté celles qui en ont été féparées par la torréfaction , qui ne s'y
trouvent qu'en petite quantité.

Suivant la nature des matieres métalliques qui reftent confondues avec le

Cuivre après cette fusion, le Régule a une couleur semblable à celle du Cuivre pur, ou bien il tire sur le blanc : souvent même il est noirâtre, ce qui lui fait donner le nom de Cuivre noir. Quand il est dans cet état, & même en général, il est assés d'usage de le nommer Cuivre noir, toutes les fois qu'il est allié avec d'autres substances métalliques, qui l'empêchent d'être malléable, quelque couleur qu'il ait d'ailleurs.

On voit par-là qu'il peut y avoir du Cuivre noir de bien des especes différentes. Le Fer, le Plomb, l'Étain, la partie réguline de l'Antimoine, le Bismuth, sont presque toujours combinés avec les mines de Cuivre dans une infinité de proportions différentes ; & toutes ces substances réduites pendant l'opération par le flux noir, se mêlent & se précipitent avec le Cuivre. Si la mine contient aussi de l'Or & de l'Argent, comme cela arrive assés souvent, ces deux métaux sont aussi confondus avec les autres dans la précipitation, & font partie du Cuivre noir.

On peut faire une premiere fusion des mines de Cuivre pyriteuses, sulphureuses & arsenicales avant de les avoir tor-

réfiées, pour en féparer d'abord les parties hétérogènes les plus groffieres ; mais
il faut dans ce cas ne point mêler avec la
mine de flux de qualité alkaline , parceque l'Alkali fe combinant avec le Soufre , formeroit un foie du Soufre , qui
diffoudroit la partie métallique ; enforte
que tout demeureroit confondu , & qu'il
ne fe précipiteroit point ou prefque point
de Régule. Ainfi il ne faut ajoûter dans
cette occafion , pour faciliter la fufion ,
que du verre tendre & fufible , avec une
petite quantité de Borax.

On peut auffi faire cette premiere fufion à travers les charbons, & mettre la
mine dans le fourneau fans creufet : il
faut pour lors qu'il y ait fous la grille du
foyer un vafe de terre , très-chaud &
même rouge , pour recevoir la mine à
mefure qu'elle fe fond.

Le Régule qu'on obtient par ce moyen
eft beaucoup moins pur , & beaucoup
plus fragile que le Cuivre noir , parcequ'il contient de plus une grande quantité de Soufre & d'Arfenic ; ces fubftances volatiles n'ayant pu fe diffiper pendant le peu de temps néceffaire pour
fondre la mine , & ne pouvant même
être enlevées par le feu , quand on em-

ployeroit le temps convenable pour cela, lorsque la mine est une fois fondue.
Il s'en dissipe néanmoins une certaine
quantité, & le Fer qui est dans les mines
pyriteuses ayant beaucoup plus d'affinité que le Cuivre, & même que les autres substances métalliques avec le Soufre & l'Arsenic, absorbe une partie de
ces matieres, & les sépare du Régule.

Ce Régule, comme on le voit, contient donc encore toutes les mêmes parties que la mine. Il n'y a que les proportions qui sont changées, en ce qu'il
y a une plus grande quantité de Cuivre
& une moindre quantité de Soufre, d'Arsenic & de terre non métallique, qui
ont été dissipés & réduits en scories. Si
donc on veut le rendre semblable au
Cuivre noir, il faut le réduire en poudre, & le torréfier à plusieurs reprises,
pour en séparer le Soufre & l'Arsenic,
puis le fondre avec le flux noir.

Si ce Régule contenoit une grande
quantité de Fer, il seroit bon de le faire
fondre une fois ou deux, avant que tout
le Soufre & l'Arsenic en fussent séparés
par la torréfaction; parceque de même
que le Fer en s'unissant avec ces substances volatiles, les sépare d'avec le Cuivre

avec lequel elles ont moins d'affinité ; le Soufre & l'Arsenic en s'unissant avec le Fer, servent aussi réciproquement à séparer le Fer d'avec le Cuivre.

II. PROCEDÉ.

Purifier le Cuivre noir , & le rendre malléable.

REDUISEZ en petits morceaux le Cuivre noir que vous voudrez purifier : mêlez-y le tiers de son poids de Plomb en grenaille , & mettez le tout dans une coupelle placée sous la moufle de son fourneau, que vous aurez eu soin d'abord de faire bien rougir. Aussitôt que les métaux seront dans la coupelle, augmentez le feu considérablement, en vous servant, s'il est nécessaire, d'un soufflet à deux vents , pour faire fondre promptement le Cuivre. Lorsqu'il sera bien en fusion , diminuez un peu le feu , & entretenez-le seulement au point nécessaire pour tenir en fusion parfaite la masse métallique. La matiere en fusion sera bouillante, & il se formera des scories qui s'absorberont dans la coupelle.

Quand la plus grande partie du Plomb

fera confumée, augmentez encore le feu, jufqu'à ce que la furface du Cuivre devenue claire & brillante , dénote que tout l'alliage du Cuivre en eft féparé. Auffitôt que le Cuivre fera en cet état, couvrez-le de poudre de charbon, que vous mettrez dans la coupelle avec une cuillere de fer. Retirez alors la coupelle du fourneau , & la laiffez refroidir.

REMARQUES.

Le Cuivre eft, après l'Or & l'Argent, celui de tous les métaux qui foutient le plus long-temps la fufion fans perdre fon phlogiftique : c'eft fur cette propriété qu'eft fondé le procédé que nous venons de donner pour le purifier.

Il eft effentiel que le Cuivre entre en fufion auffitôt qu'il eft dans la coupelle, parcequ'il a la propriété de fe calciner beaucoup plus facilement , & beaucoup plus vîte lorfqu'il eft fimplement rouge , que lorfqu'il eft fondu. C'eft pour cela que nous avons prefcrit d'augmenter confidérablement le feu auffitôt que le Cuivre eft fous la mouffle , enforte qu'il entre promptement en fufion. Il ne faut pas cependant qu'il éprouve un degré de feu trop violent ; car quand il n'eft ex-

L iv

posé qu'au degré de chaleur nécessaire pour le tenir seulement en fusion, il est dans l'état le plus favorable pour perdre le moins qu'il est possible de son phlogistique, & si la chaleur est plus forte, il s'en calcine une quantité plus considérable. Il convient donc de diminuer le feu aussitôt qu'il est en fusion, & de le réduire au degré convenable pour entretenir simplement cette fusion.

Le Plomb qu'on ajoûte dans cette occasion, est destiné à faciliter & à accélérer la scorification des substances métalliques alliées avec le Cuivre. Il arrive donc à peu près la même chose dans cette occasion, que lorsqu'on affine l'Or & l'Argent dans la coupelle. La seule différence qu'il y ait entre cet affinage du Cuivre, & celui des métaux parfaits, c'est que ces derniers, comme nous l'avons vu, résistent absolument à l'action du feu & à celle du Plomb sans souffrir la moindre altération, aulieu qu'il y a une partie assés considérable du Cuivre qui se calcine & qui se détruit, lorsqu'on le purifie ainsi à la coupelle. Il se détruiroit même en entier, si on ajoûtoit une plus grande quantité de Plomb, ou qu'on le laissât trop long-temps dans le fourneau. C'est pour en conserver le plus qu'il est possible, que nous avons pres-crit, de le couvrir de poudre de char-bon aussitôt que la scorification est faite.

Le Plomb sert encore à séparer prom-ptement d'avec le Cuivre le Fer avec le-quel il pourroit être allié. Le Fer & le Plomb ne peuvent point contracter d'u-nion ensemble : ainsi, à mesure que le Plomb s'unit avec le Cuivre, il en sépa-re le Fer, qui est exclus du mêlange. Par la même raison, si le Fer étoit combiné en grande proportion avec le Cuivre, il empêcheroit le Plomb de s'introduire dans ce mêlange; or, comme il est né-cessaire de chauffer plus vivement, & de tenir plus long-temps en fusion le Cui-vre qu'on veut mêler avec du Plomb, quand ce Cuivre se trouve allié avec une certaine quantité de Fer, il faut dans cette occasion ajoûter du flux noir, pour empêcher le Cuivre & le Plomb de se calciner avant que le mêlange ait pu se faire.

Le Cuivre, après avoir été purifié par le moyen que nous venons de donner, est beau & malléable : il n'est plus allié avec aucune autre substance métallique, excepté l'Or & l'Argent, s'il y en avoit dans le mêlange. En cas qu'on voulût retirer cet Or & cet Argent, il faudroit avoir recours à l'opération de la coupelle. Le procédé que nous venons de donner pour la purification du Cuivre n'eſt pas d'uſage dans le travail en grand, parcequ'il feroit beaucoup trop couteux. On ſe contente, pour purifier le Cuivre noir, & lui donner la malléabilité, de le torréfier, & de le faire fondre à pluſieurs repriſes, pour diffiper par la ſublimation les ſubſtances métalliques qui ſont moins fixes que lui, & ſcorifier les autres par la fuſion.

III. PROCEDÉ.

Priver le Cuivre de ſon phlogiſtique par la calcination.

Mettez dans un têt à rôtir, du Cuivre réduit en limaille : placez ce têt fous la moufffe d'un fourneau de coupelle : allumez le fourneau, & entretenez un degré de feu capable de faire bien rougir le tout ; mais pas affés fort pour faire fondre le Cuivre. La fuperficie du Cuivre perdra peu à peu ſon brillant métallique, & prendra l'apparence d'une terre rougeâtre. Remuez de temps en temps la limaille avec une petite verge de cuivre ou de fer , & laissez votre métal exposé au même degré de feu jusqu'à ce qu'il soit entierement calciné.

REMARQUES.

Nous avons vu dans les remarques sur le précédent procédé, que le Cuivre en fusion se calcine moins vîte & moins facilement que quand il éprouve un degré de chaleur capable de le tenir seulement bien rouge , sans le faire fondre : c'est pour cela que nous avons prescrit dans celui-ci, où il s'agit de le calciner, de ne lui donner que ce degré de chaleur.

Le fourneau de coupelle est le plus propre à cette opération , parceque la mouffle peut recevoir un vaisseau évasé tel qu'il convient qu'il soit pour cette opération , & lui transmettre beaucoup de chaleur , en empêchant en même temps qu'il ne tombe dedans quelques charbons, qui rendant du phlogistique au Cuivre, nuiroient beaucoup à l'opération, & la prolongeroient considérablement.

L vj

Comme le Cuivre eſt très - difficile à calciner, cette opération eſt extrêmement longue ; & quoique le Cuivre ait été ainſi expoſé au feu pendant pluſieurs jours & pluſieurs nuits, & qu'il paroiſſe entierement calciné, cependant il arrive ſouvent que ſi on vient à le fondre enſuite, il y en a une partie qui reparoît ſous la forme de Cuivre : ce qui prouve qu'il y avoit encore du Cuivre qui n'avoit pas été privé de ſon phlogiſtique. On parvient bien plus promptement à dépouiller le Cuivre de ſon phlogiſtique, en le calcinant dans un creuſet avec le Nitre.

La chaux du Cuivre abſolument calcinée, eſt très-difficile à mettre en fuſion : expoſée cependant au foyer d'un grand verre ardent, elle ſe fond & ſe change en un verre rougeâtre & preſque opaque.

On peut, par le procédé que nous venons de donner, calciner de même toutes les autres ſubſtances métalliques qui n'entrent en fuſion que lorſqu'elles ſont bien rouges. A l'égard de celles qui ſe fondent avant de rougir, elles ſe calcinent aſſés bien, lors même qu'elles ſont fondues.

IV. PROCEDÉ.

Reſſuſciter la chaux de Cuivre , & la réduire en Cuivre , en lui rendant du phlogiſtique.

Mᴇsʟᴇᴢ la chaux de Cuivre avec trois fois autant de flux noir : mettez le mêlange dans un bon creuſet qui ne ſoit rempli que juſqu'aux deux tiers : ajoûtez par-deſſus le mêlange l'épaiſſeur d'un doigt de Sel marin. Couvrez le creuſet, & le placez dans un fourneau de fuſion : échauffez-le doucement , & entretenez-le médiocrement rouge , juſqu'à ce que la décrépitation du Sel marin ſoit achevée. Augmentez alors le feu conſidérablement , par le moyen d'un bon ſouflet à deux vents : aſſurez-vous que la matiere eſt bien en fuſion, en plongeant dans le creuſet une verge de fer : entretenez le feu à ce degré pendant un demi-quart-d'heure. Le creuſet étant refroidi, vous trouverez au fond un culot de très-beau Cuivre , que vous ſéparerez facilement d'avec les ſcories ſalines qui ſont deſſus.

REMARQUES.

Ce que nous avons dit sur la fusion des mines de Cuivre, doit s'appliquer à ce procédé, qui est le même. Il faut donc consulter là-dessus les remarques & les explications que nous y avons jointes.

V. PROCEDÉ.

Dissoudre le Cuivre dans les Acides minéraux.

PLACEZ sur un bain de sable, d'une chaleur fort douce, un matras dans lequel vous aurez mis du Cuivre réduit en limaille : versez dessus le double du poids du Cuivre d'huile de Vitriol. Cet Acide ne tardera pas à attaquer le Cuivre. Il s'élevera des vapeurs qui sortiront par le col du matras. Une infinité de bulles s'éleveront de dessus la surface du métal, jusqu'à celle de la liqueur. Cette liqueur deviendra d'une belle couleur bleue. Quand le Cuivre sera dissous, remettez-en peu à peu dans le matras, jusqu'à ce que vous vous apperceviez que l'Acide ne l'attaque plus. Décantez

pour lors la liqueur, & la laissez reposer dans un lieu frais. Il s'y formera en
peu de temps une grande quantité de
beaux cristaux bleus, qui se nomment
Vitriol de Cuivre, ou *Vitriol bleu*. Ces
cristaux se dissolvent facilement dans
l'eau.

REMARQUES.

L'Acide vitriolique dissout très-bien
le Cuivre, qui d'ailleurs est dissoluble
dans tous les Acides, & même dans beaucoup d'autres menstrues.

On pourroit séparer cet Acide d'avec
le Cuivre qu'il a dissous, par la seule distillation ; mais il faut pour cela un feu
de la derniere violence. Le Cuivre qui
reste après cette distillation a besoin d'ê-
tre fondu avec du flux noir, si on veut
le faire paroître sous sa forme naturelle,
tant parcequ'il retient toujours une portion d'Acide, que parcequ'il a été privé
d'une partie de son phlogistique dans la
dissolution. Le flux noir est très-propre
à absorber l'Acide qui est demeuré uni
avec le Cuivre, & à rendre à ce métal la
portion de phlogistique qu'il a perdue.

La maniere la plus usitée de séparer
le Cuivre d'avec l'Acide vitriolique, est

de préfenter à cet Acide un métal qui
ait plus d'affinité avec lui que le Cuivre.
Le Fer, qui eft dans ce cas, eft par conféquent propre à opérer cette féparation. Si donc on plonge dans une diffolution de Vitriol bleu des lames de Fer
bien nettes, l'Acide commence en peu
de temps à agir deffus : & à mefure qu'il
les diffout, il dépofe à leur furface une
portion de Cuivre proportionnée à la
quantité de Fer qu'il diffout. Ce Cuivre
ainfi précipité a l'apparence de petites
feuilles ou écailles extrêmement minces,
d'une belle couleur de cuivre. Il faut
avoir foin de fecouer de temps en temps
les lames de Fer, pour en faire tomber
ces écailles cuivreufes, qui les couvrant
enfin en entier, empêcheroient que l'A-
cide vitriolique n'attaquât le Fer, & ar-
rêteroient ainfi la précipitation du refte
du Cuivre.

Lorfque les furfaces nettes des lames
de Fer ne fe couvrent plus de ces écailles cuivreufes, on peut être affuré que
tout le Cuivre qui étoit dans la liqueur
eft précipité, & que cette liqueur qui
étoit avant la précipitation une diffolution de Cuivre, eft après cette précipitation une diffolution de Fer. On fait

donc en même temps deux opérations par ce moyen, sçavoir, la précipitation du Cuivre, & la diſſolution du Fer.

Le Cuivre ainſi précipité n'a beſoin que d'être ſéparé de la liqueur par la filtration, & fondu avec un peu de flux noir, pour être de très-beau Cuivre malléable.

On peut auſſi précipiter le Cuivre de la diſſolution du Vitriol bleu, par l'interméde d'un Alkali fixe. Ce précipité eſt d'un verd bleu, & a beſoin d'une plus grande quantité de flux noir pour être réduit.

Le Cuivre ſe diſſout dans l'Acide nitreux, dans celui du Sel marin, & dans l'Eau-régale, & peut être ſéparé d'avec ces Acides par les mêmes moyens que nous venons de donner, pour l'Acide vitriolique.

CHAPITRE IV.
Du Fer.

PREMIER PROCEDÉ.

Séparer le Fer de sa mine.

Reduisez en poudre grossiere les pierres ou terres ferrugineuses dont vous voudrez retirer du Fer : faites-les torréfier dans un têt à rôtir , sous la moufle , pendant quelques minutes , & que le feu soit vif. Laissez-les ensuite refroidir , puis les réduisez en poudre fine , pour les exposer à une seconde torréfaction , qui doit durer jusqu'à ce qu'il ne sorte plus aucune odeur de la mine.

Mêlez ensuite avec cette mine un flux composé de trois parties de Nitre fixé par le Tartre, d'une partie de Verre fusible , & d'une demi-partie de Borax & de poudre de charbon. La dose de ce fondant réductif doit être trois fois le poids de la mine.

Mettez tout ce mélange dans un bon

creuſet, & couvrez-le de Sel marin, à la hauteur d'un demi-doigt. Ajoûtez par-deſſus le couvercle du creuſet, que vous lutterez avec de la terre à four détrempée. Placez le creuſet, ainſi diſpoſé, dans un fourneau de fuſion que vous emplirez de charbon. Laiſſez le feu s'allumer de lui-même tranquillement, juſqu'à ce que le creuſet ſoit rouge. Lorſque le Sel marin ceſſera de décrépiter augmentez le feu juſqu'à la derniere violence, en vous ſervant pour cela d'un ou même de pluſieurs ſoufflets à deux vents. Entretenez ce degré de chaleur pendant trois quarts - d'heure ou une heure, obſervant de remplir toujours le fourneau de charbon nouveau pendant tout ce temps, à meſure que l'ancien ſe conſumera. Retirez le creuſet du fourneau après ce temps : frappez de quelques coups de marteau le plancher ſur lequel vous l'aurez poſé : laiſſez-le refroidir. Caſſez-le : vous y trouverez des ſcories & un Régule de Fer.

REMARQUES.

La torréfaction eſt néceſſaire aux mines de Fer comme à toutes les autres, pour en ſéparer, le plus qu'il eſt poſſible , les minéraux volatils , fçavoir le Soufre & l'Arfenic , qui , mêlés avec le Fer , l'empêchent d'être malléable. Il eſt même d'autant plus néceſſaire de torréfier ces fortes de mines , que le Fer eſt de toutes les fubſtances métalliques celle qui a le plus d'affinité avec ces minéraux volatils , enforte qu'il n'y en a aucune qui puiſſe fervir d'interméde pour l'en féparer par la fufion & la précipitation.

Les Alkalis fixes ont à la vérité plus d'affinité que le Fer avec le Soufre ; mais cette efpece d'Alkali forme avec le Soufre une combinaifon capable de diffoudre les métaux. Si donc on ne féparoit pas d'abord le Soufre par la torréfaction , & qu'on voulût fe fervir d'Alkali fixe pour le féparer d'avec le Fer par la fufion , le Foie de Soufre qui fe formeroit dans cette opération , diffoudroit la partie ferrugineufe , & on ne trouveroit point, ou prefque point de Régule après la fufion.

Les mines de Fer en général font toutes réfractaires , & plus difficiles à mettre en fufion qu'aucune autre efpece de mine : auffi faut-il dans ce procédé ajoûter beaucoup plus de fondans , & employer un degré de chaleur beaucoup plus violent que dans les autres fusions de mine. Une des causes qui contribuent le plus à rendre ainsi ces mines réfractaires , est la propriété qu'a le Fer d'être lui-même extrêmement difficile à mettre en fusion, & de résister d'autant plus à l'action du feu, qu'il est plus pur , & qu'il s'éloigne davantage de l'état minéral. Il est le seul, entre toutes les substances métalliques , qui soit moins fusible lorsqu'il est combiné avec la partie phlogistique qui lui donne la forme métallique, que quand il en est privé & sous la forme de chaux.

Dans le travail en grand, on fond la mine de Fer à travers les charbons, dont le phlogistique se combine avec la terre ferrugineuse, & lui donne la forme métallique. Le Fer ainsi fondu se rassemble au fond du fourneau, d'où on le fait couler dans de grands moules, dans lesquels il prend la forme de longs prismes, qui se nomment *Gueuses*. Ce Fer est encore fort impur, & n'a point de malléabilité. Ce défaut de ductilité du Fer fondu pour la premiere fois, lui vient en partie de ce que nonobstant la torréfaction qu'on a fait éprouver à la mine, il se trouve encore après la fusion une assés grande quantité de Soufre ou d'Arsenic combinée avec le métal.

On mêle souvent avec la mine de Fer, avant de la mettre en fusion, une certaine quantité de chaux vive, ou de pierres propres à être converties en chaux. La chaux étant un absorbant terreux très-propre à s'unir au Soufre & à l'Arsenic, est utile pour séparer ces minéraux d'avec le Fer.

Il est encore avantageux d'en mêler avec la mine, lorsque les pierres ou terres qui accompagnent cette mine sont très-fusibles, parceque comme le Fer est de difficile fusion, il peut arriver que les matieres terreuses avec lesquelles il est mêlé se fondent aussi facilement, ou même plus facilement que lui. Il ne se fait point pour lors de séparation de la partie terreuse d'avec la métallique, qui se fondent & se précipitent ensemble confusément; or la chaux qui est extrêmement réfractaire, sert dans cette occasion à rallentir la fusion de ces matieres trop fusibles.

La chaux, nonobstant sa qualité réfractaire, peut cependant quelquefois servir aussi de fondant au Fer: cela arrive lorfqu'il fe rencontre dans la mine des fubftances, qui en fe combinant avec elle la rendent fufible; telles font les matieres arfenicales, ou même certaines matieres terreufes, qui combinées avec la chaux forment un compofé fufible.

Lorfque les mines de Fer font fort difficiles à réduire, on les abandonne ordinairement, quoiqu'elles foient riches; parceque comme le Fer eft commun, on s'attache particulierement à exploiter les mines les plus aifées à traiter, & qui exigent une moindre confommation de bois.

Les mines réfractaires ne font cependant point fans reffource, quand elles font dans le voifinage de quelqu'autre mine de Fer d'une qualité différente, parceque fouvent deux mines de Fer qui exploitées féparément font très-difficiles à traiter, & ne fourniffent que de mauvais Fer, deviennent fort traitables & fourniffent d'excellent Fer quand on les mêle enfemble : auffi arrive-t-il fouvent qu'on fait ces fortes de mélanges dans les travaux en grand.

Le Fer qu'on retire des mines à la premiere fufion, peut être divifé en deux efpeces : l'une eft de celui qui étant froid résiste au marteau, ne se laisse point casser aisément, & se laisse en quelque sorte étendre sous le marteau ; mais qui, lorsqu'il est rouge & qu'on vient à le frapper, se sépare en beaucoup de morceaux. Cette espece de Fer est toujours alliée de Soufre. L'autre espece est celui au contraire qui est fragile lorsqu'il est froid, & a de la ductilité lorsqu'il est rouge ; ce Fer n'est point sulphuré, est naturellement d'une bonne qualité, & sa fragilité ne lui vient que de ce que les parties métalliques ne sont point suffisamment rapprochées les unes des autres.

Le Fer est si abondant & si universellement répandu sur la terre, qu'il est difficile de trouver des corps qui n'en contiennent pas : c'est ce qui a induit en erreur plusieurs Chymistes, même d'un grand nom, qui ont cru avoir changé en Fer plusieurs especes de terres dans lesquelles ils ne soupçonnoient pas de Fer, en combinant ces terres avec une matiere inflammable ; au lieu qu'ils n'ont fait effectivement que donner la forme métallique à une terre vraiment ferrugineuse qui se trouvoit mêlée avec d'autres.

II. PROCÉDÉ

II. PROCÉDÉ.

Donner de la malléabilité à la fonte
& au Fer aigre.

METTEZ dans un vaisseau de terre évasé, dont l'intérieur soit garni de charbon pulvérisé, la fonte que vous voudrez rendre ductile : couvrez-la entierement de beaucoup de charbon : pousſez le feu vivement avec un ou pluſieurs ſouflets à deux vents, enſorte que le Fer ſe fonde. S'il n'entre point promptement en fuſion, & qu'il ne ſe forme point à ſa ſurface beaucoup de ſcories, ajoûtez-y quelque fondant, comme du ſable bien fuſible. Lorſque la matiere ſera fondue, remuez-la de temps en temps afin que toutes ſes parties éprouvent également l'action de l'air & du feu. Il ſe formera à la ſuperficie du Fer fondu des ſcories qu'il faut retirer de temps en temps. Vous verrez en même temps un grand nombre d'étincelles s'élancer de la ſurface du métal, & former une eſpece de pluie de feu. A meſure que le Fer s'épure, le nombre de ces étincelles diminue, ſans cependant qu'elles ceſſent

Tom. I. M

jamais entierement. Lorsqu'il ne sortira plus que peu d'étincelles, ôtez les charbons qui couvrent le Fer, & faites couler les scories hors du vaisseau. Le Fer deviendra solide en un moment. Enlevez-le encore tout rouge, & donnez-lui quelques coups de marteau, pour voir s'il a de la ductilité. S'il n'est point encore malléable, recommencez une seconde fois l'opération, de la même maniere que la premiere fois. Enfin, lorsqu'il sera suffisamment purifié par le feu, frappez-le long-temps à coups de marteau, pour l'étendre en différens sens, en le faisant rougir à plusieurs reprises. Le Fer amené au point de ductilité nécessaire pour bien obéir au marteau, & se laisser étendre en tous sens, soit à chaud, soit à froid sans se casser, ni même contracter de fentes, est très-bon & trèspur. Si on ne peut l'amener à ce point par les moyens que nous venons de donner, cela indique que la mine dont on a tiré ce Fer, doit être mêlée avec d'autres mines : ce qui demande souvent bien des tentatives avant qu'on puisse sçavoir au juste la quantité & la proportion des mines avec laquelle il faut la mêler.

REMARQUES

La fragilité & l'aigreur de la fonte, lui viennent des parties étrangeres qu'elle contient, & dont elle n'a pu être séparée par la premiere fusion. Ces matieres hétérogènes, sont ordinairement du Soufre, de l'Arsenic, une terre non métallique, ou une terre ferrugineuse ; mais qui n'a pu être combinée comme il convient avec le phlogistique pour avoir les propriétés métalliques, & qui doit être regardée comme hétérogène par rapport aux parties ferrugineuses bien conditionnées.

Les nouvelles fusions qu'on fait éprouver à la fonte, la débarrassent de ces matieres hétérogènes, en dissipant celles qui sont volatiles, comme le Soufre & l'Arsenic, & en scorifiant les matieres non métalliques. Pour ce qui est de la terre ferrugineuse qui n'a pas sa forme métallique, elle devient de vrai Fer, parcequ'elle trouve dans les charbons dont elle est environnée, une quantité suffisante de phlogistique pour se réduire en métal. Le charbon est encore nécessaire dans cette occasion, pour fournir continuellement du phlogistique au

Fer qui sans cela se réduiroit en chaux.

Les coups de marteau dont on frappe le fer rouge à plusieurs reprises après les fusions, servent à faire sortir d'entre les parties ferrugineuses les matieres terreuses qui pourroient y être restées, & à lier ensemble les parties métalliques auparavant désunies par l'interposition de ces matieres hétérogènes.

III. PROCÉDÉ.

Convertir le Fer en Acier.

PRENEZ de petites verges du meilleur Fer, c'est-à-dire, de celui qui est malléable, soit lorsqu'il est chaud, soit lorsqu'il est froid : placez-les verticalement dans un vaisseau de terre cylindrique, de même hauteur, ensorte qu'elles soient séparées les unes des autres, & des parois du creuset, par un intervalle d'un pouce. Emplissez le vaisseau avec un cément composé de deux parties de charbon, d'une partie d'os brûlés dans un vaisseau clos, jusqu'à ce qu'ils soient devenus bien noirs, & d'une demi-partie de cendres de bois neuf ; le tout bien pulvérisé & mêlé ensemble. Ayez soin de lever un peu les verges de Fer, afin que le cément puisse couvrir le fond du creuset, & qu'il s'en trouve environ l'épaisseur d'un demi - pouce, sous chaque verge, couvrez le creuset & luttez-en le couvercle.

Placez le creuset ainsi disposé dans un fourneau construit de maniere que le creuset puisse être entouré de charbon depuis le bas jusqu'au couvercle ; entretenez pendant huit à dix heures un degré de feu tel que le vaisseau soit médiocrement rouge : après ce temps, retirez-le du fourneau , & plongez dans l'eau froide vos petites barres de Fer encore toutes rouges, elles seront converties en Acier.

REMARQUES.

La principale différence qu'il y a entre le Fer & l'Acier, c'est que ce dernier est uni à une plus grande quantité de phlogistique.

Il n'est pas nécessaire, comme on le voit par cette expérience, que le Fer soit en fusion pour se combiner avec la matiere inflammable ; il suffit qu'il soit rouge, ouvert, & amolli par le feu.

Toutes les matieres charbonneuses

font propres à entrer dans la compofition du cément qu'on employe pour
faire l'Acier, pourvû qu'elles ne contiennent point d'Acide vitriolique. On
a remarqué cependant, que celles qui
font tirées des animaux produifent un
effet plus prompt que les autres : c'eft
pour cela qu'il eft bon d'en mêler, comme nous l'avons prefcrit, avec la poudre
de charbon.

On juge que l'opération a réuffi, &
que le Fer a été changé en bon Acier,
par les fignes fuivans.

Ce métal, après avoir été trempé
comme nous l'avons dit, acquiert une fi
grande dureté, qu'il ne céde en aucune
maniere aux impreffions de la lime ni
du marteau, & qu'il fe laiffe plutôt caffer, que de s'étendre. Sur quoi il faut
remarquer que cette dureté de l'Acier
varie fuivant la maniere dont il eft trempé. La regle générale là-deffus, eft que
plus il eft chaud lorfqu'on le trempe, &
plus l'eau dans laquelle on le trempe eft
froide, plus il devient dur. On peut lui
enlever la dureté qu'il a acquife par la
trempe, en le faifant rougir & en le
laiffant refroidir lentement, ce qui s'appelle le détremper. Il devient pour lors

malléable, & se laisse entamer par la lime: c'est pourquoi les ouviers qui tra-
vaillent l'Acier, commencent par le détremper, pour lui donner avec plus de
facilité la figure de l'outil qu'ils en veulent faire. Ils retrempent ensuite l'outil
lorsqu'il est fait, & l'Acier acquiert autant de dureté par cette seconde trempe, qu'il en avoit après la premiere.

L'Acier a une couleur moins blanche
& plus sombre que celle du Fer, & les
grains, facettes ou filets qui paroissent
dans sa cassure, sont plus fins que ceux
qu'on observe dans le Fer.

Si les barres de Fer qu'on a transfor-
mées en Acier par la cémentation,
étoient fort grosses, ou qu'on ne les laissât point cémenter assés long-temps,
elles ne seroient point changées en Acier
dans toute leur épaisseur. Il n'y auroit
que la superficie qui le seroit jusqu'à une
certaine profondeur, & le centre ne seroit que du Fer, parceque le phlogistique n'auroit pu les pénétrer entierement.
La cassure d'une barre de cette espece
est très-propre à faire voir la différence
qu'il y a entre la couleur & les grains de
l'Acier, & ceux du Fer.

Il est facile d'enlever à l'Acier la quan-

tité furabondante de phlogiſtique qui le
conſtitue Acier, & de le réduire en Fer:
il ne faut pour cela que le tenir rouge
pendant un certain temps, en obſervant
de ne le point laiſſer environné pendant
ce temps, d'aucune matiere capable de
lui refournir le phlogiſtique que le feu
lui enleve. On y parvient encore plutôt
en le cémentant avec des matieres mai-
gres capables d'abſorber le phlogiſtique,
telles que ſont les os calcinés en blancheur, & les terres crétacées.

On peut auſſi faire de l'Acier par la
fuſion, ou convertir la fonte en Acier.
Il faut employer pour cela la même méthode que celle que nous avons donnée
pour la réduire en Fer malléable, avec
cette différence que comme l'Acier doit
avoir plus de phlogiſtique que le Fer, il
faut mettre en uſage tous les moyens
qui ſont capables d'introduire dans le
Fer une grande quantité de phlogiſtique,
comme de ne faire fondre à la fois qu'une
petite quantité de Fer, & de la tenir
toujours environnée de beaucoup de
charbon; de réitérer les fuſions; d'éviter que le vent du ſoufflet dirigé vers la
ſuperficie du métal n'en écarte les parties charbonneuſes, &c. Surquoi il faut

remarquer, qu'il y a des especes de fontes qu'il eſt fort difficile de réduire ainſi en Acier, & qu'il y en a d'autres avec lesquelles on a réuſſit très-facilement, & preſque ſans peine. On donne aux mines qui fourniſſent ces dernieres, le nom de *Mines d'Acier*. L'Acier fait par cette méthode a beſoin d'être trempé de la même maniere que celui qu'on fait par la cémentation. *

IV. PROCÉDÉ.

Calcination de Fer. Divers Saffrans de Mars.

PRENEZ la quantité qu'il vous plaira de limaille de Fer : mettez-la dans un vaiſſeau de terre non verniſſé qui ſoit évaſé. Placez ce vaiſſeau ſous la mouffle d'un fourneau de coupelle : faites le rougir : remuez ſouvent la limaille : entretenez le même degré de feu juſqu'à ce que tout le Fer ſoit entierement réduit en une poudre rouge.

* M. de Réaumur a donné au Public un Ouvrage ſur les moyens de convertir le Fer en Acier, qui ne laiſſe rien à deſirer ſur cette matiere. On ne peut mieux faire, ſi on veut avoir ſur cette partie de la métallique des inſtructions fort amples & fort utiles, que de conſulter cet Ouvrage.

M v

REMARQUES.

Le Fer perd facilement son phlogistique par l'action du feu. La chaux qui
reste après sa calcination a une couleur
très-rouge : ce qui fait juger que c'est-là
la couleur naturelle de la terre de ce
métal. Aussi a-t-on remarqué que toutes les terres & pierres qui sont naturellement rouges, ou qui acquierent cette
couleur par la calcination , sont ferrugineuses.

La couleur jaune-rouge qu'ont toutes les chaux ferrugineuses, de quelque
maniere qu'elles soient préparées , leur
a fait donner à toutes en général le nom
de *Saffran.* Celle dont nous venons de
donner la préparation , porte en Médecine le nom de *Saffran de Mars astrin-
gent.*

La rouille qui se forme à la surface du
Fer, est une espece de chaux de Fer faite par la voie de la dissolution. L'humidité de l'air agit sur ce métal, le dissout
& le prive d'une partie de son phlogistique. Cette rouille se nomme en Médecine *Saffran de Mars apéritif*, parcequ'on croit que les parties salines, à l'aide desquelles l'humidité dissout le Fer ,

demeurant unies avec ce métal après ſa diſſolution , lui donnent la vertu apéri
tive. Les Apoticaires préparent cette eſ
pece de Saffran de Mars , en expoſant de la limaille de Fer à la roſée , juſqu'à ce qu'elle ſoit entierement réduite en rouil
le. On le nomme alors *Saffran de Mars préparé à la roſée.*

On prépare encore d'une autre ma
niere beaucoup plus courte , un Saffran de Mars , en mêlant enſemble de la li
maille & du Soufre pulvériſé , humec
tant le mêlange qui fermente , & s'é
chauffe au bout d'un certain temps. On le met ſur le feu : le Soufre ſe conſume : on remue le tout juſqu'à ce qu'il ſoit réduit en une matiere rouge. Ce Saf
fran n'eſt autre choſe que du Fer diſ
ſous par l'Acide du Soufre , qui comme on ſçait , eſt de même nature que celui du Vitriol ; par conſéquent ce Saffran de Mars ne differe point du Vitriol calciné au rouge.

V. PROCÉDÉ.

Diſſolution du Fer par les Acides minéraux.

METTEZ dans un matras un Acide minéral quelconque avec de l'eau : placez le matras ſur un bain de ſable d'une douce chaleur. Introduiſez dans le vaiſſeau de la limaille de Fer. Les phénoménes ordinaires qui accompagnent les diſſolutions métalliques paroîtront auſſitôt. Ajoûtez de nouvelle limaille, juſqu'à ce que vous voyez que l'Acide n'agiſſe plus ſenſiblement. Retirez le matras de deſſus le feu ; vous aurez une diſſolution de Fer.

REMARQUES.

Le Fer ſe laiſſe diſſoudre très-facilement par tous les Acides. Si c'eſt le vitriolique dont on ſe ſert, il faut avoir ſoin qu'il ſoit affoibli par de l'eau, en cas qu'il ſoit concentré, parceque la diſſolution ſe fait mieux. Les vapeurs qui s'élevent dans cette occaſion ſont inflammables ; & ſi on préſente une bougie allumée à l'ouverture du matras, ſur-tout après l'avoir tenu bouché pendant un moment, & avoir un peu agité le tout, ces vapeurs sulphureuses s'enflamment avec tant de rapidité, qu'il se fait une explosion considérable, qui quelquefois est assés forte pour briser le vaisseau en mille piéces. La dissolution étant faite, a une couleur verte : c'est un vrai Vitriol verd en liqueur, qui n'a besoin que de quelque temps de repos pour se cristaliser.

Si c'est l'Acide nitreux qu'on emploie, il faut cesser d'ajoûter de la limaille, quand la liqueur, après quelques momens de repos, devient trouble, parceque quand cet Acide est chargé de Fer jusqu'à un certain point, il laisse précipiter une partie de celui qu'il a dissous, & devient capable d'en dissoudre de nouveau. On feroit dissoudre ainsi par cet Acide, en lui donnant toujours de nouveau Fer, une beaucoup plus grande quantité de ce métal qu'il n'en faut pour saouler entierement l'Acide. Cette dissolution est de couleur rousse ; & ne se cristalise point.

Si le temps n'est pas extrêmement froid, & que les Acides aient un degré de force convenable, il n'est pas nécesfaire de se servir de bain de sable , & la dissolution se fait très-bien sans cela.

Le Fer dissous par les Acides peut en être séparé, comme toutes les autres substances métalliques qui sont dans le même cas , ou pour l'action du feu qui enleve l'Acide & laisse la terre ferrugineuse , ou par les intermédes qui ont plus d'affinité avec les Acides que les substances métalliques, c'est-à-dire , par les terres absorbantes & les Sels alkalis. De quelque moyen qu'on se serve pour séparer le Fer d'avec les Acides qui le tiennent en dissoluaion , il paroît toujours après cette séparation sous la forme d'une poudre d'un jaune-rouge , parcequ'il est pour lors privé de la plus grande partie du phlogistique duquel il tient sa forme métallique : ce qui fait juger que c'est-là la couleur propre de la terre de ce métal.

Tous ces précipités de Fer sont de vrais Saffrans de Mars, qui de même que ceux qu'on prépare par la calcination s'éloignent d'autant plus de la nature métallique qu'ils sont privés d'une plus grande partie de leur phlogistique, de-là vient qu'ils sont plus ou moins dissolubles par les Acides , & attirables par l'aimant,

la terre ferrugineuſe parfaitement dépouillée de matiere inflammable n'etant
ni altérable par l'aimant, ni diſſoluble
par les Acides.

CHAPITRE V.
DE L'ETAIN.

PREMIER PROCÉDÉ.

Séparer l'Etain de ſa mine.

REDUISEZ en poudre groſſiere la
mine d'Etain, & ſéparez-en d'abord
exactement par la lotion toutes les matieres hétérogènes, & les autres eſpeces
de mines qui peuvent être mêlées avec
elle. Faites-la enſuite ſécher, & la tor-
réfiez à un degré de feu fort, juſqu'à ce
qu'il ne s'en éleve plus aucune vapeur
arſenicale. Quand la mine ſera torréfiée,
réduiſez-la en poudre fine, & la mêlez
exactement avec le double de ſon poids
de flux noir bien ſec, le quart de ſon
poids de limaille de fer non rouillée,
autant de Borax & de poix noire : mettez le mélange dans un creuſet : ajoûtez

par-deſſus du Sel marin à la hauteur de quatre doigts, & couvrez exactement le creuſet.

Placez le creuſet ainſi diſpoſé dans un fourneau de fuſion : donnez d'abord un degré de feu modéré & lent, juſqu'à ce que la flamme de la poix qui s'échappe à travers la jointure du couvercle ſoit entierement ceſſée. Augmentez alors le feu ſubitement, & pouſſez-le rapidement juſqu'au degré néceſſaire pour mettre en fuſion tout le mêlange. Auſſitôt que le tout ſera fondu, ôtez le creuſet du fourneau, & ſéparez le Régule d'avec les ſcories.

REMARQUES.

Toutes les mines d'Etain contiennent une quantité conſidérable d'Arſenic, & point du tout, ou du moins une très-petite quantité, de Soufre : de-là vient que quoique l'Etain ſoit le plus léger des métaux, ſa mine eſt cependant beaucoup plus peſante que celle d'aucun autre métal, l'Arſenic étant beaucoup plus peſant que le ſoufre, qui eſt toujours en aſſés grande proportion dans toutes les autres eſpeces de mines. Cette mine eſt outre cela très - dure, & ne ſe réduit point auſſi facilement que les autres en poudre fine.

Ces propriétés de la mine d'Etain donnent le moyen de la ſéparer facile-ment par la lotion, non-ſeulement d'a-vec les parties terreuſes & pierreuſes, mais même d'avec les autres mines qui pourroient être mêlées avec elle ; ce qui eſt d'autant plus avantageux, que l'Etain ne peut éprouver, ſans ſe détruire en grande partie, un degré de feu aſſés fort pour ſcorifier les matieres réfractaires qui accompagnent ſa mine ; & que ce métal s'uniſſant facilement avec le Fer & le Cuivre, dont les mines ſont aſſés or-dinairement confondues avec la ſienne, ſeroit après la réduction altéré, par l'allia-ge de ces deux métaux, ſi on ne les en avoit point ſéparés avant de la mettre en fuſion.

Quelquefois la mine de Fer qui eſt confondue avec celle d'Etain, eſt auſſi très-peſante, & ne ſe laiſſe pas mettre facilement en poudre : d'où il arrive qu'on ne peut l'en ſéparer par la ſimple lotion. En ce cas, il faut ſe ſervir de l'Aimant pour la ſéparer après qu'elle a été rôtie.

La torréfaction eſt auſſi néceſſaire à

la mine d'Etain, pour en féparer l'Arfenic, qui volatilife, calcine, détruit une
partie de l'Etain , & réduit le refte en
une matiere aigre & caffante comme un
demi-métal. On reconnoît que la mine
eft affés torréfiée, lorfqu'il n'en fort plus
aucunes vapeurs , qu'elle n'a plus d'o-
deur d'ail , & qu'une lame de fer préfentée au-deffus ne fe blanchit point.

Comme l'Etain eft un des métaux qui
fe calcinent le plus facilement, il eft néceffaire d'employer dans la réduction de
fa mine des matieres qui peuvent lui
fournir du phlogiftique. C'eft pour empêcher le contract de l'air , qui accélére
toujours la calcination des fubftances
métalliques, qu'on couvre le mélange
avec du Sel marin. La poix qu'on ajoûte fert à augmenter la proportion du
phlogiftique.

II. PROCEDÉ.

Calcination de l'Etain.

METTEZ dans un plat de terre non
verniffé la quantité d'Etain que
vous voudrez calciner: faites fondre cet
Etain, & l'agitez de temps en temps. Sa

furface fe couvrira d'une poudre d'un gris blanc. Continuez la calcination, juſqu'à ce que tout l'Etain fe ſoit converti en cette poudre : ce ſera la chaux d'E-tain.

REMARQUES.

Quoiqu'il ſoit avantageux pour la calcination des ſubſtances métalliques, de les expoſer en poudre ou en limaille à l'action du feu, & de faire enforte qu'elles ne ſe fondent point, parcequ'elles préſentent beaucoup moins de ſurface, quand elles ſont fondues, nous n'avons cependant point prefcrit de prendre cette précaution dans la calcination de l'E-tain. C'eſt que ce métal eſt ſi fuſible, qu'il ne peut éprouver le degré de feu convenable pour être privé de ſon phlo-giſtique ſans ſe mettre en fuſion : auſſi, qnoique l'Etain ſe calcine facilement, cette opération ne laiſſe point d'être longue, attendu que le métal étant fon-du, ne préſente que peu de ſuperficie à l'action du feu & de l'air. On peut re-médier en partie à cet inconvénient, & abréger beaucoup l'opération en parta-geant en pluſieurs petites portions la quantité d'Etain qu'on veut calciner, &

en les expofant au feu dans des vaiffeaux
féparés, enforte qu'elles ne puiffent fe
réunir enfemble, lorfqu'elles feront fondues, & fe réduire en une feule maffe.

L'Etain fait fufer & fulminer le Nitre,
fi on le jette en lamines déliées fur ce Sel
actuellement en fufion ; & il s'éleve de
ce mêlange une vapeur blanche, qui fe
convertit en fleurs, lorfqu'on met quelque obftacle à fon entiere évaporation.

M. Geoffroy qui a entrepris fur l'E-
tain un travail fuivi, dont on peut voir
le détail dans les Mémoires de l'Académie des Sciences, a trouvé qu'on pouvoit juger par la couleur de la chaux de
ce métal, de fon degré de pureté, & à
peu près de la quantité & qualité des
fubftances métalliques avec lefquelles il
eft allié. Les expériences que cet habile
Chymifte a faites fur cette matiere font
très-curieufes.

M. Geoffroy fe fert d'un creufet pour
faire fa calcination. Il le fait rougir couleur de cerifes ; & il foutient toujours le
feu au même degré pendant toute l'opération. La chaux qui s'eft formée fur fon
métal à ce degré de chaleur, avoit la forme de petites écailles blanches, un peu
rougeâtres par-deffous. Il l'a rangée de

côté à mesure qu'elle se formoit, afin qu'elle ne couvrît point la surface du métal, qui, comme tous les autres, a besoin du contact de l'air pour se réduire en chaux.

« M. Geoffroy a eu occasion, en fai-
» sant ces calcinations, d'observer un fait
» curieux que personne n'avoit encore
» remarqué avant lui, apparemment
» parcequ'on n'avoit pas calciné l'Etain
» par la même méthode. C'est que pen-
» dant la calcination de l'Etain, soit
» qu'on rompe la pellicule qui se forme
» à la surface du métal en fusion rouge,
» soit qu'on la laisse en repos sans y tou-
» cher, on apperçoit en plusieurs en-
» droits un petit soulevement d'une ma-
» tiere qui ouvre & traverse la pellicu-
» le. Cette matiere se gonfle, rougit en
» s'allumant, & jette une petite flamme
» blanchâtre aussi vive & aussi brillante
» que celle du Zinc lorsqu'on le pousse à
» feu assez fort pour en faire les fleurs.
» On peut encore comparer la vivacité
» de cette flamme à celle de plusieurs pe-
» tits grains de Phosphore d'urine qu'on
» allumeroit, en les faisant tomber dou-
» cement sur de l'eau bouillante. De cet-
» te flamme blanche il s'exhale une va-

» peur blanche , après quoi la masse sou-
» levée s'écroule en partie , & se réduit
» en une poudre blanche , légere & ta-
» chée quelquefois de rouge , selon la
» force du feu. Après ce moment d'i-
» gnition , il y a des soulévemens de ma-
» tiere plus forts , plus nombreux ou
» plus fréquens , dont il sort une assez
» grande fumée blanche , qu'on peut ar-
» rêter par un couvercle de tôle ou de
» cuivre rouge ajusté au creuset. Ce sont
» des fleurs d'Etain qui rongent un peu
» ces métaux : ce qui fait conjecturer
» avec beaucoup de vraisemblance à M.
» Geoffroy , que c'est une portion d'Ar-
» senic qui en facilite la sublimation.
» Quand la croûte formée par cette
» chaux est assez épaisse , ou en assez
» grande quantité pour ne pouvoir plus
» être rangée de côté , & laisser une por-
» tion du métal à découvert , M. Geof-
» froy fait cesser le feu , parcequ'il ne
» se formeroit plus de chaux , la com-
» munication de l'air extérieur avec le
» bain de l'Etain étant , comme nous
» avons dit , absolument nécessaire. Il est
» à remarquer dans cette opération , que
» si le feu est trop lent , l'inflammation
» des particules sulphureuses , ni les fu-

» mées blanches qui s'élevent ne s'ap-
» perçoivent pas si bien, que lorsque le
» feu est tel qu'il le faut pour entretenir
» simplement le creuset rouge de ceri-
» ses. »

« M. Geoffroy, après avoir séparé
» cette premiere chaux, a recommencé
» la calcination. A ce second feu les vé-
» gétations ou boursouflemens sont plus
» considérables, & s'élevent en forme
» de choux-fleurs; mais leur assemblage
» est toujours composé de petites écail-
» les. La portion de cette végétation qui
» a été bien calcinée, est aussi blanche
» & rouge. Il se trouve même de petits
» morceaux dont la surface inférieure
» est totalement rouge. Il semble qu'en
» continuant ces calcinations, il s'éleve
» des vapeurs sulphureuses d'un autre
» genre que dans le commencement,
» puisqu'au premier feu toute la chaux
» est parfaitement blanche, au lieu qu'au
» second elle commence à être tachée en
» quelques endroits d'une teinte noire.
» M. Geoffroy a été obligé de faire dou-
» ze calcinations différentes, pour ré-
» duire en chaux deux onces d'Etain. Il
» a eu occasion, pendant ces différen-
» tes calcinations, de s'assurer que dès

» la quatrieme , & quelquefois dès la
» troifieme, les taches rouges de la chaux
» diminuent , & les noires augmentent ;
» que les végétations ceffent ; que la
» croûte de chaux refte plate ; qu'au
» douzieme feu l'Etain ne fournit plus
» de cette croûte écailleufe ; que vers
» la fin les ondulations du métal en bain
» ne paroiffent plus, & que le peu de
» chaux qui refte eft mêlé de quelques
» grains de métal très-menus , & qui pa-
» roiffent beaucoup plus durs que l'E-
» tain. M. Geoffroy n'a pu en raffem-
» bler une affez grande quantité pour les
» coupeller , & s'affurer fi ce n'étoit pas
» de l'Argent. »

Quoique l'Etain , & en général tous
les métaux imparfaits, paroiffent réduits
en chaux, & foient privés de la forme
métallique par une premiere calcination
affez légere , ils ne font cependant pas
privés de tout leur phlogiftique ; car fi,
par exemple , on jette fur du Nitre en
fufion la chaux d'Etain faite par le procédé que nous avons donné , elle fait encore fufer ce Nitre très-fenfiblement ;
preuve convaincante qu'elle contient
beaucoup de matiere inflammable. Si
donc on veut avoir une chaux abfolument

ment exempte de phlogistique, il faut recalciner cette première chaux à un feu plus violent, & continuer à calciner jusqu'à ce que tout le phlogistique soit dissipé.

« M. Geoffroy, qui vouloit avoir sa
» chaux d'Etain bien pure & bien calci-
» née, a exposé une seconde fois à l'ac-
» tion du feu les douze portions de
» chaux qu'il avoit eues de ses premieres
» calcinations. Mais comme il auroit été
» trop long de les recalciner toutes sépa-
» rément, il les a réunies en quatre lots,
» formés chacun de trois, pris suivant
» leur ordre de calcination, en donnant
» à chacun un feu assez fort & assez long
» pour que la calcination en fût la plus
» exacte qu'il seroit possible ; & après
» cette seconde calcination, M. Geof-
» froy a eu toutes ces chaux d'un très-
» beau blanc, à la réserve du premier
» lot, qui étant composé de la chaux des
» trois premiers feux, laquelle avoit des
» écailles teintes de rouge, a conservé
» une teinte incarnate, mais presque
» imperceptible. Ces deux onces d'Etain
» ont, suivant la régle générale, au-
» gmenté de poids après leur calcina-
» tion. Leur augmentation a été de

Tome I.   N

» deux gros cinquante-sept grains.

» M. Geoffroy remarque qu'il n'y **a**
» que l'Etain absolument pur qui donne
» ainsi une chaux d'un blanc parfait. **Il**
» a calciné de cette maniere beaucoup
» d'autres Etains impurs & alliés diffé-
» remment, qui lui ont tous donné des
» chaux diversement colorées, suivant
» la nature & la quantité de leur alliage:
» d'où il conclut, avec raison, que la
» calcination est un très-bon moyen de
» juger du titre ou du degré de pureté
» de l'Etain. » On peut voir dans le volume des Mémoires de l'Académie pour
l'année 1738. le détail des expériences
de M. Geoffroy sur cette matiere : elles
font intéreffantes.

Il est bon d'être averti qu'il ne faut
point s'exposer fans précaution aux vapeurs de l'Etain, parcequ'elles font dan-
gereufes; ce métal étant foupçonné avec
raifon par les Chymiftes de contenir
une matiere arfenicale.

III. PROCÉDÉ.

Diſſolution de l'Etain par les Acides.
Liqueur fumante de Libarius.

METTEZ dans un vaiſſeau de verre la quantité qu'il vous plaira d'E-tain fin coupé par petits morceaux. Ver-ſez deſſus trois fois autant d'Eau-réga-le, compoſée de deux parties d'Eau-for-te, affoiblie de partie égale d'eau bien pure, & d'une partie d'Eſprit de Sel. Il ſe fera une ébullition, & l'Etain ſe diſ-ſoudra très-rapidement, ſur-tout ſi les quantités de métal & d'Eau-régale ſont conſidérables.

REMARQUES.

L'Etain eſt diſſoluble par tous les Aci-des.; mais l'Eau-régale eſt celui qui le diſ-ſout le mieux. Il arrive cependant dans cette diſſolution, qu'une partie de l'Etain diſſous ſe précipite de lui-même au fond du vaiſſeau ſous la forme d'une poudre blanche. Cette diſſolution de l'Etain eſt très-propre à précipiter l'Or en couleur de pourpre. Il faut pour cela la mêler goutte à goutte avec la diſſolution de ce

métal. L'Esprit de Nitre dissout l'Etain
à peu près comme l'Eau-régale , mais en
occasionnant une plus grande quantité
de chaux.

Si on verse deux ou trois parties d'huile de Vitriol sur une partie d'Etain , &
qu'on expose le vaisseau dans lequel on
aura fait ce mêlange , à un degré de chaleur convenable pour faire évaporer toute l'humidité , il restera une matiere tenace qui sera attachée aux parois du vaisseau. Alors , en exposant une seconde
fois au feu cette matiere , après avoir
versé de l'eau dessus , elle se dissoudra
entierement , à l'exception d'une petite
portion d'une substance gluante, qui peut
elle-même se dissoudre dans de nouvelle
huile de Vitriol.

L'Acide du Sel marin peut se combiner avec l'Etain par le procédé suivant.
Mêlez exactement , en triturant dans un
mortier de marbre , un amalgame de
deux onces d'Etain fin , & de deux onces & demie de Mercure coulant , avec
autant de Sublimé corrosif. Aussitôt que
le mêlange est fait , mettez-le dans une
cornue de verre, & distillez avec les mêmes précautions que nous avons indiquées pour nos Acides concentrés & fu-

mans : il paſſera d'abord dans le récipient des gouttes d'une liqueur limpide, qui feront bientôt fuivies d'un efprit élaſtique qui fortira avec impétuofité. Enfin il fe fublimera des fleurs, & une matiere faline & tenace au cou de la cornue. Ceſſez alors la diſtillation, & verfez dans un flaccon de verre la liqueur du récipient. Cette liqueur laiſſe exhaler continuellement une quantité confidérable de fumée blanche & épaiſſe, quand elle a communication libre avec l'air.

Le produit de cette diſtillation eſt une combinaifon de l'Acide du Sel marin avec l'Etain. Comme notre métal a plus d'affinité avec cet Acide que n'en a le Mercure, l'Acide contenu dans le Sublimé corrofif quitte le Mercure auquel il étoit uni, pour fe joindre avec l'Etain qu'il volatilife aſſez pour le faire paſſer avec lui fous la forme d'une liqueur dans le récipient. On fe fert de l'amalgame de l'Etain avec le Mercure, afin qu'on puiſſe le mêler exactement, comme il convient qu'il le foit pour la réuſſite de l'opération, avec le Sublimé corrofif.

L'Etain eſt volatilifé dans cette expérience, & l'Acide du Sel marin qui eſt extrêmement concentré, fe diſſipe con-

tinuellement fous la forme de vapeurs
blanches. Ce compofé eft connu en
Chymie fous le nom de *Liqueur fumante de Libarius* ; nom qu'elle a tiré de fa
qualité, & de fon Inventeur. L'Etain diffous par les Acides, en eft féparé facilement par les Alkalis. Il fe précipite toujours fous la forme d'une chaux blanche.

CHAPITRE VI.
Du Plomb.

PREMIER PROCÉDÉ.

Séparer le Plomb de fa mine.

RÉDUISEZ en poudre fine la mine
de Plomb que vous aurez d'abord
torréfiée : mêlez-la avec le double de
fon poids de flux noir, le quart de fon
poids de limaille de fer non rouillée &
de Borax : mettez le tout dans un creufet qui puiffe contenir au moins trois fois
autant de matiere. Ajoutez par-deffus du
Sel marin à la hauteur de quatre doigts.
Après avoir couvert le creufet, lutté
les jointures, & féché le tout à une dou-

ce chaleur, placez-le dans un fourneau de fusion.

Faites rougir médiocrement le creuset ; vous entendrez décrépiter le Sel marin. Après la décrépitation de ce Sel, il se fera dans le creuset un petit sifflement. Soutenez le même degré de feu, jusqu'à ce qu'il soit entiérement passé.

Ajoutez pour lors autant de charbon qu'il en faudra pour achever entiérement l'opération, & augmentez subitement le feu assez pour faire fondre parfaitement tout le mélange. Soutenez ce degré de feu l'espace d'un quart-d'heure, temps suffisant pour la précipitation du Régule.

L'opération étant finie, ce qu'on reconnoîtra à la tranquillité de la matiere contenue dans le creuset, & à une flamme vive & brillante qui s'en élevera, retirez le creuset du fourneau, & séparez le Régule d'avec les scories.

REMARQUES.

Toutes les mines de Plomb contiennent une assez grande quantité de Soufre, qu'il faut d'abord en séparer par la torréfaction ; & comme ces sortes de mines sont sujettes à décrépiter quand elles commencent à éprouver la chaleur, il est bon de les tenir couvertes , jusqu'à ce qu'elles soient bien échauffées Une autre attention qu'il faut avoir en torréfiant cette mine, c'est de ne pas l'exposer à une trop grande chaleur, mais d'entretenir seulement le vaisseau qui la contient médiocrement rouge; parcequ'elle prend facilement un commencement de fusion, ce qui est cause qu'elle s'attache au vaisseau.

Le Fer qu'on ajoute , & qu'on mêle avec le flux , absorbe le Soufre qui pourroit être resté même après la torréfaction : il sert aussi à séparer d'avec le Plomb quelques portions de demi-métal , surtout d'Antimoine , qui sont souvent mêlées dans la mine.

Il n'est point à craindre que le Fer se mêle avec le Plomb dans la fusion , & qu'il en altere la pureté ; car jamais ces deux métaux ne peuvent contracter d'union ensemble quand ils ont leur forme métallique.

Il ne faut pas non plus appréhender que le Fer, à cause de sa qualité réfractaire , mette obstacle à la fusion du mélange; car quoique ce métal ne soit point fusible lorsqu'il est seul , il le devient cependant à tel point par l'union qu'il contracte avec les matieres qu'il doit absorber , qu'il fait dans cette occaſion , en quelque ſorte , l'effet d'un fondant.

Le régime du feu eſt un article eſſentiel dans cette opération. Il eſt important de ne donner dans le commencement qu'un degré de chaleur modéré , parceque quand la terre de Plomb ſe combine avec le phlogiſtique pour prendre la forme métallique , elle ſe gonfle de telle ſorte , qu'il eſt à craindre que toute la matiere ne ſorte des vaſes qui la contiennent. C'eſt auſſi pour éviter cet inconvénient , que nous avons preſcrit de ſe ſervir d'un très-grand creuſet. Ce gonflement qui arrive au Plomb lors de ſa réduction , eſt accompagné d'un bruit ſemblable à un ſifflement d'air.

Nonobſtant toutes les précautions qu'on prend pour empêcher que la réduction ne ſe faſſe trop promptement , & n'occaſionne l'effuſion de la matiere , il arrive ſouvent que lorſqu'on augmente le feu pour mettre en fuſion le mêlange , le ſifflement recommence tout-à-coup , & ſe fait entendre très-fort. Lorſque cela arrive , il faut auſſitôt fermer exactement toutes les ouvertures du fourneau , pour étouffer & ſupprimer le feu ; ſans quoi la matiere contenue dans le

N v

creuſet ſe gonfle, paſſe à travers le lut qui le ferme, ſouleve même le couvercle, & ſe répand. Cet accident eſt à craindre pendant les cinq ou ſix premieres minutes, après qu'on a augmenté le feu pour fondre le mêlange. Cette effuſion de la matiere eſt accompagnée d'une flamme ſombre, d'une fumée épaiſſe, griſe & jaune, & d'un bruit ſemblable à celui d'un fluide qu'on fait bouillir. Quand on apperçoit tous ces phénomènes, on peut être aſſuré que la matiere eſt ſortie du creuſet, ſoit de la maniere que nous venons d'indiquer, ſoit en ſe faiſant jour par quelques fentes qui ſe ſeroient faites au creuſet, & par conſéquent que l'opération eſt manquée.

Cet accident ne manque point encore d'arriver, s'il vient à tomber quelque charbon dans le creuſet. C'eſt une des raiſons pour leſquelles il eſt néceſſaire qu'il ſoit couvert.

On peut être certain que l'opération a réuſſi, ſi les ſcories ſe ſont refroidies tranquillement, & ne ſe ſont point en partie échappées à travers le lut; ſi le Plomb n'eſt point diſperſé par molécules dans toute la maſſe de la matiere contenue dans le creuſet; mais au contraire s'il s'est rassemblé au fond sous la forme d'un Régule dur, peu brillant, ayant un œil bleu, & de la ductilité. Outre cela, dans le cas présent, les scories doivent être dures, noires, & ne doivent point paroître comme criblées de trous, si ce n'est dans leur partie qui a été contiguë avec le Sel.

Il est bon de remarquer à cette occasion, que le Sel marin ne se mêle point avec les scories, mais qu'il les surnage. Il est noir après l'opération : couleur qui lui vient sans doute des parties charbonneuses du flux. L'absence de ces signes marque que l'opération a été manquée.

Lorsque la mine qu'on a à traiter est pyriteuse & réfractaire, il faut d'abord la torréfier à un degré de feu plus fort que celui qu'on emploie pour celle qui est fusible, parceque la terre ferrugineuse & la terre non métallique, qui sont toujours mêlées dans les matieres pyriteuses, l'empêchent de s'amollir si facilement dans le feu.

De plus, il faut mêler avec cette mine une plus grande quantité de flux noir & de Borax, & lui donner un degré de feu plus fort.

Il n'est pas ordinairement nécessaire

de mêler de la limaille de fer avec cette espece de mine, parceque la terre martiale dont les matieres pyriteuses sont toujours accompagnées, se réduit pendant l'opération, à l'aide du flux noir qu'on y a mêlé à cause de cela en plus grande quantité, & fournit une quantité de Fer suffisante pour absorber les minéraux étrangers au Plomb.

Si cependant on s'appercevoit que les pyrites qui accompagnent la mine de Plomb fussent arsenicales, comme ces sortes de pyrites ne contiennent qu'une petite quantité de terre ferrugineuse, il faudroit ajouter de la limaille de fer, qui est d'autant plus nécessaire dans cette occasion pour absorber l'Arsenic, que ce minéral demeure en partie confondu avec la mine ; qu'il se réduit en Régule pendant l'opération, s'unit avec le Plomb, & en détruit une grande partie dont il procure la vitrification.

Le Plomb qu'on retire de ces sortes de mines pyriteuses n'est pas ordinairement bien pur ; il est noirâtre & peu ductile ; qualités qui lui viennent du mélange d'un peu de Cuivre qui a été fourni par les pyrites, qui en contiennent toujours une quantité plus ou moins grande. Nous donnerons ci-après le moyen de féparer le Plomb d'avec le Cuivre.

On peut faire auffi la réduction de la mine de Plomb en la fondant à travers les charbons. Il faut pour cela commencer par allumer le fourneau dans lequel on veut fondre la mine, puis mettre un lit de cette mine immédiatement fur le charbon allumé, & le recouvrir d'un autre lit de charbon.

Quoique le fourneau de fufion dont on fe fert pour cette opération, puiffe produire une chaleur confidérable, on a cependant befoin d'augmenter encore l'ardeur du feu par le moyen d'un bon fouflet à deux vents, qui fait l'effet d'une forge. La mine fe fond, la terre du Plomb fe joint au phlogiftique des charbons, & fe réduit en métal, qui coule à travers les charbons, & tombe au fond du fourneau dans un vaiffeau de terre, qu'on doit avoir foin de tenir plein de poudre de charbon, afin que le Plomb qui y féjourne ne foit point expofé à fe calciner, cette poudre de charbon lui fourniffant continuellement du phlogiftique qui l'entretient dans fon état métallique.

Les matieres terreuses & pierreuses qui accompagnent la mine, se scorifient par cette fusion, de même que par celle qu'on fait dans un vaisseau clos. A l'égard du Soufre & de l'Arsénic, ils doivent avoir été séparés d'abord exactement de la mine par une suffisante torréfaction. Cette méthode est celle qu'on emploie ordinairement pour l'exploitation des mines de Plomb dans le travail en grand.

II. PROCÉDÉ.

Séparer le Plomb d'avec le Cuivre.

CONSTRUISEZ avec de la terre à lutter & de la poudre de charbon, un vaisseau plat & évasé, qui soit assez grand pour contenir la masse métallique que vous aurez à y mettre, dont le fond aille en pente vers sa partie antérieure, & qui soit pourvu dans cet endroit d'une petite rigole, qui communique avec un autre vaisseau de même nature placé près du premier, & un peu plus bas. L'ouverture de la rigole du vaisseau supérieur doit être diminuée par le moyen d'une petite lame de Fer, qu'on y aura placée dans le tems que le vafe étoit encore mol, de maniere qu'il ne refte dans la partie inférieure de ce canal qu'un petit trou fuffifant pour laiffer écouler le Plomb fondu. Faites fécher le tout en l'entourant de charbons allumés.

Quand cet appareil fera fec, mettez dans le vaiffeau fupérieur votre mélange de Cuivre & de Plomb, & allumez dans l'un & dans l'autre vaiffeau un feu de bois ou de charbon très-doux, & qui n'excede point le degré de chaleur qui fuffit pour faire fondre le Plomb. A ce degré de chaleur, le Plomb contenu dans le mélange fe fondra, & vous le verrez couler du vaiffeau fupérieur dans l'inférieur, au fond duquel il fe ramaffera en Régule. Quand il ne coule plus rien à ce degré de feu, augmentez-le un peu, jufqu'à faire rougir médiocrement le vaiffeau.

Lorfqu'il ne coulera plus rien, raffemblez tout le Plomb contenu dans le vaiffeau inférieur. Faites-le refondre dans une cuillere de fer à un degré de feu affez fort pour la faire rougir : faites brûler deffus, en remuant le métal, un peu de fuif ou de poix, pour réduire ce qui pourroit être calciné. Otez la peau ou croûte mince qui s'eſt formée à la ſuperficie. Preſſez-la pour en faire ſortir le Plomb qu'elle pourroit encore contenir, & la mettez avec la maſſe cuivreuſe qui vous eſt reſtée dans le vaiſſeau ſupérieur. Supprimez le feu. Retirez de même une ſeconde peau qui ſe forme à la ſurface du Plomb. Enfin, quand ce métal ſera prêt à ſe figer, enlevez une derniere fois la peau qui ſe formera deſſus. Le Plomb qui reſtera après cela ſera très-pur, & privé de l'alliage du Cuivre.

A l'égard du Cuivre, il ſera dans le vaiſſeau ſupérieur enduit d'un peu de Plomb; & ſi ce métal étoit mêlé avec le Plomb dans la proportion d'un quart ou d'un cinquieme, & que le feu ait été adminiſtré doucement & lentement, il conſervera après l'opération à peu près la même forme qu'avoit la maſſe métallique.

REMARQUES.

Le Plomb eſt encore ſouvent mêlé avec du Cuivre après qu'on a fait la réduction de ſa mine, ſur-tout ſi cette mine étoit pyriteuſe. Quoique le Cuivre ſoit un métal beaucoup plus beau & plus ductil que le Plomb, ce dernier devient cependant aigre & caffant par cet alliage. On remarque aifément ce défaut à l'inf-pection de fa caffure, qui paroît toute compofée de grains, au lieu que quand il eft pur, elle eft plus unie, & reffemble à la pointe d'un prifme. Si la quantité de Cuivre allié avec le Plomb eft confidé-rable, fa couleur tire fur le jaune.

Il eft néceffaire, attendu les mauvai-fes qualités que le Cuivre donne au Plomb, de féparer ces deux métaux l'un de l'autre. Le moyen que nous avons donné eft le plus fimple & le meilleur. Il eft fondé fur deux propriétés qu'a le Plomb : la premiere eft d'être beaucoup plus fufible que le Cuivre, en forte qu'il peut fe fondre, & couler à un degré de feu qui n'eft pas capable de faire feule-ment rougir le Cuivre, lequel eft bien loin pour lors de fe fondre : & la fecon-de, c'eft que nonobftant que le Plomb ait de l'affinité avec le Cuivre, & s'uniffe très-bien avec ce métal, il ne peut ce-pendant point le diffoudre quand il n'a que le degré de chaleur qui lui eft né-ceffaire pour être fimplement en fufion. De-là vient qu'on peut faire fondre du Plomb dans un vaiffeau de Cuivre, pourvû qu'on ne paffe point ce degré de chaleur. Mais quand le Plomb eſt aſſez chaud pour être rouge, fumer & bouillir, il commence auſſitôt à diſſoudre le Cuivre : c'eſt pour cela qu'il eſt eſſentiel pour la réuſſite de notre opération, de ne donner qu'un degré de chaleur très-modéré, & qui ſoit ſeulement ſuffiſant pour tenir le Plomb en fuſion.

On fait entrer la poudre de charbon dans la compoſition des vaiſſeaux dont on ſe ſert dans cette occaſion, afin d'empêcher que le Plomb ne ſe calcine.

La lame de fer qui rétrécit la rigole du vaiſſeau, ſert à empêcher que les morceaux de Cuivre aſſez gros, que le Plomb peut entraîner avec lui, ne paſſent : elle les retient, & donne au Plomb la liberté de s'écouler ſeul. Mais comme ces morceaux de Cuivre pourroient boucher le paſſage, il faut avoir ſoin, quand il arrive qu'il y en a quelques-uns d'arrêtés, de les éloigner de la rigole, & de les repouſſer dans le milieu du vaiſſeau. Il faut examiner ſi le Plomb ne ſe fige point au paſſage, & dans ce cas il ſeroit néceſſaire d'augmenter le feu dans cet endroit pour le faire fondre & couler.

Malgré toutes les précautions qu'on prend pour empêcher que le Plomb fondu n'entraîne du Cuivre avec lui, il n'eſt cependant pas poſſible d'éviter entierement cet inconvénient. C'eſt pour ſéparer la petite portion de Cuivre dont le Plomb eſt encore chargé , qu'on le ſait refondre une ſeconde fois.

Comme le Cuivre eſt beaucoup moins peſant que le Plomb , ſi ces deux métaux ſont confondus enſemble de maniere que le Cuivre ne ſoit point en fonte & diſſous par le Plomb , mais qu'il ſoit ſeulement interpoſé entre les parties de ce métal fondu , enſorte qu'il y nage , il eſt pour lors préciſément un corps ſolide plongé dans un fluide plus peſant que lui, & doit monter à la ſurface comme le bois qui eſt plongé dans l'eau. On a ſoin de bruler quelque matiere inflammable ſur ce Plomb fondu , afin de réduire les parties de ce métal qui ſe calcinent continuellement à ſa ſurface quand il eſt en fuſion ; ſans cette précaution elles feroient enlevées avec le Cuivre.

Le Cuivre qui reſte après cette ſéparation eſt, comme nous l'avons dit , encore mêlé d'un peu de Plomb. Si l'on veut l'en ſéparer entierement , il faut le mettre dans une coupelle , & l'expoſer ſous la mouffle à un degré de feu convenable pour réduire tout le Plomb en litarge. Cela ne fe fait pas fans qu'il n'y ait une partie du Cuivre de fcorifié auffi, par la chaleur & par l'action du Plomb ; mais comme il y a une très-grande différence entre la facilité & la promptitude avec laquelle ces deux métaux fe calcinent, la portion du Cuivre qui fe calcine pendant que tout le Plomb fe convertit en litarge, eft peu confidérable.

Le Plomb exactement féparé du Cuivre, par le procédé que nous venons de donner, n'eft point pour cela encore abfolument pur ; quelquefois il eft encore allié avec de l'Or, & contient prefque toujours une certaine quantité d'Argent. Si on vouloit purifier le Plomb, autant qu'il eft poffible, de l'alliage de ces deux métaux, il faudroit le réduire en verre, féparer le bouton fin qui refteroit, & faire enfuite la réduction de ce verre de Plomb. Mais comme ces métaux parfaits ne font aucun tort au Plomb, on ne les en fépare point ordinairement, à moins qu'ils ne foient alliés avec lui en affez grande quantité pour indemnifer des frais, & produire du bénéfice.

Quand on veut examiner par la coupelle ce qu'une mine ou un mêlange mé-

tallique peut produire au juste d'Or &
d'Argent, on se contente de faire d'a-
bord un essai du Plomb qu'on doit employer pour cela, & on tient compte
dans le calcul de la quantité de métal fin
qu'il a pu fournir dans l'opération.

III. PROCÉDÉ.

Calcination du Plomb.

P RENEZ telle quantité de Plomb qu'il
vous plaira : faites-le fondre sur un
ou plusieurs vaisseaux plats de terre non
vernissée. Il se formera une poudre d'un
gris noirâtre à la surface. Agitez sans cesse le métal, jusqu'à ce qu'il soit entiérement converti en cette poudre : ce sera
la chaux de Plomb.

REMARQUES.

Comme le Plomb est un métal très-
fusible, & qui ressemble en cela beaucoup à l'Etain, la plupart des remarques
que nous avons faites sur la calcination
de l'Etain doivent avoir lieu ici.

Il arrive dans toutes les calcinations
métalliques, & dans celle du Plomb
particulierement, un phénomène singu-

lier dont il eſt très-difficile de rendre
raiſon. C'eſt que ces matieres qui perdent conſidérablement de leur ſubſtance, ſoit par la diſſipation du phlogiſtique, ſoit même parcequ'une partie du
métal s'exhale en vapeurs, fourniſſent cependant des chaux qui ſe trouvent augmentées de poids après la calcination,
& cette augmentation eſt très-conſidérable. Cent livres de Plomb, par exemple, réduites en Minium, qui n'eſt qu'u-
ne chaux de Plomb amenée à la couleur
rouge par une calcination plus longue,
ſe trouvent augmentées de dix livres :
enſorte que pour cent livres de Plomb,
on retire cent dix livres de Minium :
augmentation prodigieuſe & preſqu'in-
croyable, ſi on conſidere que bien loin
d'avoir rien ajouté au Plomb, on en a
au contraire diſſipé une partie.

Les Phyſiciens & les Chymiſtes ont
imaginé, pour rendre raiſon de ce phénomène, beaucoup de ſyſtêmes ingé-
nieux, dont aucun cependant n'eſt abſolument ſatisfaiſant. Comme il n'y a
point là-deſſus de théorie bien établie,
nous n'entreprendrons point de donner
d'explication de ce fait ſingulier.

IV. PROCÉDÉ.

Préparation du verre de Plomb.

PRENEZ deux parties de litarge & une partie de fable pur & criftalin : mêlez-les enfemble le plus exactement qu'il fera poffible, en y ajoutant un peu de Nitre & de Sel marin : mettez ce mêlange dans un creufet de la terre la plus folide & la plus compacte. Fermez le creufet avec un couvercle qui le bouche exactement.

Placez le creufet ainfi difpofé dans un fourneau de fufion : empliffez le fourneau de charbon ; allumez le feu peu à peu, enforte que le tout s'échauffe lentement : augmentez-le enfuite jufqu'à faire rougir fortement le creufet, enforte que la matiere qui y eft contenue entre en fufion ; entretenez-la ainfi fondue l'efpace d'un quart-d'heure.

Retirez le creufet du fourneau après ce temps. Caffez-le ; vous y trouverez affez ordnairement au fond un petit culot de Plomb, au-deffus duquel fera un verre tranfparent d'une couleur jaune, approchante de celle du fuccin. Séparez

ce verre d'avec le petit culot métallique,
& d'avec les matieres salines qui seront
dessus.

REMARQUES.

Le Plomb pur & sans addition poussé
à un grand feu , se convertit en litarge ,
qui est une substance plus ou moins jaunâtre , brillante, douce au toucher, &
qui est comme écailleuse. Cette substance
est une vitrification de Plomb commen-
cée. Le travail en grand de la purification de l'Or & de l'Argent par le Plomb,
fournit une grande quantité de cette matiere. Elle est quelquefois blanchâtre ; on
la nomme *Litarge d'argent* : quelquefois
jaune , & porte le nom de *Litarge d'or*.
La différence de sa couleur dépend du
degré de feu qu'elle a éprouvé , & des
substances métalliques qui se font vitri-
fiées avec elle.

La litarge seule est très-fusible , &
poussée au feu , se convertit facilement
en verre ; mais ce verre de Plomb fait
sans addition est si actif, si pénétrant , se
gonfle avec tant de facilité , qu'on ne
peut guères s'en servir lorsqu'il est pur.
On est obligé de lui donner en quelque
sorte des entraves , en le liant avec quelque

que matiere vitrifiable beaucoup moins
tenue, telle que le fable. C'eſt pour cette raiſon, & non pour rendre le mêlange plus fuſible, que nous avons prefcrit d'ajoûter un tiers de fable ſur deux
tiers de litarge.

Le Nitre & le Sel marin que nous
avons fait entrer dans le mêlange, ſont
deſtinés à procurer de l'égalité dans la
fuſion. Comme le fable eſt plus léger &
moins fuſible que la litarge, il doit s'é-
lever en partie vers le haut du creuſet
lorſque cette matiere commence à entrer en fuſion : d'où il arriveroit que la
partie ſupérieure ſeroit beaucoup plus
difficile à fondre, & formeroit un verre
beaucoup plus compacte que l'inférieure ; mais le Nitre & le Sel marin occu-
pant le haut du creuſet, parcequ'ils ſont
encore moins peſans que le fable ; &
étant eux-mêmes, à cauſe de leur grande
fuſibilité, des fondans très-efficaces, procurent promptement la fuſion des particules de fable qui auroient pu échapper à l'action de la litarge, & être pouf-
ſées à la ſuperficie ſans avoir été fondues.

La grande difficulté pour la réuſſite
de cette opération, eſt d'avoir un creu-

fet d'une terre affés dure & affés compacte pour ne fe point laiffer pénétrer
par le verre de Plomb, qui ronge & pénétre tout.

La précaution d'avoir un creufet qui
puiffe contenir beaucoup plus de matiere qu'on n'en a à vitrifier, eft néceffaire
à caufe du gonflement auquel la litarge
& le verre de Plomb font fujets.

Celle de tenir le creufet exactement
fermé, eft auffi indifpenfable, pour empêcher qu'il ne tombe dedans quelque
charbon, ou autre matiere inflammable: car quand cela arrive, il fe fait
une réduction du Plomb, qui eft toujours accompagnée d'une efpece d'effervefcence, & d'un bourfoufflement fi
confidérable, qu'ordinairement la plus
grande partie du mélange fe répand
hors du creufet. Par la même raifon, il
eft bien important d'examiner, avant
d'expofer le mélange au feu, s'il ne s'y
rencontre aucune matiere capable de
fournir du phlogiftique pendant l'opération, & de l'en féparer exactement en
cas que cela foit ainfi.

Le petit culot de Plomb qu'on trouve au fond du creufet après l'opération,
eft une portion de Plomb qui fe trouve

ordinairement mêlé dans la litarge, à moins qu'on ne l'ait préparée soi-même avec attention, & qu'on ne l'ait retirée du feu que quand on eſt bien ſûr que tout le Plomb eſt détruit. Cette petite portion de Plomb d'ailleurs n'eſt point nuiſible à l'opération, parce qu'il ne peut point communiquer ſon phlogiſtique au reſte de la matiere.

La révivification de la litarge, de la chaux & du verre de Plomb, peut ſe faire par les mêmes procédés que la réduction de ſa mine.

V. PROCÉDÉ.

Diſſoudre le Plomb par l'Acide nitreux.

METTEZ dans un matras de l'Eau-forte, précipitée comme celle dont on ſe ſert pour diſſoudre l'Argent : affoibliſſez-la en y mêlant autant d'eau commune. Mettez le matras ſur un bain de ſable chaud : jettez dedans, peu à peu, de petits morceaux de Plomb, juſqu'à ce que vous voyez qu'il ne ſe faſſe plus de diſſolution. L'Eau-forte ainſi affoiblie diſſoudra environ le quart de ſon poids de Plomb.

O ij

Il se forme d'abord sur le Plomb, à mesure qu'il se dissout, une poudre grise, & ensuite une croûte blanche, qui empêchent enfin que le dissolvant n'agisse sur ce qui reste de métal : c'est pourquoi il faut faire bouillir la liqueur, & agiter le vaisseau, afin que ces enduits se détachent : par ce moyen tout le Plomb sera dissous.

REMARQUES.

Le Plomb a beaucoup de ressemblance avec l'Argent, par les phénoménes qui accompagnent sa dissolution dans les Acides. Il faut, par exemple, que l'Acide nitreux soit bien pur & exempt du mêlange de l'Acide vitriolique ou de celui du Sel marin, pour être en état de tenir le Plomb en dissolution ; car s'il étoit mêlé avec l'un ou l'autre de ces Acides, le Plomb se précipiteroit sous la forme d'une poudre blanche, à mesure qu'il seroit dissous, de même que cela arrive à l'Argent.

Si c'est l'Acide vitriolique qui est mêlé avec le nitreux, le précipité est une combinaison de cet Acide vitriolique avec le Plomb, c'est-à-dire, un Sel neutre métallique, un Vitriol de Plomb. Si c'eſt l'Acide du Sel marin, le précipité qui ſe forme eſt un Plomb corné , c'eſt-à-dire, un Sel métallique reſſemblant à la Lune-cornée.

Lorſque tout le Plomb eſt diſſous de la maniere que nous avons indiquée, la liqueur paroît laiteuſe. Si on la conſerve chaude ſur le feu, juſqu'à ce qu'on apperçoive qu'il ſe forme de petits criſtaux à ſa ſurface , qu'on la laiſſe enſuite repoſer, on trouve au fond , au bout d'un certain temps , environ une demi-once d'une poudre griſe, qui examinée ſur l'Or , eſt aſſés mercurielle pour le blanchir. On y apperçoit même de petits globules de Mercure coulant.

Nous ſommes redevables de cette obſervation, & de cette maniere de prouver l'exiſtence du Mercure dans le Plomb, & de l'en retirer , à M. Groſſe , de l'Académie des Sciences , qui a donné dans les Mémoires de cette Académie le détail de ſon procédé , d'après lequel nous avons donné la deſcription de l'opération dont il s'agit à préſent.

La diſſolution décantée promptement de deſſus le précipité gris mercuriel , eſt encore laiteuſe , & dépoſe un autre précipité blanc. Quand ce ſecond précipité

O iij

est formé, la liqueur devient claire & limpide : elle est pour lors d'un beau jaune, comme la dissolution d'Or. M. Grosse a fait, tant sur la dissolution couleur d'or, que sur les deux précipités dont nous venons de parler, plusieurs observations dont nous allons rapporter les principales.

La liqueur jaune fait d'abord sentir sur la langue une saveur douce ; mais dans la suite elle la pique assés vivement, & y laisse une forte impression d'âcreté qui dure long-temps.

Les Alkalis précipitent le Plomb suspendu dans cette liqueur, de même qu'ils précipitent tous les autres métaux dissous par les Acides ; & ce précipité de Plomb est blanc.

Le Sel marin, ou l'Esprit de Sel, sépare le Plomb d'avec son dissolvant, & le précipite, comme nous avons dit, en Plomb corné ; mais ce précipité différe de la Lune-cornée, en ce qu'il est très-dissoluble dans l'eau, au lieu que la Lune-cornée ne s'y dissout point ; ou du moins difficilement & en très-petite quantité.

Ce Plomb corné dissous dans l'eau, est lui-même précipité par l'Acide vitrioli-

que. M. Groſſe remarque que cela fait
une exception à la colonne huitiéme de
la Table des Rapports de M. Geoffroy,
dans laquelle l'Acide du Sel marin eſt dé-
ſigné comme ayant plus d'affinité que
tous les autres Acides avec les ſubſtances métalliques.

Notre diſſolution de Plomb eſt auſſi
précipitée en blanc par différens Sels
neutres, tels que le Tartre vitriolé, l'A-
lun & le Vitriol ordinaire : c'eſt par le
moyen des doubles affinités que ces
Sels neutres précipitent.

L'eau ſeule même toute pure, eſt capable de précipiter le Plomb de notre
diſſolution, en affoibliſſant l'Acide, &
le mettant par-là hors d'état de tenir le
métal ſuſpendu.

Enfin, comme toutes les diſſolutions
des métaux par les Acides ne ſont qu'un
Sel neutre métallique réſous en liqueur,
ſi on fait évaporer ſur le feu la diſſolution de Plomb; il s'y forme de très-beaux
criſtaux gros comme des grains de ché-
nevis, figurés en pyramides régulieres,
dont la bâſe eſt quarrée. Ces criſtaux
ſont jaunâtres, & ont une ſaveur douce
& ſucrée; mais ce qu'ils ont de plus ſingulier, c'eſt que comme ils ſont un com-

O iv

poſé de l'Acide nitreux uni au **Plomb** qui contient beaucoup de phlogiſtique aſſés développé, ils forment un Sel nitreux métallique qui a la propriété de fuſer tout ſeul dans un creuſet, & ſans aucune addition de matiere inflammable. Ce Sel eſt extrêmement difficile à diſſoudre dans l'eau.

Le précipité gris mercuriel qui blanchit l'Or, & dans lequel on apperçoit de petits globules de Mercure coulant, n'eſt point à beaucoup près du Mercure pur. Cette ſubſtance métallique ne s'y trouve qu'en petite quantité : c'eſt un aſſemblage, 1°. de petits criſtaux de la même nature que ceux que fournit la diſſolution évaporée ; 2°. une portion de la matiere ou poudre blanche qui rend la diſſolution laiteuſe ; 3°. une poudre griſe que M. Groſſe regarde comme la ſeule partie mercurielle ; 4°. enfin, de petites particules de Plomb qui ont échappé à l'action du diſſolvant, ſurtout ſi on a ajoûté, comme dans le procédé dont il eſt à préſent queſtion, une quantité de Plomb un peu plus conſidérable que celle que l'Acide eſt en état de diſſoudre, dans l'intention de le ſaouler entierement.

A la faveur du mouvement & de la chaleur, les petites parcelles de Mercure peuvent s'amalgamer avec le Plomb.

On ne doit point être étonné de trouver du Mercure entier & en globules dans de l'Esprit de Nitre, quoique cet Acide dissolve très-facilement cette substance métallique, si on fait réflexion que dans l'occasion présente, l'Acide est chargé de Plomb, avec lequel il a une plus grande affinité qu'avec le Mercure; affinité marquée dans la Table des Rapports de M. Geoffroy, dans laquelle, à la colonne qui porte en tête l'Acide Nitreux, le Plomb est placé au-dessus du Mercure. Aussi, si on présente du Plomb à une dissolution de Mercure dans l'esprit de Nitre, le Plomb s'y dissout; & à mesure que la dissolution se fait, le Mercure se précipite.

On voit par-là qu'il est essentiel, pour trouver du Mercure dans le précipité spontané de la dissolution de Plomb par l'Acide nitreux, que cet Acide soit entierement saoulé de Plomb; sans quoi la portion d'Acide qui seroit libre, dissoudroit le Mercure.

A l'égard de la poudre blanche qui rend la dissolution laiteuse, & qui se

précipite enſuite, ce n'eſt qu'une portion du Plomb même, qui n'ayant pas
une union bien intime avec l'Acide, ſe
précipite en partie de lui-même. C'eſt
une eſpece de chaux de Plomb, qui pouſſée au feu, ſe réduit partie en verre &
partie en Plomb, parcequ'elle conſerve
encore du Phlogiſtique.

CHAPITRE VII.
Du Mercure.

PREMIER PROCÉDÉ.

*Séparer le Mercure de ſa mine, ou le
révivifier du Cinnabre.*

PULVERISEZ le Cinnabre dont vous
voudrez retirer le Mercure : mêlez
avec cette poudre partie égale de limaille de Fer non rouillée : mettez le mêlange dans une cornue de verre, ou de
fer, qui ne ſoit emplie que juſqu'aux
deux tiers. Placez la cornue ainſi diſpo-
ſée dans un bain de ſable, de maniere
que tout ſon ventre ſoit enterré dans le
ſable, & que ſon col ait une direction
fort déclive de haut en bas. Ajuſtez à la

cornue un récipient à moitié plein d'eau, ensorte que le col de ce vaisseau entre dans l'eau environ d'un demi-pouce.

Echauffez les vaisseaux jusqu'à faire rougir médiocrement la cornue. Le Mercure s'élevera en vapeurs, qui se condenseront en goutelettes, & tomberont dans l'eau du récipient. Lorsque vous verrez qu'il ne passera plus rien à ce degré de feu, augmentez-le pour enlever ce qui peut être resté de Mercure. Tout le Mercure étant ainsi retiré, ôtez le récipient, vuidez l'eau qu'il contient, & recueillez le Mercure.

REMARQUES.

Le Mercure n'est jamais minéralisé dans les entrailles de la terre, que par le Soufre avec lequel il forme un composé d'un rouge brun, connu sous le nom de *Cinnabre*.

Quelquefois il est simplement mêlé avec des matieres terreuses & pierreuses, qui ne contiennent point de Soufre, mais comme cette substance métallique est toujours pourvue de son phlogistique, il a pour lors sa forme & ses propriétés métalliques. Lorsqu'on le trouve en cet état, rien n'est plus facile que

de le féparer d’avec ces matieres hétérogènes : il ne faut pour cela que diftiller le tout à un feu affés fort pour enlever le Mercure en vapeurs. Ce minéral
eft volatil, & les matieres terreufes &
pierreufes font fixes : ainfi à un certain
degré de chaleur, il fe fait une féparation exacte de ce qui eft fixe, d’avec ce
qui eft volatil.

Il n’en eft pas de même lorfque le
Mercure eft combiné avec le Soufre ;
car ce dernier minéral eft volatil auffi
bien que le Mercure ; & le compofé qui
réfulte de l’union des deux eft volatil
auffi : enforte que fi on expofoit le Cinnabre au feu dans des vaiffeaux fermés ,
comme il convient qu’ils le foient pour
recueillir le Mercure, il fe fublimeroit
en entier, & ne fouffriroit aucune décompofition.

Il faut donc, fi on veut féparer ces
deux fubftances l’une de l’autre, avoir
recours à un interméde qui ait avec une
des deux plus d’affinité que n’en a l’autre, & qui n’en ait qu’avec celle-là.

Le Fer a toutes les conditions requi-
fes pour fervir d’interméde dans cette
occafion, puifqu’il a, comme on le peut
voir dans la Table des Rapports, beau-

coup plus d'affinité avec le Soufre que n'en a le Mercure, & qu'il ne peut contracter aucune union avec ce dernier.

Le Fer n'eſt cependant pas la ſeule ſubſtance qui puiſſe ſervir d'interméde dans cette occaſion : les Alkalis fixes les Abſorbans terreux, le Cuivre, le Plomb, l'Argent, le Régule d'Antimoine, ont, auſſi-bien que le Fer, plus d'affinité que le Mercure avec le Soufre. Pluſieurs même de ces ſubſtances, ſçavoir, les Alkalis ſalins & terreux, ainſi que le Régule d'Antimoine, ne peuvent contracter d'union avec le Mercure : les autres, ſçavoir, le Cuivre, le Plomb & l'Argent, peuvent à la vérité s'amalgamer avec le Mercure ; mais l'union que ces métaux contractent avec le Soufre y met obſtacle ; & quand même ils s'uniroient avec notre ſubſtance métallique, le degré de chaleur que tout le mélange éprouve, enleveroit bientôt le Mercure, & le ſépareroit facilement d'avec ces ſubſtances fixes.

Il faut avoir dans cette diſtillation, les mêmes attentions que dans toutes les autres : c'eſt-à-dire, échauffer les vaiſſeaux lentement, ſur-tout ſi on ſe ſert d'une cornue de verre : augmenter le feu par degrés, & le donner à la fin beaucoup plus fort qu'au commencement. Cette opération en particulier exige un degré de feu très-fort, quand il n'y a plus qu'une petite quantité de Mercure.

Il reste après l'opération un mêlange de Fer & de Soufre dans la cornue, que l'on peut aifément réduire en *crocus*, en le calcinant, & en faifant brûler le Soufre.

Si on s'eft fervi d'un Alkali fixe, on trouve dans la cornue après la diftillation un foie de Soufre.

Si le Cinnabre dont on a retiré le Mercure eft bon, on obtient ordinairement les fept huitiémes de fon poids de Mercure coulant.

Il n'eft par néceffaire dans l'opération préfente, de lutter le récipient avec la cornue, parce que l'eau dans laquelle eft plongé le bout du col de ce vaiffeau, retient fuffifamment les vapeurs mercurielles. Dans le cas où le Cinnabre duquel on veut féparer le Mercure, feroit mêlé de beaucoup de matieres hétérogènes, mais fixes, comme terres, pierres, &c. on pourroit l'en féparer, en le fublimant à un degré de feu convenable, parcequ'il eft volatil.

Les vapeurs mercurielles font nuifibles, & peuvent exciter la falivation,
des tremblemens, des paralyfies. Ainfi
il faut toujours les éviter, quand on tra-
vaille fur ce minéral.

La plus ancienne & la plus riche mine de Mercure, eft celle d'Almaden en
Efpagne. Cette mine a cela de fingulier,
que nonobftant que le Mercure qui s'y
trouve y foit uni avec du Soufre, & fous
la forme de Cinnabre, il n'eft cependant
point néceffaire d'y mêler aucun interméde pour faire la féparation des deux
fubftances : la matiere terreufe & pier-
reufe dont font entre-mêlés les morceaux
de mine, eft elle-même un excellent ab-
forbant du Soufre.

On ne fe fert point de cornues dans le
travail en grand qui fe fait à cette mine.
On place les morceaux de mine fur une
grille de fer, laquelle eft immédiatement au-deffus du fourneau. Les fourneaux qui fervent à cette opération font
fermés dans leur partie fupérieure par
une efpece de dôme, derriere lequel eft
un tuyau de cheminée qui communique
avec le foyer, & fert à donner iffue à
la fumée. Les fourneaux font percés à
leur partie antérieure de feize ouvertu-

res , à chacune defquelles eft lutté hori-
fontalement un aludel , qui communique à une longue fuite d'autres aludels
placés dans la même fituation , lefquels
par leur affemblage forment un long
tuyau ou canal qui va s'ouvrir par fon
autre extrémité dans une chambre deftinée à recevoir & à raffembler toutes
les vapeurs mercurielles. Ces canaux d'a-
ludels font foutenus dans leur longueur
par une terraffe qui s'étend depuis le
corps du bâtiment dans lequel font établis les fourneaux , jufqu'à celui où font
les chambres qui fervent de récipient.

Cette difpofition eft très-ingénieufe ,
& épargne beaucoup de travail , de dépenfe & d'embarras , qui feroient inévi-
tables s'il falloit employer des retortes.

L'endroit du fourneau qui contient
les morceaux de mine , eft comme le
corps de la cornue. Le tuyau d'aludels en
eft le col ; & les petites chambres dans
lefquelles aboutiffent ces tuyaux , font
de vrais récipiens. La terraffe de communication qui va d'un bâtiment à l'autre , eft formée de deux plans inclinés ,
qui fe joignent enfemble par leur partie
la plus baffe dans le milieu de la terraffe , & s'élevent de-là infenfiblement l'un

juſqu'au bâtiment des fourneaux, & l'autre juſqu'à celui des chambres ſervant de récipient. Par ce moyen, lorſqu'il s'échappe du Mercure à travers les jointures des aludels, il eſt déterminé à couler, en ſuivant la pente des plans inclinés, & ſe raſſemble au milieu de la terraſſe, qui étant la partie la plus baſſe de ces plans, forme une eſpece de rigole dans laquelle il eſt facile de le ramaſſer.

C'eſt le celébre M. de Juſſieu le jeune qui d'après ce qu'il a vû lui-même dans un voyage qu'il a fait à cette mine, nous a donné la deſcription de ce travail.

II. PROCÉDÉ.

Donner au Mercure, par l'action du feu, l'apparence d'une chaux métallique.

METTEZ du Mercure dans pluſieurs petits matras de verre, dont les cols ſoient longs & étroits. Bouchez ces matras avec un peu de papier, afin d'empêcher qu'il n'y tombe quelqu'ordure. Placez-les ſur un même bain de ſable, de maniere qu'ils ſoient environnés de ſable juſqu'aux deux tiers de leur hauteur. Donnez le degré de chaleur le

plus fort que le Mercure puiſſe ſupporter ſans ſe ſublimer : continuez cette
chaleur ſans interruption , juſqu'à ce
que tout le Mercure ſoit changé en une
poudre rouge. Cette opération dure environ trois mois.

REMARQUES.

Le Mercure traité ſuivant le procédé
que nous venons de donner, a toute l'apparence d'une chaux métallique : mais
il n'en a que l'apparence ; car ſi on l'ex-
poſe à un degré de feu un peu fort, il ſe
ſublime , & ſe réduit tout entier en Mercure coulant, ſans qu'il ſoit beſoin de le
combiner avec aucune autre matiere inflammable : ce qui prouve que pendant
cette longue calcination, il n'a rien perdu de ſon phlogiſtique.

La volatilité du Mercure, qui ne lui
permet pas d'éprouver une chaleur un
peu forte ſans ſe ſublimer , nous empêche d'examiner tous les effets que peut
produire le feu ſur ce minéral. Il y a
cependant lieu de croire que cette ſubſtance métallique ayant de la reſſemblance avec les métaux parfaits par ſon
poids , ſon éclat , & ſon brillant qui ré-
ſiſte à toutes les impreſſions de l'air ſans

s'altérer, feroit comme eux inaltérable à l'action du feu la plus forte, s'il avoit affés de fixité pour la foutenir.

Il faut abfolument, pour donner au Mercure la forme de chaux métallique, lui faire éprouver, comme nous l'avons prefcrit, pendant environ trois mois la plus forte chaleur qu'il puiffe foutenir fans fe fublimer. M. Boerhaave l'a tenu en digeftion à une chaleur moindre pendant quinze années de fuite, dans des vaiffeaux ouverts & des vaiffeaux clos, fans lui voir fubir le moindre changement, finon qu'il s'eft formé à fa furface une petite quantité de poudre noire, qui s'eft réduite en Mercure coulant par la feule trituration.

Le Mercure réduit ainfi en poudre rouge, eft connu en Chymie & en Médecine fous le nom de *Mercure précipité fans addition*, ou de *Mercure précipité par lui-même :* nom qui lui convient, en ce qu'il eft effectivement réduit fous la forme d'un précipité, & cela fans qu'il ait été mêlé avec aucune autre fubftance ; mais qui d'un autre côté eft fort impropre, attendu que dans la réalité ce Mercure n'eft point un précipité, n'ayant point été féparé d'avec aucun menſtrue qui le tenoit en diſſolution.

III. PROCÉDÉ.

Diſſolution du Mercure dans l'Acide vitriolique. Turbith minéral.

METTEZ du Mercure dans une cornue de verre, & ajoûtez par-deſſus le triple de ſon poids de bonne huile de Vitriol. Adaptez un récipient à la cornue, & la placez ſur un bain de ſable que vous échaufferez par degrés, juſqu'à ce que la liqueur ſoit légerement bouillante. Le Mercure commencera à ſe diſſoudre à ce degré de chaleur. Entretenez le feu dans cet état, juſqu'à ce que tout le Mercure ſoit diſſous.

REMARQUES.

L'Acide vitriolique diſſout aſſés bien le Mercure ; mais il faut pour cela que cet Acide ſoit très-chaux, & même bouillant ; encore la diſſolution eſt-elle fort long-temps à ſe faire. Nous avons preſcrit de faire l'opération dans une cornue, parcequ'ordinairement on ſe ſert de cette diſſolution pour faire une autre préparation nommée *Turbith minéral,* qui exige qu'on fépare par la diftillation tout ce qu'elle peut enlever de l'Acide diffol-vant.

Si donc, après avoir diffous le Mercure dans l'Acide vitriolique, on veut préparer le Turbith, il faut faire paffer dans le récipient, en continuant à échauf-fer la cornue, toute la liqueur qu'elle contient, & diftiller jufqu'à ce qu'il ne refte plus qu'une matiere blanche & pul-vérulente; caffer enfuite la cornue; pul-vérifer dans un mortier de verre ce qu'el-le contient, & verfer deffus de l'eau commune, qui fera prendre auffitôt à cette matiere blanche une couleur de citron; puis laver cinq ou fix fois dans de nouvelle eau chaude la matiere de-venue jaune, qui fera pour lors ce qu'on appelle en Médecine *Turbith minéral*, c'eft-à-dire, une combinaifon d'Acide vitriolique & de Mercure, laquelle eft, à la dofe de cinq à fix grains, un violent purgatif, & même un émétique; quali-tés qui lui font communes avec le Tur-bith végétal, dont on lui a donné le nom par cette raifon.

Ce qui fort de la cornue, tant pen-dant la diffolution du Mercure, que quand on fait l'abftraction du diffolvant,

eſt un eſprit de Vitriol foible, parcequ'une bonne partie des Acides demeure unie avec le Vif-argent, qui reſte enfin ſous la forme d'une poudre blanche.
Si donc on ne ſe ſoucioit point de recueillir l'Acide qui ſort dans cette occaſion, on pourroit, au lieu de faire l'ab-
ſtraction du fluide dans la cornue, le
faire évaporer ſur le bain de ſable dans
une capſule de verre, ce qui ſeroit bien
plutôt fait.

Il eſt très-remarquable qu'on peut
dans cette occaſion faire éprouver au
Mercure, ſans craindre de le ſublimer,
une chaleur beaucoup plus grande que
celle qu'il peut ſupporter quand il n'eſt
point ainſi combiné avec l'Acide vitriolique; ce qui indique que cet Acide a la
propriété de fixer le Mercure juſqu'à un
certain point.

La matiere blanche qui reſte après l'é-
vaporation du fluide, eſt un corroſif des
plus violens, & ſeroit un vrai poiſon ſi on
la prenoit intérieurement. Les différentes lotions dans l'eau chaude lui enlevent
une grande quantité de ſes Acides, &
l'adouciſſent conſidérablement. La preuve en eſt, que ſi on fait évaporer l'eau
qui a ſervi à laver le Turbith, il reſte

près l'évaporation une matiere en forme de Sel, qui portée à la cave se résout
en une liqueur qu'on appelle *Huile de
Mercure*, & qui est un puissant corrosif.
Plusieurs Auteurs prescrivent aussi de
brûler de l'Esprit-de-vin sur le Turbith
pour l'adoucir.

Si au lieu de laver la matiere blanche
qui reste après l'abstraction de l'humidité, on reversoit dessus de nouvelle huile
de Vitriol ; qu'on en fît l'abstraction
comme la premiere fois, & qu'on réi-
térât cette manœuvre deux ou trois fois,
à la fin il resteroit dans la cornue une matiere ayant l'apparence d'une huile,
qui résiste à l'action du feu, & qui ne
peut se dessécher : qualités qui lui viennent de la grande quantité de parties
acides qui se sont unies au Mercure.
Cette huile de Mercure est un des plus
violens corrosifs. On peut en séparer le
Mercure en le précipitant avec un Alkali, ou une substance métallique qui ait
plus d'affinité que ce minéral avec l'Acide vitriolique : le Fer, par exemple, peut
être employé à cette précipitation. Le
Mercure ainsi séparé d'avec l'Acide vitriolique, n'a besoin que d'être distillé

pour reprendre fa forme de Mercure
coulant.

IV. PROCÉDÉ.

Combiner le Mercure avec le Soufre.
Æthiops minéral.

MEslez un gros de Soufre avec
trois gros de Mercure coulant, en
triturant le tout enfemble dans un mortier de verre avec un pilon de verre. A
mefure que vous triturerez, le Mercure
difparoîtra, & la matiere prendra une
couleur noire. Continuez la trituration,
jufqu'à ce que vous n'apperceviez plus
aucune parcelle de Mercure coulant. La
matiere noire qui fera après cela dans le
mortier, eft connue en Médecine fous
le nom d'*Æthiops minéral*. On peut encore faire l'Æthiops à chaud, de la maniere fuivante.

Faites fondre dans un vafe de terre
plat, & non verniffé, une partie de fleurs
de Soufre : verfez-y trois parties de Mercure, que vous y ferez tomber peu à
peu en forme de pluie, on l'exprimant
à travers une peau de chamois. Remuez
le

le mêlange avec un tuyau de pipe, à mesure que le Mercure tombera ; vous verrez la matiere s'épaissir, & acquérir une couleur noire. Quand la mixtion sera faite, mettez-y le feu avec une allumette, & laissez consumer tout le Soufre qui pourra brûler de lui-même.

REMARQUES.

Le Mercure & le Soufre ont beaucoup de facilité à s'unir ensemble. La simple trituration à froid est suffisante pour cela. Le Mercure se réduit par ce moyen en atômes d'une petitesse extrême, & se combine avec le Soufre, ensorte qu'on n'en apperçoit plus aucun vestige.

Le Soufre n'est pas la seule matiere avec laquelle le Mercure peut perdre sa forme & sa fluidité par la trituration : toutes les substances grasses qui ont une certaine consistence, comme la graisse des animaux, les baumes & résines, peuvent produire le même effet. Cette substance métallique triturée long-temps dans un mortier avec ces matieres, devient enfin invisible, & leur communique une couleur noire. Quand elle est ainsi divisée par l'interposition de particules hétérogènes, elle se nomme *Mer-*

cure éteint. Mais le Mercure ne contracte pas avec ces autres matieres une union auffi intime que celle qu'il contracte avec le Soufre.

L'Æthiops qu'on prépare par la fufion, eft une combinaifon plus exacte & plus jufte du Mercure & du Soufre ; car la quantité de Soufre que nous avons prefcrite, eft beaucoup plus grande que celle qui eft abfolument néceffaire pour lier le Mercure. Ainfi le Soufre furabondant à ce mélange fe détruit par la combuftion, & il ne refte que celui qui eft joint avec le Mercure plus intimement, & que l'union qu'il a contractée avec cette fubftance métallique, empêche de fe confumer auffi facilement. L'Æthiops fait par la fufion & la combuftion du Soufre, contient donc une beaucoup plus grande proportion de Mercure, que celui qui eft fait par la fimple trituration ; ainfi on doit l'employer pour la Médecine dans des cas différens, & en moindre dofe.

Si on ne mêloit d'abord avec le Mercure que la quantité de Soufre qui eft néceffaire pour le lier, il feroit difficile de faire le mélange bien exactement, parceque cette quantité eft très-petite ; ainfi il

eſt à propos d'en mettre d'abord la quantité que nous avons preſcrite.

V. PROCÉDÉ.

Sublimer en Cinnabre la combinaiſon de Soufre & de Mercure.

RÉDUISEZ en poudre l'Æthiops minéral fait à chaud. Mettez-le dans
une cucurbite ; ajuſtez un chapiteau à la
cucurbite : placez-la ſur un bain de ſable , & donnez d'abord le degré de chaleur qui convient pour ſublimer le Soufre. Il ſe ſublimera une matiere noire qui
s'attachera aux parois du vaiſſeau. Quand
il ne montera plus rien à ce degré de
chaleur , augmentez le feu juſqu'à faire
rougir le ſable & le fond de la cucurbite : alors le reſte de la matiere ſe ſublimera ſous la forme d'une maſſe d'un rouge
brun , qui eſt de véritable Cinnabre.

REMARQUES.

L'Æthiops minéral n'a beſoin que d'ê-
tre ſublimé pour être de vrai Cinnabre
ſemblable à celui qu'on retire des mines
de Mercure ; mais cet Æthiops contient
encore une plus grande quantité de Sou-

fre qu'il n'en doit entrer dans la combinaison du Cinnabre ; c'est pourquoi nous avons prescrit de ne donner d'abord qu'un degré de feu capable de sublimer le Soufre. Comme le Cinnabre , quoique composé de Mercure & de Soufre , est cependant beaucoup moins volatil que l'une ou l'autre de ces substances prises séparément, ce qui vient vraisemblablement de l'Acide vitriolique contenu dans le Soufre , s'il y a dans l'Æthiops du Soufre surabondant qui n'ait point contracté d'union intime avec le Mercure , il se sublime seul à ce premier degré de chaleur : il monte aussi avec lui quelques particules mercurielles, qui lui donnent la couleur noire.

Le Cinnabre ne contient qu'environ un sixieme ou un septieme de son poids de Soufre ; ainsi au lieu de se servir de l'Æthiops ordinaire pour le faire , il seroit mieux d'en composer un exprès dans la combinaison duquel on feroit entrer beaucoup moins de Soufre , parceque la trop grande quantité de Soufre empêche l'opération de réussir , & noircit le Sublimé. De quelque façon même qu'on s'y prenne , le Cinnabre paroît d'abord noir ; mais quand il est bien fait , & qu'il ne contient que ce qu'il doit avoir de Soufre, cette couleur n'eſt qu'extérieure. On peut l'enlever comme un enduit; l'intérieur pour lors paroîtra d'un beau rouge. Si on ſublime après cela une ſeconde fois ce Cinnabre, il ſera très-beau.

Le Cinnabre artificiel ayant les mêmes propriétés que le naturel, peut être décompoſé avec les mêmes intermédes que lui. Ainſi, ſi on veut en retirer le Mercure, il faut avoir recours au procédé que nous avons donné pour l'exploitation de la mine de Cinnabre.

VI. PROCÉDÉ.

Diſſoudre le Mercure dans l'Acide nitreux. Divers Précipités mercuriels.

METTEZ dans un matras la quantité de Mercure que vous voudrez diſſoudre : verſez par-deſſus autant de bon eſprit de Nitre : placez le matras ſur un bain de ſable d'une chaleur modérée. Le Mercure ſe diſſoudra avec les phénoménes ordinaires aux diſſolutions de métaux dans cet Acide. La diſſolution étant achevée, laiſſez refroidir la liqueur. Vous connoîtrez que l'Acide eſt autant chargé de Mercure qu'il puisse l'être, si non-obstant la chaleur, il reste au fond du vaisseau un petit globule mercuriel qui ne puisse se dissoudre.

REMARQUES.

Le Mercure se dissout bien plus facilement & en plus grande quantité dans l'Acide nitreux, que dans le vitriolique; ainsi il n'est pas nécessaire dans cette occasion de faire bouillir la liqueur. Cette dissolution étant refroidie, fournit des cristaux, qui sont un Sel nitreux mercuriel.

Il faut, si on veut avoir une dissolution de Mercure claire & limpide, employer une Eau-forte exempte du mêlange des Acides vitriolique & marin ; car ces deux Acides ayant plus d'affinité avec le Mercure que l'Acide nitreux, le précipitent sous la forme d'une poudre blanche, quand ils sont mêlés dans la dissolution.

On se sert en Médecine du Mercure précipité ainsi en blanc de sa dissolution dans l'esprit de Nitre. On emploie pour faire ce précipité, qui est connu sous le nom de *Précipité blanc*, le Sel marin dissous dans de l'eau avec un peu de Sel

Ammoniac ; & on lave à plusieurs reprises , avec de l'eau pure , le précipité qui
s'est formé , lequel sans cela seroit corrosif , à cause de la grande quantité d'A-
cide de Sel marin qu'il contiendroit.

La préparation connue sous le nom
de *Précipité rouge* , est aussi tirée de notre dissolution de Mercure dans l'esprit
de Nitre. Il faut pour la faire , enlever ,
soit par la distillation dans la retorte ,
soit par l'évaporation dans une capsule
sur le bain de sable , toute l'humidité de
la dissolution. Quand elle commence à
être réduite en forme séche , elle a l'apparence d'une masse blanche & pesante.
Alors on la pousse au feu assez fortement
pour en séparer presque tout l'Acide nitreux qui y est demeuré concentré , &
qui s'éleve sous la forme de vapeurs
rouges.Si ces vapeurs sont retenues dans
un récipient , elles se condensent en liqueur , qui est un esprit de Nitre très-
fort & très-fumant.

A mesure que l'Acide nitreux est enlevé par le feu, la masse mercurielle perd
la couleur blanche , pour en prendre une
jaune , & enfin une très-rouge. Quand
elle est entierement devenue rouge , l'o-
pération est achevée. La masse rouge

P iv

qui reſte n'eſt plus que du Mercure qui ne contient que peu d'Acide, en comparaiſon de ce qu'il en avoit lorſqu'il étoit encore blanc ; auſſi la premiere maſſe blanche eſt-elle un corroſif ſi violent, qu'on ne peut point s'en ſervir en Médecine ; au lieu que quand elle eſt devenue rouge, elle forme un très-bon eſcarrotique, que ceux qui ſçavent s'en ſervir à propos, peuvent employer avec les plus grands ſuccès, ſur-tout dans les ulcères vénériens.

Cette préparation porte improprement le nom de *Précipité* ; car le Mercure n'a point été ſéparé de l'Acide par l'interméde d'aucune autre ſubſtance, mais par la ſeule évaporation de ce même Acide. Il ſe nomme auſſi Arcane corallin.

Il eſt à remarquer que le Mercure acquiert, par ſon union avec l'Acide nitreux, un certain degré de fixité ; car le précipité rouge peut ſoutenir ſans ſe volatiliſer un degré de chaleur plus fort que le Mercure pur, comme nous avons vu que cela arrive au Turbith minéral.

VII. PROCÉDÉ.

Combiner le Mercure avec l'Acide du Sel marin. Sublimé corrosif.

FAITES évaporer une diſſolution de Mercure dans l'Acide nitreux , juſ-qu'à ce qu'il ne reſte plus qu'une poudre blanche , comme nous l'avons dit dans les remarques ſur le procédé précédent. Mêlez avec cette poudre autant de Vitriol verd calciné en blancheur, & de Sel marin décrépité , que vous aurez fait entrer de Mercure dans votre diſſolution. Triturez le tout exactement dans un mortier de verre. Mettez ce mêlange dans un matras dont les deux tiers demeurent vuides , & dont le col ſoit coupé au milieu de ſa hauteur, ou , ce qui revient au même , dans une fiole à médecine. Placez le matras dans un bain de ſable , & entourez-le de ſable juſqu'à la hauteur de la matiere qu'il contient. Donnez d'abord un feu modéré , que vous augmenterez peu à peu. Il s'élevera des vapeurs. Entretenez le feu au même degré , juſqu'à ce qu'il n'en ſorte plus. Bouchez alors avec un papier l'orifice

P v

du vaisseau, & augmentez le feu jusqu'à faire rougir le fond du bain de sable. A ce degré de chaleur, il se fera à la partie supérieure des parois du vaisseau un Sublimé sous la forme de cristaux blancs & demi-transparens. Soutenez le feu au même degré, jusqu'à ce qu'il ne se sublime plus rien. Laissez refroidir le vaisseau ; cassez-le, & en retirez ce qui sera sublimé : c'est le Sublimé corrosif.

REMARQUES.

Le jeu des Acides minéraux est remarquable dans cette opération. Ils s'y trouvent tous les troi neutralisés, ou liés par une bâse différente. Le vitriolique y est uni au Fer, le nitreux au Mercure, avec lequel il forme un Sel nitreux mercuriel, & le marin avec sa bâse naturelle alkaline. Les Acides vitrioliques & nitreux qui sont unis à des substances métalliques, étant plus forts que celui du Sel marin, tendent à le séparer de sa bâse pour se combiner avec elle ; mais l'Acide vitriolique étant le plus fort des deux, doit s'emparer de cette bâse tout seul, à l'exclusion de l'autre, qui resteroit uni avec le Mercure, si l'Acide marin n'avoit pas une plus grande affinité que lui avec cette substance métallique. Cet Acide séparé d'avec sa bâse par l'Acide vitriolique , & devenu libre , doit donc s'unir avec le Mercure, & en séparer l'Acide nitreux, auquel il ne reste plus d'autre ressource que de s'unir avec le Fer abandonné par l'Acide vitriolique. Mais comme tous ces changemens se font à l'aide d'une chaleur assez forte , & que l'Acide nitreux n'a pas une cohésion bien grande avec le Fer , il est emporté par l'action du feu ; & c'est lui qu'on voit s'élever en vapeurs pendant l'opération. Il enleve aussi avec lui quelques parties des deux autres Acides , mais en petite quantité. Il reste donc après l'opération, 1°. une combinaison de l'Acide vitriolique avec la bâse du Sel marin , c'est-à-dire , un Sel de Glauber ; 2°. une terre martiale rouge , qui est celle qui servoit de bâse au Vitriol : ces deux substances sont confondues ensemble, & demeurent au fond du vaisseau à cause de leur fixité ; 3°. une combinaison de l'Acide marin avec le Mercure , qui étant l'un & l'autre volatils , se subliment ensemble à la partie supérieure du vase , & forment le Sublimé corrosif.

Si on réfléchit attentivement sur notre

P vj

procédé, & qu'on ait bien préfentes à l'efprit les affinités des différentes fub-ftances qu'on y emploie, on s'apperce-vra qu'il n'eft pas néceffaire de fe fervir de toutes ces matieres, & que l'opéra-tion doit réuffir, quand même on en fup-primeroit plufieurs.

Premierement, on peut fe paffer de l'Acide nitreux, qui, comme on l'a vu, n'entre point dans la combinaifon, & fe diffipe en vapeurs pendant l'opération. En mêlant donc exactement enfemble du Vitriol, du Sel marin & du Mercure, on doit faire du Sublimé corrofif ; car l'Acide du Vitriol dégageant celui du Sel marin, ce dernier peut fe combiner avec le Mercure, & former le compofé que l'on cherche.

Secondement, en employant le Mer-cure diffous par l'Acide nitreux, on peut fe paffer de Vitriol, parceque l'Acide ni-treux ayant plus d'affinité avec la bâfe du Sel marin que l'Acide de ce Sel, & l'A-cide du Sel marin ayant plus d'affinité avec le Mercure que l'Acide nitreux, ces deux Acides doivent naturellement faire un échange de bâfes auxquelles ils font unis : le nitreux doit s'unir avec la bâfe du Sel marin, & former un Nitre quadrangulaire ; & le marin s'unir avec le Mercure, & former avec lui le Sublimé corrosif.

Troisiemement, au lieu du Sel marin, on peut employer seulement son Acide, qui, mêlé dans la dissolution du Mercure par l'esprit de Nitre, doit en vertu de son affinité avec cette substance métallique, en séparer l'Acide nitreux, s'unir avec elle, & former un précipité blanc mercuriel, qui n'a besoin que d'être sublimé pour être la combinaison qu'on demande.

Quatriemement, au lieu d'employer du Mercure dissous dans l'Acide nitreux, on peut se servir du Mercure dissous par l'Acide vitriolique, ou du Turbith, en le mêlant avec le Sel marin ; ces deux substances salines doivent se décomposer réciproquement, en vertu des affinités de leurs Acides, & par les mêmes raisons que le Sel marin & le Sel nitreux mercuriel se décomposent. L'Acide vitriolique quitte le Mercure auquel il est uni, pour s'unir avec la bâse du Sel marin, & l'Acide de ce Sel chassé par le vitriolique, se combine avec le Mercure, & forme par conséquent notre Sublimé corrosif. Il reste pour lors après la sublimation un Sel de Glauber.

Toutes ces différentes manieres de faire le Sublimé corrosif ne font point abfolument ufitées, parcequ'elles ont toutes quelqu'inconvénient, comme d'exiger une trituration plus longue, de fournir un Sublimé moins corrosif, ou d'en produire une moindre quantité. Il faut pourtant en excepter la derniere, que feu M. Boulduc, de l'Académie des Sciences, a inventée, & dans laquelle il n'a remarqué aucun de ces inconvéniens. *Voyez les Mém. de l'Acad. an. 1730.*

On pourroit encore faire du Sublimé corrosif, en mêlant fimplement le Mercure avec du Sel marin fans aucun intermede. Ce qui doit paroître étonnant, attendu que les Acides ayant plus d'affinité avec les Alkalis qu'avec les fubftances métalliques, l'Acide marin ne devroit point quitter fa bâfe qui eft alkaline, pour s'unir avec le Mercure.

Il faut fe reffouvenir, pour trouver l'explication de ce phénomène, que le Sel marin pouffé au feu fans aucun intermede, laiffe un peu échapper de fon Acide. C'eft cette partie de l'Acide du Sel marin qui s'uniffant avec le Mercure, forme du Sublimé corrosif. De plus, comme l'affinité de l'Acide marin avec

le Mercure ne laiſſe point d'être forte ,
cela peut contribuer à faire détacher de
ce Sel une plus grande quantité d'Acide,
qu'il ne s'en détacheroit s'il étoit ſeul.
Nonobſtant cela , la quantité de Sublimé qu'on obtient par ce moyen n'eſt pas
grande, & ce Sublimé n'eſt pas fort corroſif. On doit encore rapporter ici une
autre combinaiſon de l'Acide marin avec
le Mercure , laquelle ſe fait en mêlant
exactement cette ſubſtance métallique
par le moyen de la trituration, avec du
Sel ammoniac. Le Mercure , de même
que tous les autres métaux, à l'exception
de l'Or, a la propriété de décompoſer
le Sel ammoniac, de ſéparer l'Alkali volatil qui lui ſert de bâſe , & de ſe combiner, à l'aide d'une très-douce chaleur,
avec ſon Acide qui , comme on le ſçait,
eſt le même que celui du Sel marin. Cette décompoſition du Sel ammoniac par
les ſubſtances métalliques fait une exception complette à la premiere colonne de la Table des Affinités de M. Geoffroy, & eſt la bâſe de pluſieurs nouveaux
médicamens trouvés par feu M. le Com-
te de la Garaye. (Voyez le Mémoire
que j'ai donné à l'Académie des Sciences ſur cette matiere. *Mém. de l'Acad.*
année 1752.)

Le Sublimé corrosif est le plus violent & le plus actif de tous les poisons corrosifs. On ne s'en sert en Médecine que pour l'appliquer extérieurement. C'est un puissant escarrotique ; il mange les chairs baveuses, & nettoie les vieux ulcères ; mais il faut sçavoir l'employer à propos, & il demande à être manié par des mains habiles. On ne l'emploie pas ordinairement seul, on le mêle à la dose d'un demi-gros dans une livre d'eau de chaux. Ce mélange jaunit, & porte le nom d'*Eau phagédénique.*

Le Sublimé corrosif ne se dissout dans l'eau qu'en petite quantité. Si on mêle dans cette dissolution un Alkali fixe, le Mercure se précipite sous la forme d'une poudre rouge. Si on fait le précipité avec un Alkali volatil, il est blanc ; par l'eau de chaux, il est jaune. Ce Sel mercuriel se dissout assez bien dans l'Esprit de vin bouillant.

VIII. PROCÉDÉ.

Sublimé doux.

PRENEZ quatre parties de Sublimé corrosif : réduisez-le en poudre dans

un mortier de verre ou de marbre : ajou-
tez-y peu à peu trois parties de Mercure
revivifié du Cinnabre : triturez le tout
exactement jusqu'à ce que le Mercure
soit parfaitement éteint, & que vous
n'en apperceviez plus aucun globule. La
matiere en cet état sera grise. Mettez cette poudre dans des fioles à médecine, ou
dans un matras dont le col n'ait pas plus
de quatre à cinq pouces de hauteur, &
dont les deux tiers demeurent vuides.
Placez le vaisseau dans un bain de sable,
& entourez-le de sable jusqu'au tiers de
sa hauteur. Donnez un feu modéré d'a-
bord, puis augmentez-le jusqu'à ce que
vous apperceviez que le mêlange se sublime. Soutenez-le à ce degré, jusqu'à
ce qu'il ne se sublime plus rien. Cassez
ensuite le vaisseau. Rejettez comme inutile un peu de terre qui sera au fond. Séparez aussi ce qui sera attaché au col du
vaisseau, & ramassez avec exactitude la
matiere du milieu qui sera blanche. Pul-
vérisez-la : faites-la sublimer une seconde
fois de la même maniere que la premiere:
séparez de même, après la sublimation,
la matiere terreuse qui reste au fond du
vaisseau, & ce qui s'est sublimé au col.
Faites sublimer une troisieme fois la ma-

tiere blanche du milieu , après l'avoir
pulvérifée. La matiere blanche de ce
troifieme Sublimé eft le Sublimé doux ,
nommé auffi *Aquila alba.*

REMARQUES.

Il s'en faut bien que l'Acide du Sel
marin foit entierement faoulé de Mercure dans le Sublimé corrofif ; & c'eft
delà que vient la qualité corrofive de ce
compofé falin. Mais quoique le Mercure , comme on le voit par l'exemple de
cette combinaifon , foit capable de fe
charger d'une beaucoup plus grande
quantité d'Acide , que celle qui eft néceffaire pour le diffoudre ; quoiqu'il fe
charge naturellement de cette quantité
furabondante d'Acide, ce n'eft pas à dire
pour cela que cet Acide furabondant ne
puiffe fe combiner avec le Mercure jufqu'au point de faturation , de maniere
qu'il perde fon acidité corrofive.

C'eft ce qui arrive dans l'opération
dont nous venons de donner la defcription. On mêle avec le Sublimé corrofif
une nouvelle quantité de Mercure coulant ; & le nouveau Mercure fe combinant avec l'Acide furabondant , ôte au
Sublimé fon acrimonie , & forme un

composé qui approche beaucoup plus de la nature d'un Sel neutre métallique.

La seule trituration n'est pas suffisante pour produire l'union du Mercure nouvellement ajouté avec l'Acide du Sublimé corrosif, parceque l'Acide du Sel marin ne peut pour l'ordinaire dissoudre le Mercure qu'à l'aide d'un certain degré de chaleur, & lorsqu'il est réduit en vapeurs.

Ainsi, quoiqu'après la trituration le nouveau Mercure soit devenu invisible, & paroisse combiné avec le Sublimé corrosif, il ne l'est cependant point intimement : ce n'est qu'une interposition de parties, & il n'y a point encore de vraie dissolution du Mercure nouvellement ajouté, par l'acide surabondant du Sublimé corrosif. C'est pourquoi il faut faire sublimer le mélange ; & c'est dans cette sublimation que se fait véritablement l'union qu'on desire. Une seule sublimation n'est pas même suffisante ; il en faut jusqu'à trois, pour ôter au Sublimé la qualité corrosive qui le rend poison. Après la troisieme sublimation, le Sublimé mis sur la langue n'y fait pas une impression d'âcreté considérable, & il ne retient de sa premiere activité, que ce qu'il lui en

faut pour être un purgatif affez doux depuis la dofe de fix jufqu'à trente grains.

Si on ne mêloit avec le Sublimé corrofif qu'une quantité de Mercure moindre que celle que nous avons prefcrite,
tout l'Acide furabondant ne feroit point
fuffifamment faoûlé, & le Sublimé retien-
droit d'autant plus de fa vertu corrofive,
qu'on auroit ajouté une moindre quantité de Mercure.

Si au contraire on en ajoutoit davantage, il y en auroit trop pour la faturation parfaite de l'Acide, & la quantité
de Mercure excédente demeureroit fous
fa forme naturelle de Mercure coulant.
Il vaut mieux pécher par excès que par
défaut dans la dofe de Mercure qu'on
ajoute, parceque le Sublimé corrofif
n'en prend que la quantité qui lui eft néceffaire pour fe dulcifier.

Une partie de l'Acide du Sublimé corrofif fe diffipe auffi en vapeurs pendant
l'opération, & il eft néceffaire de donner
un efpace à ces vapeurs pour circuler, &
une porte pour fortir, fans quoi elles
briferoient les vaiffeaux. C'eft pour cela
que nous avons prefcrit de laiffer un
vuide dans les matras, ou fioles dans lefquelles on fait cette fublimation, & de

ne laisser à leur col que la longueur de cinq à six pouces.

La matiere qui se sublime au col du vaisseau a toujours beaucoup d'âcreté : c'est pourquoi il faut la séparer du Sublimé doux. Il reste aussi au fond du matras une matiere terreuse & rougeâtre, qui vient vraisemblablement du Vitriol dont on s'est servi pour faire le Sublimé corrosif. Il faut aussi séparer cette matiere à chaque sublimation, comme inutile.

IX. PROCÉDÉ.

Panacée mercurielle.

REDUISEZ en poudre du Sublimé doux, & faites - le sublimer de la même maniere que les trois premieres fois. Réitérez ainsi jusqu'à neuf fois. Après ces sublimations, il ne fera plus sur la langue aucune impression. Versez alors dessus un Esprit-de-vin aromatisé, & faites digerer le tout pendant huit jours. Après ce temps décantez l'Esprit-de-vin, & faites sécher ce qui reste : c'est la Panacée mercurielle.

REMARQUES.

Le grand nombre de sublimations qu'on fait subir au Sublimé doux, l'adoucit encore à un tel point, qu'il ne fait plus aucune impreſſion ſur la langue, & qu'il n'a plus de vertu purgative.

L'Eſprit-de-vin dans lequel on le fait digérer après toutes ces ſublimations, eſt deſtiné à émouſſer encore l'âcreté de quelques particules acides, en cas qu'il en ſoit reſté qui n'aient pas été ſuffiſamment adoucies par les ſublimations.

Comme le Mercure eſt le reméde ſpécifique des maladies vénériennes, on a cherché à en faire pluſieurs préparations qui fuſſent propres à produire différens effets. Le Sublimé doux eſt purgatif; & par cette raiſon n'eſt pas abſolument propre à procurer la ſalivation, parcequ'il entraîne les humeurs par le ventre. La Panacée mercurielle, au contraire, qui n'eſt point purgative, peut procurer la ſalivation étant priſe intérieurement.

SECTION TROISIEME.

Des Opérations qui se font sur les Demi-Métaux.

CHAPITRE PREMIER,

De l'Antimoine.

PREMIER PROCEDÉ.

Séparer l'Antimoine de sa mine par la fusion.

METTEZ dans un creuset, dont le fond soit percé de quelques petits trous d'environ deux lignes de diametre, la mine d'Antimoine réduite en petits morceaux gros environ comme une noisette. Faites entrer le fond du creuset ainsi disposé dans un autre creuset, & fermez avec du lut toutes les ouvertures des deux creusets.

Entourez ces vaisseaux avec des briques placées de tous côtés à la distance d'un demi-pied, & qui forment un fourneau dont les bords s'élevent auſſi haut que ceux du creuſet ſupérieur.

Empliſſez avec de la cendre le fond de ce fourneau, dans lequel eſt contenu le creuſet inférieur, juſqu'à la hauteur de ce même creuſet, & le reſte du fourneau avec du charbon allumé. Excitez le feu, s'il eſt néceſſaire, avec un ſouflet, enſorte que le creuſet ſupérieur devienne rouge. Entretenez le feu à ce degré pendant environ un quart-d'heure. Après ce temps, retirez les vaiſſeaux du fourneau, & vous trouverez que l'Antimoine ſe ſera raſſemblé au fond du creuſet inférieur, ayant paſſé par les trous du ſupérieur.

REMARQUES.

La mine d'Antimoine eſt une des plus fuſibles; elle contient toujours beaucoup de Soufre, & ne ſçauroit éprouver un degré de feu un peu fort, ſans ſe diſſiper en vapeurs. Elle n'a beſoin d'aucune addition pour ſe fondre; car il n'eſt pas néceſſaire dans cette occaſion, que les matieres terreuſes & pierreuſes qui y ſont mêlées entrent en fuſion : il ſuffit que la partie antimoniale ſe fonde; & auſſitôt qu'elle eſt devenue fluide, elle eſt dé-
terminée

terminée par son poids à couler au fond du creuset. Elle se sépare ainsi d'avec les matieres hétérogènes qui restent dans le creuset supérieur , tandis qu'elle passe par les trous du fond de ce même creuset , & se rassemble dans l'inférieur.

La précaution de fermer toutes les ouvertures des creusets , est nécessaire à cause de la volatilité de ce minéral. C'est aussi pour empêcher que l'Antimoine une fois fondu ne continue d'être exposé à une chaleur vive , qu'on le fait descendre dans un vaisseau , qui n'étant environné que de cendres , ne peut éprouver que fort peu de chaleur , la cendre étant celui des intermedes solides qui en transmet le moins.

II. PROCÉDÉ.

Régule d'Antimoine ordinaire.

RÉDUISEZ en poudre de l'Antimoine crud. Mêlez - le avec les trois quarts de son poids de Tartre blanc , & trois sixiémes de Salpêtre rafiné , le tout réduit en poudre. Faites rougir un grand creuset entre les charbons , puis jettez dedans une cuillerée de votre mélange,

& le couvrez. Il ſe fera une détonnation
aſſés conſidérable. Quand elle ſera paſ-
ſée, jettez dans le creuſet une ſeconde
cuillerée du mêlange, & couvrez de même : il ſe fera une ſeconde détonnation.
Continuez ainſi à ajoûter le reſte de votre mêlange par cuillerées, juſqu'à ce
que tout ſoit entré dans le creuſet.

Tout le mêlange ayant ainſi fulminé,
augmentez le feu, enſorte que la matiere ſe mette en fuſion ; puis retirez le
creuſet du fourneau, & verſez promptement ce qu'il contient dans un cône
de fer chauffé & graiſſé de ſuif. Frappez
le plancher & le cône avec un marteau
pour faire précipiter le Régule ; & quand
la matiere ſera figée & refroidie, reti-
rez-la du cône en le renverſant. Vous
verrez qu'elle eſt compoſée de deux ſortes de ſubſtances diſtinctes ; l'une ſupérieure qui eſt une ſcorie ſaline, & l'autre inférieure qui eſt la partie réguline.
Frappez cette maſſe d'un coup de marteau dans l'endroit de la jonction, &
vous ſéparerez par ce moyen les ſcories
d'avec le Régule, qui aura la forme d'un
cône métallique, ſur la bâſe duquel vous
remarquerez l'empreinte d'une étoile
brillante.

REMARQUES.

L'Antimoine, quoique féparé par une premiere fufion d'avec les matieres terreufes & pierreufes, ne doit cependant être regardé que comme une mine, à à caufe de la grande quantité de Soufre qu'il contient, qui minéralife la partie métallique ou le Régule. Si donc on veut avoir ce Régule pur, il eft néceffaire de le féparer d'avec le Soufre qui lui eft uni. Il y a plufieurs moyens pour y parvenir. Celui que nous avons propofé eft un des plus prompts & des plus faciles, quoiqu'il ne foit point abfolument exempt d'inconvéniens, comme nous allons voir.

Le Salpêtre qu'on fait entrer dans le mélange détonne à la faveur du Soufre de l'Antimoine, qu'il confume, & dont il débarraffe la partie réguline : mais comme il feroit capable de confumer auffi une partie du phlogiftique même qui donne la forme métallique au Régule, on ajoûte du Tartre, qui contenant beaucoup de matiere inflammable, en fournit fuffifamment pour la détonnation du Nitre, ou plutôt eft en état de reftituer à la terre métallique de l'Antimoine, le phlogistique qui auroit pu être consumé par le Nitre.

En faisant réflexion sur ce qui se passe dans cette opération , on s'appercevra aisément qu'il doit y avoir beaucoup de perte , & qu'il s'en faut bien qu'on retire par cette méthode tout ce que l'Antimoine peut fournir de Régule; car 1°, le Régule d'Antimoine étant une substance volatile , il doit s'en dissiper beaucoup pendant la détonnation , & une quantité d'autant plus grande , que la détonnation se faisant à plusieurs reprises , est prolongée pendant un temps considérable. Les fleurs qu'on peut ramasser en présentant des corps froids à la fumée qui s'éleve dans cette opération, lesquelles peuvent se réduire en Régule par l'addition du phlogistique , sont la preuve de ce que nous venons d'avancer.

2°. Tout le Soufre de l'Antimoine n'est pas consumé dans cette occasion par le Nitre, & l'Acide de celui qui s'est brulé se joignant avec une partie de l'Alkali qui provient de la déflagration du Nitre & du Tartre , forme un Tartre vitriolé qui trouve suffisamment de phlogistique dans le mélange, & reforme de nouveau Soufre. Or ce Soufre , soit qu'il n'ait

point été confumé, foit qu'il fe foit re-
produit pendant l'opération, fe combine avec l'Alkali, & forme un Foie de
Soufre qui diffout une partie du Régule,
lequel refte confondu avec les fcories.
La preuve de cela eft, que fi on mêle
de la limaille de fer avec ces fcories, &
qu'on les mette en fufion une feconde
fois : on trouve au fond du creufet un
culot de Régule qu'elles contenoient,
& qui en a été féparé par l'interméde du
Fer. Nous nous étendrons davantage·là-
deffus dans le procédé du Régule martial, que nous allons donner à la fuite de
celui-ci.

Si au lieu de fondre nos fcories avec
la limaille de fer, on les pulvérifoit,
qu'on les fît bouillir dans de l'eau, &
qu'on versât un Acide fur cette eau, la
liqueur fe troubleroit auffitôt, & il fe
formeroit un précipité fulphureux, nommé communément *Soufre doré d'Antimoine*, qui n'eft autre chofe que du Soufre commun uni encore avec quelques
parties de Régule. Nouvelle preuve de
ce que nous avons avancé fur la formation du Foie de Soufre dans notre opération.

Comme le Régule d'Antimoine n'eft

point une chose bien précieuse, on ne prend pas garde ordinairement à la perte qu'on en fait dans ce procédé. Nous aurons occasion dans la suite, d'indiquer des moyens de faire ce Régule avec moins de perte.

III. PROCÉDÉ.

Régule d'Antimoine précipité par les métaux.

METTEZ une partie de petits clous de fer dans un creuset, placé au milieu des charbons ardens, dans un fourneau de fusion. Quand ce Fer sera bien rouge, & commencera à blanchir, ajoûtez-y peu à peu, & à plusieurs reprises, deux parties d'Antimoine crud, réduit en poudre. L'Antimoine se fondra aussitôt, & s'unira avec le Fer. Quand l'Antimoine sera entierement fondu, ajoûtez aussi à plusieurs reprises le quart de son poids de Nitre pulvérisé : il se fera une détonnation, & tout le mélange se mettra en fusion.

Après avoir entretenu la matiere en cet état pendant quelques minutes, versez-la dans un cône de fer chauffé &

graiſſé de ſuif. Frappez aux côtez du cône avec un marteau, afin que le Régule
deſcende au fond ; & lorſqu'il ſera refroidi, ſéparez-le des ſcories par un coup
de marteau. Faites refondre dans un autre creuſet ce premier Régule, en y
ajoûtant le quart de ſon poids d'Antimoine crud. Tenez le creuſet fermé, &
ne donnez que ce qu'il faut de chaleur
pour fondre la matiere. Quand elle ſera
bien en fonte, ajoûtez-y, de même que
la premiere fois, à pluſieurs repriſes, la
ſixiéme partie de ſon poids de Nitre pulvériſé : un demi-quart d'heure après verſez le tout comme la premiere fois.

Enfin, faites refondre encore votre
Régule une troiſiéme, & même une quatriéme fois, en y ajoûtant à chaque fois
un peu de Nitre. Ce Nitre détonnera
comme les premieres fois. Si après toutes ces fuſions vous verſez votre Régule
dans le cône de fer, vous le trouverez
très-beau : il aura une étoile bien formée : il ſera couvert d'une ſcorie demi-
tranſparente, & de couleur de citron.
Cette ſcorie eſt extrêmement âcre &
cauſtique.

REMARQUES.

Quoique le Régule d'Antimoine s'u-
nisse très-facilement avec le Soufre &
ne se trouve jamais dans la terre sans
être combiné avec cette substance, il ne
s'ensuit pas que l'affinité qu'il a avec ce
minéral soit plus grande que celle qu'il a
avec les autres substances métalliques, au
contraire, tous les métaux, excepté l'Or,
ont plus d'affinité avec le Soufre que ce
demi-métal.

Il suit de-là, que tous les métaux peuvent servir d'interméde pour décomposer l'Antimoine, & séparer la partie sulphureuse d'avec la métallique. Ainsi, au
lieu de se servir du Fer, comme nous
l'avons prescrit, on pourroit employer
du Cuivre, du Plomb, de l'Etain, ou de
l'Argent, & on parviendroit à faire du
Régule par leur moyen. Mais comme
de toutes les substances métalliques, le
Fer est celle qui a la plus grande affinité
avec le Soufre, on se sert de lui dans
cette occasion par préférence à toutes les
autres.

Il en revient deux avantages : le premier, c'est que l'opération se fait plus
vîte & plus facilement ; & le second,

c'est que le régule en est plus pur , &
contient une moindre quantité du métal
précipitant : car c'est une regle générale , que lorsqu'on se sert d'une substance
métallique pour en précipiter une autre ,
la substance précipitée est toujours un
peu altérée par le mêlange de quelques
parties de la précipitante. Or plus le précipitant a d'affinité avec la matiere qui
est unie à celle qu'on veut précipiter, &
moins le précipité retient de ce précipitant.

Le Fer se fond assés facilement dans
notre procédé , à cause de l'union qu'il
contracte avec le Soufre , lequel , comme nous l'avons dit , a la propriété de
rendre très-fusible ce métal , le plus réfractaire de tous lorsqu'il est seul.

La scorie qu'on trouve sur le Régule
de la premiere fusion , est une combinaison du Fer & de la partie sulphureuse de l'Antimoine. Cette scorie est
extrêmement dure , & on a de la peine
à la séparer d'avec le Régule. Le Nitre
qu'on ajoûte , & qui s'alkalise , s'unissant
avec elle la rend moins dure, & lui donne la propriété de s'humecter à l'air. On
pourroit substituer au Nitre un Sel alkali.

Q v

Le Nitre qui s'alkalife dans l'opération, ou le Sel alkali qu'on ajoûte, procure encore un autre avantage : c'eft
que s'uniffant avec une partie du Soufre
de l'Antimoine, ils font un Foie de Soufre qui diffout le Fer, le retient, & empêche que celui qui ne s'eft point encore combiné avec le Soufre pur, ne fe
joigne avec autant de facilité au Régule.

Enfin, le Nitre ou les Sels alkalis qu'on
ajoûte, fervent auffi à faciliter beaucoup
la fufion, à la rendre plus parfaite ; &
procurent une précipitation du Régule
plus complette.

La feconde fufion qu'on fait fubir au
Régule, eft deftinée à le purifier du mêlange du Fer. Le nouvel Antimoine
qu'on ajoûte venant à fe fondre avec le
Régule, le Soufre que cet Antimoine
contient, fe joint avec les parties ferrugineufes qui font dans ce Régule ; & ce
Fer devenu plus léger par cette union,
eft pouffé à la furface de la matiere. Il
y forme une efpece de fcorie, dans laquelle fe trouve mêlé beaucoup d'Antimoine, dont le Régule n'a pas été précipité, parcequ'il n'y a point affés de Fer
pour cela dans le mélange. Le Sel qu'on
ajoûte y produit le même effet que dans
la premiere fufion.

Mais si d'un côté on purifie par l'addition de ce nouvel Antimoine le Régule précipité par la premiere fusion, de la plus grande partie du Fer dont il étoit allié ; d'un autre côté on ne peut éviter que ce même Régule ne se recombine avec quelques parties sulphureuses.

C'est pour le séparer entierement de ces parties sulphureuses, qu'on doit le faire fondre encore une fois ou deux, en y ajoûtant un peu de Nitre qui les consume dans sa détonnation. Mais cela ne se peut faire sans qu'une partie du phlogistique même qui donne la forme métallique au Régule ne soit aussi consumée : d'où il arrive qu'une partie de ce Régule se réduit en chaux, qui à l'aide du Nitre alkalisé se convertit en verre ; & c'est ce verre qui mêlé dans les scories leur donne la couleur jaune qu'on y apperçoit. Cette couleur jaune peut être produite aussi par quelques parties ferrugineuses, dont il reste toujours une petite quantité combinée avec le Régule, malgré sa premiere dépuration par l'Antimoine.

Il est inutile de réitérer un plus grand nombre de fois les fusions du Régule, en y ajoûtant du Nitre, dans le dessein

Q vj

de confumer le Soufre qu'il peut encore contenir ; parcequ'après la feconde fufion, il n'en contient plus du tout, & ne retient que le phlogiftique qui lui eft néceffaire pour lui donner la forme métallique. On ne feroit par-là que calciner le Régule en pure perte.

On voit, par ce que nous venons de dire, qu'on n'obtient point encore par ce procédé tout le Régule qu'on peut retirer de l'Antimoine, puifque les fufions qu'on eft obligé de lui faire fubir avec le Nitre pour le purifier, en détruifent une partie. Nous donnerons un procédé pour tirer de l'Antimoine la plus grande quantité de Régule qu'il foit poffible d'en tirer, quand nous aurons parlé de la calcination, qui eft en quelque forte la premiere partie du procédé.

IV. PROCÉDÉ.

Calcination de l'Antimoine.

PRENEZ un vaiffeau de terre évafé qui ne foit point verni : mettez dedans deux ou trois onces d'Antimoine crud, réduit en poudre fine. Placez ce vaiffeau fur un petit feu de charbon, que vous augmenterez jusqu'à ce que vous voyiez que l'Antimoine commence à fumer doucement. Entretenez le feu à ce degré, & ne discontinuez pas pendant tout le temps que votre Antimoine sera sur le feu, de le remuer avec un tuyau de pipe. La poudre d'Antimoine qui avoit, avant d'être calcinée, une couleur brillante tirant sur le noir, deviendra terne & terreuse. Quand elle aura cette couleur, il faut augmenter le feu jusqu'à faire rougir le vaisseau, & l'entretenir à ce degré jusqu'à ce que la matiere cesse entierement de fumer.

REMARQUES.

L'Antimoine est, comme nous avons dit, une espece de mine composée d'une partie métallique ou réguline, minéralisée par le Soufre.

Le but de cette calcination est de dissiper par l'action du feu la partie sulphureuse qui est la plus volatile, pour la séparer de la partie métallique. C'est, comme on voit, une véritable torréfaction : mais elle est fort difficile, & demande beaucoup d'attention, parceque l'Antimoine entre en fusion très-facilement, & qu'il est essentiel pour la réussite de

l’opération, qu’il ne se fonde point, parceque quand la matiere est en fusion, le
Soufre a besoin d’un degré de chaleur
plus considérable pour être enlevé. Or
comme le Régule d’Antimoine est lui-
même très-volatil, si on lui faisoit éprouver le degré de chaleur nécessaire pour
dissiper le Soufre dans le cas de fusion,
une bonne partie du Régule se dissipe-
roit aussi avec le Soufre.

Si donc il arrivoit que pendant la calcination l’Antimoine commençât à se fondre, ce dont on s’apperçoit aisément,
parcequ’il se met en grumeaux, il faudroit le retirer de dessus le feu, repul-
vériser les parties qui seroient grumelées ;
& continuer après cela la calcination à
un degré de feu moins actif.

Lorsque l’Antimoine a perdu son brillant, & est devenu semblable à une matiere terreuse, il est temps d’augmenter
le degré de chaleur pour achever la calcination, parceque les dernieres portions
de Soufre sont toujours plus difficiles à
enlever. D’ailleurs les inconvéniens dont
nous venons de parler, ne sont plus à
craindre, parceque comme c’est le Soufre qui donne la grande fusibilité à la
partie réguline, ce qui en reste est beau-

coup moins fufible, lorfque la plus grande partie du Soufre eft diffipée : & comme on ne peut diffiper le Soufre furabondant de l'Antimoine, qu'une bonne partie du phlogiftique qui métallife fon Régule ne fe diffipe en même temps, la matiere qui refte approche beaucoup plus de la nature d'une chaux, que d'une fubftance métallique, & participe par conféquent de la nature des chaux métalliques, qui ont toutes beaucoup de fixité.

On peut faire auffi la calcination de l'Antimoine, en mêlant avec le minéral partie égale de charbon pulvérifé. Le charbon n'étant point fufceptible de fufion, empêche l'Antimoine de fe grumeler, il l'empêche auffi de perdre autant de fon phlogiftique métallifant, qu'il en perdroit fans cela : d'où il arrive que la chaux d'Antimoine préparée par ce moyen, approche davantage de la nature du Régule, que celle qui eft faite fans addition.

S'il arrivoit qu'on poufsât le feu trop fortement dans cette calcination avec la poudre de charbon, il fe feroit une efpece de réduction de la chaux en Régule, par le moyen du phlogiftique qui

lui feroit fourni par le charbon ; & pour
lors le Régule fe diffiperoit en vapeurs,
d'autant plus facilement, que cette chaux
qui approche de la nature du Régule,
n'a pas la même fixité que celle qui eft
préparée fans addition. Elle continue,
par cette raifon, à fumer toujours, quoiqu'elle ne contienne plus de Soufre furabondant. C'eft pourquoi il ne faut pas
attendre qu'elle ne fume plus pour cef-
fer la calcination ; car on en perdroit
beaucoup qui fe diffiperoit en vapeurs :
il fuffit qu'étant médiocrement rouge ,
elle ne laiffe plus échapper de vapeurs,
qui ayent l'odeur de Soufre brûlant.

V. PROCÉDÉ:

Réduire la chaux d'Antimoine en Régule.

MEslez la chaux d'Antimoine, que
vous voudrez réduire en Régule,
avec autant de favon noir. Ce mêlange
formera une pâte un peu liquide. Mettez peu à peu cette pâte dans un creufet que vous aurez fait rougir au milieu
des charbons ardens. Laiffez brûler ainfi
le favon, jufqu'à ce qu'il ne s'éleve plus

de fumée huileufe. Couvrez enfuite le creufet, & augmentez le feu affés confidérablement pour faire fondre la matiere. Vous l'entendrez fermenter & bouillonner. Quand ce bruit fera appaifé, laiffez refroidir le creufet, puis caffez-le : vous y trouverez une belle fcorie, avec des cercles de différentes couleurs, & fous cette fcorie un culot de Régule qui n'eft pas encore bien pur, & qu'il faut purifier de la maniere fuivante.

Réduifez en poudre ce premier Régule, & mêlez-le avec la moitié de fon poids de chaux d'Antimoine autant défulphurée qu'elle puiffe l'être. Mettez-le dans un creufet que vous couvrirez : faites fondre le tout, enforte que la furface de la matiere fondue foit liffe & tranquille. Laiffez refroidir le creufet ; caffez-le : vous y trouverez un culot de beau Régule bien pur, qui fera couvert de fcories ayant l'apparence d'un verre opaque, ou efpece d'émail d'une couleur grife, & moulé fur les ftries fines de la furface du Régule.

REMARQUES.

La chaux d'Antimoine eft de toutes

les chaux métalliques, une de celles dont
la réduction se fait le plus facilement.
Toute matiere qui contient du phlogistique , la seule poudre de charbon
suffit pour lui faire prendre la forme
de Régule, sans qu'il soit besoin de rien
ajoûter qui facilite la fusion, parceque
cette chaux qui n'est pas elle-même absolument réfractaire , acquiert encore
beaucoup plus de fusibilité , à mesure
qu'elle se combine avec le phlogistique,
& qu'elle devient Régule.

Quoique toutes les matieres inflammables soient propres à faire la réduction de la chaux d'Antimoine, il y en a
cependant avec lesquelles l'opération
réussit mieux qu'avec les autres, & qui
fournissent une plus grande quantité de
Régule. Les matieres grasses , jointes
avec des Sels alkalis, sont celles qui dans
cette réduction, comme dans la plupart
des autres, réussissent le mieux. Le flux
noir , par exemple , y est très-propre ;
mais M. Geoffroy, qui a beaucoup travaillé sur l'Antimoine , a reconnu par
une expérience réitérée , que le savon
noir y étoit encore plus propre, & qu'on
retiroit par son moyen une plus grande
quantité de Régule, qu'avec aucun au-

tre réductif. C'est d'un des Mémoires qu'il a donnés sur cette matiere à l'Académie des Sciences, que nous avons tiré le procédé dont nous venons de faire la description.

Le savon noir est composé d'une lessive d'Alkali fixe, comme de potasse, par exemple, & de chaux vive, qu'on unit par ébullition avec l'huile de lin, l'huile de navette, ou avec celle de chenevis, quelquefois même avec des graisses. Les matieres huileuses contenues dans ce réductif, commencent par se brûler, & se réduire en charbon dans le creuset. Quand elles sont en cet état, on ferme le creuset, & on augmente la chaleur pour faire fondre la matiere. C'est dans ce temps que se fait la réduction : le bruit & le bouillonnement qu'on entend en sont l'effet.

Le Régule qu'on obtient par cette premiere fusion, n'est pas encore bien pur.

Il est altéré par le mêlange d'une certaine quantité de terre non métallique qui étoit contenue dans l'Antimoine, & par une portion de la terre calcaire du savon.

M. Geoffroy s'est assuré que c'étoit cette substance qui altéroit la pureté de

fon Régule, en mettant ce Régule dans
de l'eau : il a remarqué une ébullition
fort vive autour des culots, qui a duré
avec quelques-uns plus de vingt-quatre
heures. En les examinant avec la loupe,
il a découvert de petits trous impercep-
tibles à la vue fimple, & par lefquels l'eau
s'introduifoit pour fe joindre avec la
chaux détenue dans l'intérieur du Régule, & l'éteindre parcequ'elle s'étoit re-
calcinée pendant l'opération.

On pourroit purifier ce Régule par
la fimple fufion, fans aucune addition,
parceque les parties de la chaux étant
plus légeres que celles du Régule, feroient repouffées à la furface, fur laquelle elles formeroient une efpece de fcorie. Mais M. Geoffroy a remarqué, que
dans ce cas jamais la furface du Régule
n'eft bien nette; qu'elle eft toujours fa-
lie par des fcories extrêmement adhérentes, & qu'il ne s'y forme point d'é-
toile. De plus, il faut tenir le Régule
long-temps dans un flux très-liquide,
pour donner le temps aux matieres hétérogènes, qui empêchent la réunion
parfaite de fes parties, de prendre le deffus par leur légereté. Or plus on tient
le Régule long-temps en fonte, plus il

s'en évapore, à cause de sa volatilité, par conséquent il a fallu avoir recours à un autre moyen.

Nous avons indiqué dans le procédé celui qui a le mieux réussi à M. Geoffroy. Il consiste à refondre le Régule, en y ajoûtant un peu de nouvelle chaux d'Antimoine bien dépouillée de Soufre. Cette chaux étant facilement vitrifiable par elle-même, & se combinant avec les parties terreuses qui altérent le Régule, & qui ne peuvent se vitrifier sans addition, les scorifie, & forme avec elles le verre opaque ou l'espece d'émail qu'on trouve sur ce Régule ainsi purifié.

L'étoile qui se trouve sur la partie du Régule d'Antimoine qui étoit contigue aux scories, est une marque de sa pureté, & une preuve que l'opération a été bien faite. Cette étoile n'est autre chose qu'un arrangement particulier des parties d'Antimoine, qui ont la propriété de se disposer naturellement en facettes & en aiguilles. La fusion parfaite, tant du Régule que des scories qui le couvrent, donne la liberté aux parties de Régule de s'arranger de cette maniere. Cet arrangement paroît non-seulement à la surface supérieure du culot de Régule ;

mais fi on caffe ce culot on apperçoit le même arrangement dans fon intérieur. Il y a des pyrites rondes dont l'intérieur eft auffi difpofé à peu près de même, & paroît un amas de rayons qui partent d'un centre commun.

On obtient par le procédé de M. Geoffroy une quantité de Régule plus que double de celle qu'on retire par le procédé ordinaire, qui n'en fournit qu'à peu près quatre onces par livre, au lieu que celui-ci en fournit huit à dix onces.

Lorfqu'on a calciné l'Antimoine avec la poudre de charbon, ce qui refte après que tout le Soufre eft diffipé, n'eft pas, à proprement parler, une chaux d'Anti-moine; mais une efpece de Régule déja tout fait, & qui ne différe du Régule or-dinaire, qu'en ce que fes parties font défunies, & ne font point raffemblées en une feule maffe. La preuve en eft, que fi on fond cette prétendue chaux d'Antimoine, elle fe réunit en Régule, fans qu'il foit befoin pour cela d'y ajoû-ter aucune matiere inflammable propre à en faire la réduction. Il eft vrai qu'on n'en retire point autant de Régule par ce moyen, que lorfqu'on ajoûte un ré-ductif; mais cela n'empêche pas que cette expérience ne fasse la preuve de ce que je viens d'avancer, parcequ'on ne peut fondre le Régule d'Antimoine sans éviter d'en perdre une quantité plus ou moins grande, soit parcequ'il s'en dissipe une partie en vapeurs, soit parcequ'il y en a une partie qui perd son phlogistique dans la fusion, & qui se réduit en chaux.

VI. PROCÉDÉ.

Calcination de l'Antimoine par le Nitre. Foie d'Antimoine. Saffran des métaux.

PULVERISEZ & mêlez exactement ensemble parties égales de Nitre & d'Antimoine : mettez le mélange dans un mortier de fer, & le couvrez d'une tuile qui ne le ferme pourtant point exactement. Introduisez dans le mortier un charbon ardent, que vous retirerez après avoir mis le feu à la matiere. Le mélange s'enflammera, & il se fera une grande détonnation, laquelle étant passée, & le mortier refroidi, vous le renverserez, & vous frapperez contre le fond, afin de faire tomber la matiere. Vous séparerez ensuite, par un coup de

marteau, les scories d'avec la partie lui-
sante qui est le Foie d'Antimoine.

REMARQUES.

Le Nitre s'enflamme & détonne dans
cette opération avec le Soufre de l'Antimoine : il ne reste plus que la terre métallique de ce minéral, qui ne trouvant
aucune substance qui puisse lui redonner
du phlogistique, ne prend point la forme de Régule ; mais étant combinée
avec une grande quantité de matieres
salines fondues, commence elle - même
à se mettre en fusion, & forme une espece de vitrification, qui n'est pas cependant complette, parceque les matieres ne restent pas assés long-temps fondues, & se refroidissent trop vîte. Cette
préparation d'Antimoine est un violent
émétique. On s'en sert pour faire le Vin
& le Tartre émétiques : on en fait prendre aussi en substance aux chevaux.

Les matieres salines qui se trouvent
après l'opération en forme de scories, ou
même confondues avec le Foie d'Antimoine, sont un Nitre fixé dont une partie est combinée avec l'Acide du Soufre,
& forme avec lui un Sel neutre analogue au Tartre vitriolé, & une espece de
Foie

Foie de Soufre, qui tient un peu de Régule. On pulvérise ordinairement le Foie d'Antimoine, & on le lave avec de l'eau pour diffoudre & enlever tous les Sels. Lorfqu'il eft ainfi pulvérifé & lavé, il fe nomme *Saffran des métaux*. Si on fondoit le Foie d'Antimoine avec quelque matiere inflammable, on le réduiroit en Régule, parcequ'il n'eft autre chofe qu'une chaux métallique demi-vitrifiée.

VII. PROCÉDÉ.

Autre calcination d'Antimoine par le Nitre. Antimoine diaphorétique. Matiere perlée. Cliffus d'Antimoine.

MESLEZ enfemble une partie d'Antimoine & trois parties de Nitre ; projettez ce mêlange par cuillerées dans un creufet que vous entretiendrez rouge dans un fourneau. Il fe fera une détonnation à chaque projection. Continuez ainfi jufqu'à ce que vous ayez employé tout votre mêlange : pouffez le feu enfuite pendant deux heures : jettez votre matiere dans une terrine remplie d'eau chaude. Laiffez-la tremper chaudement dans cette eau l'efpace d'un jour.

Tome I. R

Décantez après cela la liqueur : lavez dans de l'eau tiéde la poudre blanche que vous trouverez au fond : réitérez la lotion jufqu'à ce que la poudre foit infipide. Faites-la fécher après cela , c'eft l'Antimoine diaphorétique.

REMARQUES.

Cette opération différe de la précédente , par la quantité de Nitre qu'on fait détonner avec l'Antimoine. Dans l'opération précédente , on ne met, comme nous avons vu , qu'une partie de Nitre fur une partie d'Antimoine ; & dans celle-ci on met trois parties de Nitre contre une de ce minéral : auffi la chaux qui en réfulte eft-elle bien différente de celle de l'opération précédente.

Premierement , le Foie d'Antimoine a une couleur rougeâtre , au lieu que l'Antimoine diaphorétique eft très blanc. Secondement , le Foie d'Antimoine eft comme demi-vitrifié ; l'Antimoine diaphorétique, au contraire , eft fous la forme d'une poudre , dont les parties n'ont enfemble aucune liaifon.

On trouve aifément la raifon de ces différences , en confidérant que comme le Foie d'Antimoine eft le réfultat d'une calcination qui n'a été faite qu'avec une partie de Nitre, & que cette quantité n'est pas suffisante pour consumer tout le Soufre de l'Antimoine, ce qui reste après la détonnation n'est pas encore entierement privé de phlogistique ; de-là lui vient la couleur qu'il conserve : & la facilité à se fondre , mais que lorsqu'au lieu d'une partie de Nitre , on en ajoûte trois , non-seulement cette quantité est suffisante pour consumer tout le Soufre & le phlogistique de l'Antimoine , mais même elle est trop grande ; car on retrouve encore après l'opération du Nitre qui n'a pas été décomposé.

La chaux d'Antimoine préparée par la calcination avec trois parties de Nitre, est donc privée de tout phlogistique : c'est ce qui est cause de sa blancheur, & de ce qu'après l'opération elle n'est point demi-vitrifiée comme le Foie d'Antimoine ; car on sçait que plus les chaux métalliques sont privées de phlogistique, & moins elles sont fusibles & vitrifiables. Cette chaux d'Antimoine porte le nom d'*Antimoine diaphorétique* , ou de *Diaphorétique minéral* , parce que n'étant ni émétique, ni purgative, on croit qu'elle a la vertu de faire transpirer.

R ij

On pourroit calciner l'Antimoine, avec des doses de Nitre moyennes entre celle du Foie d'Antimoine, & de l'Antimoine diaphorétique. On auroit pour résultat de ces calcinations des chaux qui auroient aussi des propriétés tant chymiques que médicinales, moyennes entre celles de ces deux préparations. Plus la dose de Nitre approcheroit de celle qu'on emploie pour le Foie d'Antimoine, plus la chaux qui en résulteroit ressembleroit à cette préparation. De même, la chaux faite avec de plus grandes doses de Nitre ressembleroit d'autant plus à l'Antimoine diaphorétique, que la dose de Nitre approcheroit davantage de celle de trois parties de Nitre sur une d'Antimoine.

Il n'est pas nécessaire d'employer l'Antimoine même pour faire le diaphorétique minéral : on peut, si on veut, lui substituer le Régule. Mais comme le Régule ne contient point de Soufre, & qu'il n'a de phlogistique que ce qui lui en faut pour être sous la forme métallique, il n'est pas nécessaire de mettre trois parties de Nitre sur une partie de Régule, il suffit d'en mettre partie égale.

On projette la matiere par cuillerées

dans le creuset, afin que la détonnation se faisant à plusieurs reprises, la calcination de l'Antimoine en soit plus parfaite : c'est aussi pour enlever entierement le peu de phlogistique qui pourroit avoir échappé à l'action du Nitre, qu'on tient la matiere dans le creuset rouge, & bien échauffée pendant deux heures.

On jette ensuite le tout dans de l'eau chaude, & on l'y laisse tremper pendant dix ou douze heures, pour donner le temps à l'eau de dissoudre toutes les matieres salines qui sont mêlées avec le diaphorétique. Ces matieres salines sont quand on s'est servi de l'Antimoine crud pour faire cette préparation. 1°. un Nitre alkalisé, 2°. un Sel neutre formé de l'Acide du Soufre uni avec une partie de cet Alkali, comme cela arrive dans l'opération du Foie d'Antimoine ; 3°. une portion de Nitre qui n'a pas été décomposé.

L'eau des Lotions du diaphorétique est outre cela chargée d'une portion de chaux d'Antimoine extrêmement fine & atténuée, qui demeure unie au Nitre fixé, & se tient suspendue avec lui dans la liqueur. On sépare cette matiere d'avec le Nitre fixé, en mêlant avec l'eau dans la-

 ÉLÉMENS.

quelle il eſt diſſous un Acide qui s'unit avec cet Alkali, & fait précipiter cette matiere ſous la forme d'une poudre blanche à laquelle on a donné le nom de *Matiere perlée*. Comme on la précipite de la même maniere que le Soufre doré, & qu'elle ſe trouve de même que lui dans l'eau avec laquelle on diſſout les matieres ſalines après la détonnation du Nitre avec l'Antimoine, quelques Chymiſtes lui ont donné, mais fort improprement, le nom de *Soufre fixe de l'Antimoine*.

Cette matiere eſt une véritable chaux d'Antimoine, & ne différe de l'Antimoine diaphorétique, que parcequ'elle eſt encore plus calcinée que lui. Elle l'eſt au point, qu'il eſt impoſſible de lui rendre la forme métallique, & de la réduire en Régule par l'addition d'une matiere inflammable. On peut au contraire remétalliſer l'Antimoine diaphorétique, en lui rendant du phlogiſtique ; mais il faut obſerver, que de quelque maniere qu'on s'y prenne, on en retire une quantité de Régule beaucoup moins grande que lorſqu'on employe des chaux d'Antimoine faites avec une moindre quantité de Nitre.

Si on vouloit faire la réduction du Foie

d'Antimoine ou de l'Antimoine diaphorétique, il faudroit avoir grand foin de
les bien laver, pour emporter tout ce
qu'ils peuvent contenir de falin, parceque fans cette précaution l'Acide du
Soufre que nous avons dit former un Sel
neutre avec l'Alkali du Nitre, fe combi-
neroit avec la matiere inflammable qu'on
ajoûteroit pour révivifier la chaux d'Antimoine, & reformeroit du Soufre : lequel s'uniffant enfuite avec le même Alkali, produiroit un Foie de Soufre qui
feroit en état de diffoudre une partie du
Régule, en empêcheroit la précipitation,
& diminueroit beaucoup la quantité
qu'on devroit en retirer.

On prépare quelquefois pour l'ufage
médicinal, de l'Antimoine diaphorétique qu'on ne lave point : il eft pour lors
purgatif, & fe nomme *Diaphorétique minéral non lavé.*

L'Antimoine diaphorétique peut fe
préparer auffi dans des vaiffeaux fermés,
par le moyen defquels on retient les vapeurs qui s'élevent pendant l'opération.
On fe fert pour cela d'une cornue tubulée, à laquelle font ajuftés plufieurs balons à deux becs. On place la cornue
dans un fourneau : on l'échauffe jufqu'à

faire rougir ſon fond , & on introduit par l'ouverture qui eſt à ſa voûte , une très-petite quantité du mélange propre à faire l'Antimoine diaphorétique. On bouche auſſitôt l'ouverture. La détonnation ſe fait , & les vapeurs enfilent les récipiens dans leſquels elles ſe condenſent. On continue ainſi juſqu'à ce que tout ce qu'on a de matiere ſoit employé. On trouve après l'opération des fleurs blanches qui ſe ſont ſublimées au col de la cornue , & un peu de liqueur dans les récipiens. Cette liqueur eſt acide. Elle eſt compoſée d'une partie de l'Acide nitreux que l'Acide du Soufre a dégagé de ſa bâſe , & d'un peu d'Acide du Soufre qui a été enlevé par la chaleur avant d'avoir pu ſe combiner avec la bâſe du Nitre. Cette liqueur ſe nomme *Cliſſus d'Antimoine*. On donne en général le nom de *Cliſſus* à toutes celles qui ſont préparées par cette méthode.

Les fleurs blanches qu'on trouve au col de la cornue ſont des fleurs d'Antimoine ; c'eſt-à-dire , une chaux d'Antimoine qui a été enlevée par la chaleur & par l'effort de la détonnation. Ces fleurs peuvent ſe réduire en Régule. Ce qui reſte dans la cornue eſt la même chose que ce qu'on trouve dans le creuset dans lequel on a fait détonner le mélange de Nitre & d'Antimoine propre à faire l'Antimoine diaphorétique.

L'Antimoine diaphorétique, non plus que la Matiere perlée, ne font diffolubles dans aucun Acide.

VIII. PROCÉDÉ.

Vitrifier la chaux d'Antimoine.

PRENEZ la quantité qu'il vous plaira de chaux d'Antimoine faite fans addition : mettez-la dans un bon creuset, que vous placerez dans un fourneau de fufion : allumez le feu peu à peu, & laiffez le creuset découvert au commencement.

Un quart-d'heure après que la matiere aura rougi, couvrez le creuset, & pouffez le feu fortement, pour faire fondre votre chaux. Vous vous affurerez qu'elle eft bien fondue, en introduifant dans le creuset une petite verge de fer, au bout de laquelle il s'attachera une petite maffe de verre, fi la matiere eft bien en fonte. Entretenez-la en fufion pendant un quart-d'heure, ou même plus

R v

long-temps si votre creuset est en état
de le souffrir. Retirez-le après cela du
fourneau, & versez promptement la matiere fondue sur une pierre polie, que
vous aurez eu soin de faire d'abord bien
chauffer : elle se figera aussitot en un verre jaune.

REMARQUES.

Toutes les chaux d'Antimoine poussées à la violence du feu se réduisent en
verre, mais non pas avec une égale facilité. En général, plus elles ont perdu de
phlogistique par la calcination, & plus
leur vitrification est difficile. Cela fait
aussi une différence pour la couleur du
verre, qui est d'un jaune d'autant plus
foncé, & approchant du rouge, que
l'Antimoine a été moins calciné.

Il arrive souvent, lorsqu'on emploie
une chaux d'Antimoine qui n'est pas suffisamment dépouillée de phlogistique,
qu'on trouve dans le creuset un culot
de Régule, qui comme plus pesant que
le verre, occupe toujours le fond. C'est
pour éviter cet inconvénient, & pour
achever de dissiper la trop grande quantité de phlogistique qui pourroit être
restée dans la chaux d'Antimoine, que

nous avons prescrit de laisser le creuset découvert pendant un certain temps au commencement de l'opération. Si malgré cette précaution, il se trouvoit encore du Régule au fond du creuset, & qu'on voulût le vitrifier, il faudroit remettre le creuset dans le fourneau, & continuer la fusion. Ce Régule se réduira enfin en verre.

Si au contraire on éprouvoit de la difficulté à faire la vitrification, à cause qu'on se seroit servi d'une chaux trop dépouillée de phlogistique, comme l'Antimoine diaphorétique, ou la matiere perlée, on pourroit faciliter beaucoup la fusion, en jettant dans le creuset un peu d'Antimoine crud.

Le verre d'Antimoine est un émétique très-violent. On s'en sert, de même que du foie d'Antimoine, dans la préparation du Vin & du Tartre émétiques.

On peut le résusciter en Régule, de même que les chaux d'Antimoine, en le recombinant avec du phlogistique. Il faut pour cela le réduire en poudre fine le mêler exactement avec du flux noir, & le fondre dans un creuset couvert. Ce verre a, de même que le verre de Plomb, la propriété de faciliter beaucoup la vi-

R vj

trification des matieres qu'on veut fcorifier.

IX. PROCÉDÉ.

Kermès minéral.

CONCASSEZ groſſierement en morceaux minces la quantité qu'il vous
plaira d'Antimoine de Hongrie : mettez-
le dans une bonne caffetiere de terre :
verſez deſſus le double de ſon poids
d'eau de pluie, & le quart de ſon poids
de liqueur de Nitre fixé par les charbons bien filtrée. Faites bouillir le tout
à gros bouillons pendant deux heures :
après quoi filtrez la liqueur. Elle prendra, en refroidiſſant, une couleur rouge, deviendra trouble, & dépoſera une
poudre rouge ſur le filtre.

Remettez votre Antimoine dans la
caffetiere. Verſez deſſus autant d'eau
que la premiere fois, & les trois quarts
de la quantité de liqueur de Nitre fixé
que vous avez mis à la premiere ébullition. Faites bouillir encore pendant deux
heures : puis retirez la liqueur, & la filtrez. Elle dépoſera encore un ſédiment
rouge. Remettez votre Antimoine dans

la caffetiere : versez dessus la même quantité d'eau, & moitié moins de liqueur de Nitre fixé que vous en aurez mis la premiere fois. Faites bouillir encore cette troisiéme fois pendant deux heures. Filtrez la liqueur cette derniere fois comme les deux premieres. Lavez avec de l'eau chaude tous ces sédimens, jusqu'à ce qu'ils soient insipides, puis les faites sécher, c'est le Kermès minéral.

REMARQUES.

Si on se ressouvient de ce que nous avons dit touchant la propriété qu'ont les Alkalis fixes de s'unir avec le Soufre, tant par la fusion que par l'ébullition, lorsqu'ils sont résous en liqueur, & de former avec lui du foie de Soufre qui a la propriété de dissoudre toutes les substances métalliques, on connoîtra bientôt la nature du Kermès.

L'Antimoine est composé de Soufre & de Régule. Si donc on fait bouillir ce minéral dans une liqueur, tenant en dissolution un Alkali fixe, tel que le Nitre fixé par les charbons, cet Alkali doit dissoudre le Soufre de l'Antimoine, former avec lui un foie de Soufre, qui dissoudra à son tour la partie réguline. Le Ker-

mès minéral fait comme nous l'avons
dit, n'eſt donc autre choſe qu'un foie
de Soufre uni à une certaine quantité
de Régule.

M. Geoffroy a mis cette vérité dans le
dernier degré d'évidence, par l'analyſe
exacte qu'il a faite du Kermès minéral.
Les expériences qu'il a faites ſur cette
matiere, ſont détaillées dans pluſieurs
Mémoires imprimés dans les Volumes
de l'Académie pour les années 1734. &
1735. En combinant les Acides avec le
Kermès, il a démontré 1°. l'exiſtence du
Soufre dans ce compoſé, puiſqu'il en a
ſéparé du Soufre brûlant qu'on ne peut
méconnoître pour celui de l'Antimoine.
Pour avoir ce Soufre pur, il faut employer un Acide qui non-ſeulement abſorbe l'Alkali, mais même qui puiſſe
diſſoudre exactement la partie réguline
qui reſteroit unie à ce Soufre. L'Eau-
régale eſt l'Acide qui a le mieux réuſſi à
M. Geoffroy. 2°. Il a prouvé auſſi qu'il
entre un Alkali fixe dans la compoſition
du Kermès, puiſque les Acides avec leſquels il a précipité le Soufre ſont devenus des Sels neutres, tels que doivent
être ces mêmes Acides combinés avec
un alkali fixe; c'eſt-à-dire, que l'Acide

vitriolique a formé un Sel de *duobus*, l'Acide nitreux un Nitre régénéré, & l'Acide marin, un Sel marin régénéré, 3°. M. Geoffroy a démontré la préfence de la partie réguline de l'Antimoine dans le Kermès, en en retirant de vrai Régule d'Antimoine par la fufion avec le flux noir.

Il eft néceffaire dans l'opération du Kermès, de renouveller la liqueur de temps en temps, comme nous l'avons prefcrit, parceque quand elle eft chargée de Kermès jufqu'à un certain point, elle n'en peut plus diffoudre davantage. Elle n'agiroit plus par conféquent fur l'Antimoine. L'expérience a appris qu'en employant les dofes que nous avons indiquées, la liqueur eft fuffifamment chargée de Kermès après deux heures d'ébullition.

Si on filtre la liqueur qui tient le Kermès en diffolution, lorfqu'elle eft encore bien chaude, & prefque bouillante, elle ne laiffe rien fur le filtre, & le Kermès paffe avec elle : mais lorfqu'elle fe refroidit elle fe trouble, & laiffe dépofer le Kermès. Il faut donc ne la filtrer que lorfqu'elle eft froide ; ou fi on la filtre d'abord toute bouillante, pour en féparer quelques particules groffieres d'Antimoine qui ne font point encore réduites en Kermès, il faut la refiltrer une feconde fois pour en féparer le Kermès.

Quoique dans le procédé qu'on fuit ordinairement pour faire le Kermès, il ne foit queftion que de trois ébullitions, ce n'eft pas à dire pour cela qu'on ne pourroit plus en retirer, ou qu'on n'en retireroit qu'une petite quantité par une quatriéme & par une cinquiéme ébullition : au contraire, on en retireroit encore davantage. M. Geoffroy a obfervé qu'à la feconde ébullition on retire plus de Kermès qu'à la premiere, encore plus à la troifiéme qu'à la feconde ; & que cela va ainfi de fuite en augmentant, jufqu'à un fort grand nombre d'ébullitions qu'il n'a point déterminé. Cette augmentation d'effet vient de ce qu'en multipliant les frottemens des morceaux de de l'Antimoine, il fe découvre de nouvelles furfaces qui fourniffent un nouveau Soufre à la liqueur alkaline ; & ce Soufre ajoûté rend *l'hépar* plus actif & plus pénétrant, ou fi l'on veut, en refait de nouveau à chaque ébullition.

La liqueur alkaline étant une fois au-

tant chargée de Kermès qu'elle peut l'ê-
tre, cesse d'agir, & n'en reforme plus
de nouveau; mais il ne s'ensuit pas que
sa vertu soit épuisée. Il ne faut pour la
remettre en état d'agir aussi-bien, ou
presqu'aussi - bien que la premiere fois,
que la laisser refroidir, & se débarrasser du Kermès qu'elle tenoit en dissolution. C'est encore à M. Geoffroy que
nous sommes redevables de cette observation singuliere : il a eu assés de
patience pour faire jusqu'à soixante-dix-
huit ébullitions avec la même liqueur,
sans y rien ajoûter que de l'eau de pluie
pour remplacer ce qui se dissipoit par
l'évaporation, & il a toujours retiré une
quantité assés considérable de Kermès à
chaque ébullition, qui a même été en
augmentant par la raison que nous avons
dite.

L'ébullition n'est pas le seul moyen
qu'on puisse employer pour faire le Kermès. M. Geoffroy est parvenu à en faire
par la fusion. Il faut pour cela mêler exactement ensemble une partie de Sel alkali fixe bien dépuré, séché & réduit en
poudre, avec deux parties d'Antimoine
de Hongrie aussi réduit en poudre, &
faire fondre le mêlange. M. Geoffroy

s'eſt ſervi d'une cornue pour cette opération. Il faut, après que la maſſe a été
fondue, la pulvériſer encore chaude,
qu'elle ſoit miſe & laiſſée dans l'eau
bouillante pendant une heure ou deux;
puis filtrer la liqueur devenue ſaline &
antimoniale, & la recevoir dans un vaiſſeau qui ſoit plein d'eau bouillante. Chaque once d'Antimoine traité ainſi, rend,
après trois ébullitions de la maſſe fondue, depuis cinq gros ſoixante grains
juſqu'à ſix gros trente grains de Kermès,
qui ne différe du Kermès fait par ébullition, que parcequ'il eſt un peu moins
doux au toucher, ayant d'ailleurs la même vertu.

Comme le foie de Soufre ſe fait de
deux manieres, ſçavoir, par l'ébullition
& par la fuſion, & que le Kermès n'eſt
autre choſe qu'un foie de Soufre qui
tient la partie réguline en diſſolution, il
s'enſuit qu'on doit faire le Kermès auſſi-
bien par la fuſion que par l'ébullition.

Il eſt néceſſaire de pulvériſer la maſſe
fondue, & de la détremper dans l'eau
bouillante pendant une heure ou deux,
afin que l'eau puiſſe la diſſoudre & la di-
viſer comme il convient, pour que le
Kermès ſoit fin & beau.

C'eſt auſſi pour lui donner plus de fi-
neſſe & de perfection, que M. Geoffroy
demande que l'eau chargée de ce Kermès fait par la fuſion, ſoit reçue lorſqu'on
la filtre dans un vaiſſeau plein d'autre eau
bouillante. Il a remarqué que lorſque.
la liqueur chargée de Kermès ſe refroidit trop vîte, le Kermès qui ſe précipite eſt beaucoup moins fin. La nouvelle
eau bouillante dans laquelle ſe mêle celle qui tient le Kermès en diſſolution, l'é-
tend, & lui fait conſerver ſa chaleur plus
long-temps.

On voit, par ce que nous avons dit
de la nature du Kermès, qu'il doit avoir
beaucoup de reſſemblance avec le Soufre doré d'Antimoine qu'on retire des
ſcories du Régule d'Antimoine ſimple,
& du Foie d'Antimoine; lequel Soufre
doré n'eſt qu'une portion de l'Antimoine qui s'eſt combinée avec le Nitre alkaliſé pendant l'opération.

Il y a cependant une différence dans
la maniere dont ſe précipitent ces deux
compoſés: ſçavoir, que le Kermès ſe précipite de lui-même par le ſeul refroidiſſement de l'eau qui le tient en diſſolution; au lieu qu'on ſe ſert d'un Acide
pour précipiter le Soufre doré ſuſpendu

dans l'eau, avec laquelle on a leſſivé les ſcories du Régule d'Antimoine ſimple, ou celles du foie d'Antimoine. Cela pourroit faire ſoupçonner que la partie réguline eſt moins intimement unie au foie du Soufre du Kermès, qu'elle ne l'eſt à celui des ſcories dont on retire le Soufre doré.

X. PROCÉDÉ.

Diſſoudre le Régule d'Antimoine dans les Acides minéraux

COMPOSEZ une Eau-régale en mê-lant enſemble quatre meſures d'eſprit de Nitre, & une meſure d'eſprit de Sel : mettez dans un matras, que vous placerez ſur un bain de ſable médiocrement chaux, ſeize fois autant de cette Eau-régale que vous aurez de Régule à diſſoudre. Réduiſez votre Régule en petits morceaux. Jettez ces petits morceaux ſucceſſivement les uns après les autres dans le matras, obſervant de n'en point ajoûter un nouveau avant que celui qui aura été jetté d'abord ſoit entierement diſſous : continuez ainſi juſqu'à ce que tout votre Régule ſoit diſſous. A mesure que la dissolution se fera, elle prendra une belle couleur d'or, mais qui disparoîtra insensiblement par l'évaporation des vapeurs blanches qui s'en élevent continuellement.

REMARQUES.

Le Régule d'Antimoine est une des substances métalliques qui se dissout le plus difficilement. Ce n'est pas que la plupart des Acides ne l'attaquent & ne le corrodent : mais ils n'en font point une dissolution claire & limpique ; ils ne font en quelque sorte que le calciner, & ce demi-métal se précipite de lui-même sous la forme d'un magistère blanc, à mesure qu'il est dissous. Il faut nécessairement, pour en faire une dissolution complette, employer l'Eau-régale composée comme nous l'avons dit, & à la dose prescrite dans le procédé, qui est tiré en entier des Mémoires de M. Geoffroy sur l'Antimoine, dont nous avons parlé dans les articles précédens.

Si au lieu de Régule, on jette dans l'Eau-régale de petits morceaux d'Antimoine crud, cet Acide attaque & dissout la partie réguline, qu'il sépare d'avec la

partie sulphureuse, à laquelle il ne touche point. Lorsque la dissolution est faite, les parties de Soufre devenues plus
légeres, parcequ'elles ne sont plus jointes avec la partie métallique, surnagent
la liqueur. On peut les ramasser : c'est
un vrai Soufre brûlant, qui ne paroît
point différer du Soufre ordinaire. Cette
opération est, comme on le voit, une
espece de départ.

L'Acide vitriolique concentré, ou
bien affoibli par l'eau, n'agit point à
froid sur l'Antimoine ni sur son Régule.
Cet Acide obscurcit seulement le brillant
des facettes de ce dernier ; mais si on
met dans une cornue une partie de Régule d'Antimoine bien pur, & par-dessus
quatre parties d'huile de Vitriol blanche
& concentrée, aussitôt que l'Acide est
échauffé, il devient brun, il s'en éleve
une odeur de Soufre très suffocante, qui
augmente à mesure que le Régule est pénétré & corrodé par l'Acide.

En augmentant le feu, il s'en sépare
une matiere qui paroît mucilagineuse ;
& lorsque l'Acide a commencé à bouillir, le Régule se réduit en une masse saline blanche, comme cela arrive au Mercure dans l'opération du Turbith mi-

néral. Il se sublime du Soufre au col de la cornue. Enfin toute l'huile de Vitriol passe dans le récipient, & laisse dans la cornue le Régule réduit en une masse blanche tuméfiée & saline. Le feu étant éteint, lorsqu'on délute les vaisseaux, & qu'on sépare le récipient d'avec la cornue, il s'éleve une vapeur blanche, semblable à celle de la liqueur fumante de Libavius.

La masse saline qui reste dans la cornue se trouve augmentée à peu près du double de son poids après l'opération : cette augmentation de poids vient de l'Acide qui s'est joint avec le Régule.

Cette combinaison d'Acide vitriolique & de Régule d'Antimoine, est extrêmement caustique, & ne peut par cette raison être employée intérieurement.

L'esprit de Sel le plus pur n'agit point sensiblement sur l'Antimoine ni sur son Régule ; mais il détache de l'Antimoine en morceaux, quoique lentement, quelques floccons légers & sulphureux.

L'action de l'esprit de Nitre sur notre substance métallique est plus marquée : il attaque peu à peu les lames d'Antimoine, & il s'en éleve une grande quan-

tité de bulles d'air. Cet Acide, pendant
la diſſolution, prend une couleur verdâtre tirant ſur le bleu; & ſi on n'en a
pas mis dans le vaiſſeau plus qu'il n'en
faut, il s'imbibe preſqu'entierement dans
les lames d'Antimoine, les pénétre, &
les écarte, ſelon la direction de leurs aiguilles. S'il y a trop d'Acide, c'eſt-à-dire,
s'il ſurnage l'Antimoine, il détruit ces
lames, & les réduit en poudre blanche.

Mais ſi l'imbibition de l'Acide s'eſt
faite lentement, on découvre entre ces
lames gonfiées, de petits criſtaux ſalins
& tranſparens, qui végétent à peu près à
la maniere des pyrites dans leſquelles on
appercoit aſſés ſouvent de petits criſtaux
de Vitriol, qui n'ont pas encore de figu-
res bien déterminées. Ces petitscr iſtaux
de lames antimoniales ſont entre - mêlés
de parties jaunes, qui, détachées avec
ſoin, brûlent comme le Soufre commun.

Toutes ces utiles obſervations touchant l'action des Acides ſur l'Antimoine & ſon Régule, ſont encore de M.
Geoffroy, qui avertit de raſſembler une
certaine quantité de ces petits criſtaux,
parcequ'ils diſparoiſſent peu de temps
après qu'ils ſont formés, & ſont recou-
verts apparemment par la poudre blanche

che ou magistère qui se forme successi-
vement, à mesure que l'Acide du Nitre
délie & sépare les particules aiguillées
de l'Antimoine.

M. Geoffroy a observé des cristaux
tout semblables sur le Régule d'Antimoine substitué à l'Antimoine crud dans
cette expérience, mais il faut beaucoup
d'attention pour séparer ces cristaux :
aussitôt que l'air les frappe, ils perdent
leur transparence ; & si on laisse le Régule se réduire en magistère, jusqu'à un
certain point, on ne les peut plus reconnoître.

Ainsi, pour bien observer ces cristaux,
il faut casser le Régule en morceaux.
Mettre ces morceaux dans une capsule
de verre, & verser de l'esprit de Nitre
jusqu'à la moitié de leur hauteur, ensorte qu'ils n'y soient point noyés. Cet Acide les pénétre, les exfolie en écailles
blanches ; & c'est sur la surface de ces
écailles que les cristaux se forment d'un
blanc mat. Ces cristaux végétent, &
croissent en forme de choux-fleurs dans
l'espace de deux ou trois jours : c'est
alors qu'il faut les retirer, pour qu'ils
ne soient pas confondus dans le magistère blanc qui continue de se former,

& qui ne permettroit plus de les diſtinguer.

Si on vouloit diſſoudre la partie réguline de l'Antimoine dans une Eau-régale qui ne fût point proportionnée &
doſée comme il eſt preſcrit dans le procédé, elle ne feroit, comme les autres
Acides, que calciner le Régule d'Antimoine, qui ſe précipiteroit ſous la forme d'un magiſtère blanc à meſure qu'il
feroit diſſous, & il n'en reſteroit aucune
partie unie au diſſolvant. La preuve en
eſt, que ſi on verſe une liqueur alkaline
juſqu'au point de ſaturation ſur cette Eau-
régale qui a laiſſé ainſi précipiter l'Antimoine, il ne ſe forme aucun nouveau
précipité.

XI. PROCÉDÉ.

*Combiner le Régule d'Antimoine avec
l'Acide du Sel marin. Beurre d'Antimoine. Cinnabre d'Antimoine.*

PULVERISEZ & mêlez exactement enſemble ſix parties de Régule d'Antimoine, & ſeize parties de ſublimé corroſif. Mettez ce mêlange dans une cornue de verre à col large & court, de

laquelle la moitié au moins demeure vuide. Placez-la dans un fourneau de réverbere, & après y avoir adapté un récipient, & luté les jointures, faites d'abord un très-petit feu pour l'échauffer lentement. Augmentez-le enfuite par degrés, jufqu'à ce que vous voyiez fortir de la cornue une liqueur qui s'épaiffira à mefure qu'elle fe refroidira. Soutenez le feu à ce degré, tant que vous verrez paroître cette matiere.

Quand il ne fortira plus rien à ce degré de feu, délutez vos vaiffeaux, retirez le récipient, & fubftituez-en un autre rempli d'eau à fa place. Augmentez alors le feu par degrés jufqu'à faire rougir la cornue. Il coulera du Mercure dans l'eau, lequel vous fécherez, & garderez pour vous en fervir au befoin : il eft très-pur.

REMARQUES.

Nous avons vu, dans les remarques fur le précédent procédé, que l'Acide marin pur, & fous la forme d'une liqueur, ne peut diffoudre la partie réguline de l'Antimoine. Dans celui-ci, ce même Acide combiné avec le Mercure, & préfenté fous la forme féche au Régule d'Antimoine, quitte le Mercure auquel il étoit uni, pour se joindre à ce même Régule, avec lequel il a plus d'affinité. Cette opération est encore une preuve de ce que nous avons dit au sujet du Mercure, que plusieurs substances métalliques qui ne se laissent point dissoudre par certains Acides, lorsqu'ils sont en liqueur, peuvent être dissous par ces mêmes Acides concentrés au dernier point, comme ils le sont, quand ils se trouvent combinés avec quelque autre substance sous la forme seche, & qu'on les en sépare par l'action du feu. L'état de vapeurs dans lequel ils sont réduits dans cette occasion, favorise encore leur action.

L'Acide marin combiné avec la partie réguline de l'Antimoine, ne forme point un composé dur & solide, mais une espece de substance molle qui se fond à une chaleur très-douce, & se fige aussi au moindre froid, à peu près comme le beurre : c'est de cette propriété qu'elle a tiré son nom.

Peu de temps après qu'on a fait le mélange du Régule & du Sublimé corrosif, la matiere s'échauffe quelquefois considérablement : cela vient de ce que l'Acide marin commence à agir sur la partie

tie réguline , & à quitter son Mercure.

Le Beurre d'Antimoine s'éleve à une chaleur très-modérée , parceque l'Acide du Sel marin a la propriété de volatiliser & d'enlever avec lui les substances métalliques avec lesquelles il est combiné : c'est pourquoi il ne faut , dans le commencement de l'opération , qu'une chaleur très-douce.

Il est essentiel de se servir d'une cornue dont le col soit large & court , parceque le Beurre d'Antimoine venant à s'y figer , & s'y accumulant, pourroit le boucher entierement , & occasionner la rupture des vaisseaux. On retire par cette opération huit parties & trois quarts de beau Beurre d'Antimoine , dix parties de Mercure coulant , & il reste dans la cornue une partie & demie d'une matiere noire , blanche & rouge raréfiée. C'est vraisemblablement la partie du Régule d'Antimoine la plus terreuse & la plus impure.

Il est de la derniere conséquence, lorsqu'on fait cette opération , d'éviter avec un soin extrême les vapeurs qui sortent des vaisseaux , parcequ'elles sont extrêmement nuisibles , & peuvent occasionner des maladies mortelles. Le Beurre

d'Antimoine eſt un corroſif & un cauſtique très-violent.

On change de récipient lorſqu'on ne
voit plus ſortir de Beurre, pour recevoir
le Mercure, qui étant débarraſſé de l'A-
cide qui lui donnoit la forme ſaline, paroît ſous ſa forme naturelle de Mercure
coulant : mais il exige, pour être enlevé
par la diſtillation, un degré de chaleur
beaucoup plus fort que le Beurre d'Antimoine.

Si au lieu de Régule d'Antimoine, on
mêloit avec le Sublimé corroſif de l'Antimoine crud, on retireroit également
un Beurre d'Antimoine : mais au lieu d'a-
voir du Mercure coulant après ce Beurre, on auroit du Cinnabre qui ſeroit ſublimé au col & à la voûte de la cornue.

On voit aiſément la raiſon de cette
différence : c'eſt que dans le cas où on
ſe ſert du Régule, le Mercure abandonné par ſon Acide, ne trouve aucune autre ſubſtance avec laquelle il puiſſe ſe
combiner, & ſort par cette raiſon en
Mercure coulant. Mais quand au lieu de
Régule on emploie l'Antimoine même,
comme ſa partie réguline ne peut ſe
combiner avec l'Acide ſans quitter ſon
Soufre, ce Soufre devenu libre, ſe com-

bine avec le Mercure qui l'eſt auſſi , &
forme avec lui du Cinnabre qu'on a
nommé , à cauſe de ſon origine , *Cinna-*
bre d'Antimoine.

Lorſqu'on veut faire en même temps
le Beurre & le Cinnabre d'Antimoine ,
il faut mettre ſix parties d'Antimoine ſur
huit de Sublimé corroſif , & avoir attention quand le Beurre paſſe , d'échauffer
le col de la cornue , en approchant quelques charbons ardens , avec les précautions néceſſaires pour ne le point caſſer.
Cette chaleur fait fondre & couler dans
le récipient le Beurre , qui ſans cela , attendu qu'il eſt plus épais & qu'il a beaucoup plus de conſiſtence que celui qu'on
fait avec le Régule , s'amaſſeroit dans le
col de la cornue , le boucheroit entierement , & feroit crever le vaiſſeau.

Il faut plus de précaution pour avoir
d'un beau blanc le Beurre d'Antimoine
qui ſe tire de l'Antimoine crud , qu'il
n'en faut pour l'autre : car ſi on fait trop
grand feu pendant la diſtillation , ou
qu'on laiſſe trop long-temps le récipient
au col de la cornue , il ſort ſur la fin des
vapeurs rouges ſulphureuſes qui ſont les
avant-coureurs de la ſublimation du Cinnabre , leſquelles ſe mêlent avec le Beur-

S iv

re, & lui donnent une couleur brune.

Il faut, pour lui rendre sa beauté, le mettre dans une cornue, & le faire distiller de nouveau à petit feu de sable, pour le rectifier. Le Beurre d'Antimoine devient plus fluide par cette rectification; on peut même, en le redistillant une seconde fois, lui donner la ténuité & la fluidité d'une huile.

On trouve dans le récipient, après l'opération, trois parties & trois quarts de Beurre d'Antimoine, & quelques petits cristaux collés en forme de ramifications contre les parois de ce vaisseau.

Lorsqu'on casse la cornue, il s'en exhale une odeur de Soufre, & on y trouve sept parties de Cinnabre d'Antimoine, duquel la plus grande partié est ordinairement en morceaux compactes, pesans, lisses, luisans, noirâtres dans le gros de la masse, rouges en des endroits; une autre partie en aiguilles brillantes, & le reste en poudre.

Lorsque tout le Beurre d'Antimoine est sorti, & qu'on commence à voir les vapeurs rouges qui annoncent la prochaine sublimation du Cinnabre, il faut retirer le récipient qui contient ce Beurre, de peur que la couleur n'en soit gâtée

par ces vapeurs sulphureuses. On lui sub-
stitue ordinairement un autre récipient,
qu'il n'est pas nécessaire de lutter,& dans
lequel on trouve quelquefois, quand l'o-
pération est achevée, une petite quantité
de Mercure coulant.

Il reste au fond de la cornue une masse
fixe, brillante, cristaline, noire, qu'on
peut réduire en Régule par la méthode
ordinaire.

On peut aussi retirer des Beurres
d'Antimoine du mélange de l'Antimoine & de toutes les autres préparations de
Mercure dans lesquelles entre l'Acide du
Sel marin, telles que le Sublimé doux,
la Panacée mercurielle, & le Précipité
blanc : mais comme aucune de ces combinaisons ne contient cet Acide en aussi
grande proportion que le Sublimé corrosif, le Beurre qu'on en retire est bien
moins caustique & bien moins brulant
que celui qu'on retire du mélange de
l'Antimoine, ou de son Régule avec le
Sublimé corrosif.

Le précipité d'Argent fait par l'Acide
du Sel marin, & propre à être fondu en
lune-cornée, mêlé avec le Régule d'Antimoine en poudre, fournit aussi un Beurre d'Antimoine.

S v

Si on veut le faire par ce moyen, il
faut mêler ensemble une partie de Régule d'Antimoine en poudre sur deux
parties de ce précipité : mettre ce mêlange dans une cornue de verre dont la
moitié demeure vuide : la placer dans un
fourneau : y adapter un récipient : donner d'abord un petit feu qui fera sortir
une liqueur claire : augmenter ensuite le
feu par degrés. Il viendra des vapeurs
blanches qui se condenseront en un Beurre liquide, & il se fera pendant ce temps
une légere ébullition dans le récipient,
qui occasionnera un peu de chaleur.
Continuez le feu jusqu'à ce qu'il ne sorte
plus rien ; puis laissez refroidir les vaisseaux, & les déluttez.

On trouvera dans le récipient une huile ou Beurre d'Antimoine en partie liquide & en partie congelée, tirant un
peu sur le jaune, pesant un huitieme de
plus que ce qu'on a mis de Régule d'Antimoine.

Les parois intérieurs de la cornue seront tapissés de petites fleurs blanches
brillantes, argentines, d'une saveur acide ; & il se trouvera au fond de la cornue
une masse dure, compacte, pesante, difficile à casser, se réduisant néanmoins en

poudre , de couleur extérieurement grife , blanche & bleuâtre , intérieurement
noire , & brillante à peu près comme le
Régule d'Antimoine, d'un goût falé dans
fa fuperficie , pefant environ un feizieme
de moins que le précipité d'Argent qu'on
aura employé dans l'opération.

Cette expérience démontre que l'Acide du Sel marin a une plus grande affinité avec le Régule d'Antimoine qu'avec
l'Argent.

Le Beurre d'Antimoine fait par cette
méthode , eft un peu moins cauftique
que celui qui eft fait avec le Sublimé corrofif. On le nomme , *Beurre d'Antimoine lunaire.*

L'effervefcence qui fe fait dans le récipient eft remarquable. Apparemment
l'Acide du Sel marin réduit en vapeurs
lorfqu'il fort de la cornue , n'eft point
encore parfaitement combiné avec la
partie réguline de l'Antimoine , qu'il enleve cependant avec lui, & la combinaifon acheve de fe faire dans le récipient:
ce qui donne lieu à l'effervefcence qu'on
remarque.

Les petites fleurs blanches & argentines , qu'on trouve aux parois de la cornue , font des fleurs de Régule d'Anti-

S vj

moine qui fe font fublimées à la fin de la diftillation.

La maffe compacte qui eft au fond de la cornue, n'eft autre chofe que l'Argent féparé de fon Acide, & uni avec une portion du Régule d'Antimoine. Les couleurs de fa furface & le goût falé viennent d'un refte d'Acide marin. Cet Argent devient aigre & caffant, par l'union qu'il a contractée avec une partie du Régule d'Antimoine.

Il eft facile de le purifier enfuite, & de lui rendre fa ductilité, en le féparant du Régule d'Antimoine. Il y a plufieurs moyens pour cela. Un des plus prompts, eft de fondre cet argent avec du Nitre, qui brûle & réduit en chaux le demi-métal qui altere cet Argent.

XII. PROCÉDÉ.

Décompofer le Beurre d'Antimoine par l'interméde de l'eau feule. Poudre d'Algaroth, ou Mercure de vie. Efprit de vitriol philofophique.

FAITES fondre à une douce chaleur la quantité qu'il vous plaira de Beurre d'Antimoine. Verfez-le, lorfqu'il fera fondu, dans une grande quantité d’eau tiéde. Cette eau se troublera aussitôt, deviendra blanche, & laissera précipiter beaucoup de poudre blanche. Décantez l’eau lorsque tout le précipité sera formé : versez dessus de nouvelle eau tiéde : édulcorez-la à plusieurs lotions, & la faites sécher : c’est la poudre d’Algaroth.

REMARQUES.

Nous avons vu dans les procédés précédens, que l’Acide marin ne dissolvoit point la partie réguline de l’Antimoine, à moins qu’il ne fût extrêmement concentré, & tel qu’il ne le peut être quand il est sous la forme d’une liqueur. L’expérience dont nous venons de rendre compte, est encore une nouvelle preuve de ce fait. Tant que l’Acide marin est aussi déphlegmé qu’il l’est dans le Sublimé corrosif & dans le Beurre d’Antimoine, il peut rester uni avec la partie réguline de l’Antimoine ; mais si on vient à dissoudre dans l’eau cette combinaison, aussitôt que l’Acide est devenu plus foible par l’interposition des parties de l’eau, il n’est plus en état de rester uni avec le demi-métal qu’il tenoit en dis-

folution : il l'abandonne , & le laiſſe précipiter ſous la forme d'une poudre blanche.

La Poudre d'Algaroth n'eſt donc autre choſe que la partie réguline de l'Antimoine , atténuée & diviſée par l'union
qu'elle avoit contractée avec l'Acide du
Sel marin , & ſéparée enſuite d'avec cet
Acide par l'interméde de l'eau ſeule. La
preuve en eſt , que cette poudre ne conſerve aucune des propriétés du Beurre
d'Antimoine : elle n'a plus la même fuſibilité, ni la même volatilité : elle eſt capable de ſoutenir un degré de feu très-
fort ſans ſe volatiliſer , & ſans entrer en
fuſion : on peut la réduire en Régule :
elle n'a pas non plus la même cauſticité,
& n'eſt plus qu'un émétique qui, à la vérité , eſt extrêmement violent , & qui à
cauſe de cela n'eſt point employé par les
Médecins prudens.

Une autre preuve de la ſéparation de
l'Acide marin d'avec le Régule d'Antimoine , après la précipitation de la Poudre d'Algaroth , c'eſt que l'eau dans laquelle s'eſt fait cette précipitation , eſt
devenue acide , & eſt une eſpece d'Eſprit de Sel foible. Si on la fait évaporer,
& qu'on la concentre par la diſtillation,

on peut en faire une liqueur acide très-
forte. On a donné à cet Acide le nom
très-impropre d'*Esprit de Vitriol philoso-
phique*, puisque c'est plutôt de l'Esprit
de Sel.

La Poudre d'Algaroth, qui est faite
avec le Beurre d'Antimoine tiré du Régule, est plus blanche que celle que l'on
fait avec le Beurre d'Antimoine tiré de
l'Antimoine crud; apparemment à cause que ce dernier retient toujours quelques parties sulphureuses.

Le Beurre d'Antimoine exposé à l'air,
en attire l'humidité, & se résout en partie en liqueur; mais à mesure que la liqueur se forme, elle dépose une matiere
blanche qui est une vraie Poudre d'Algaroth. Ce fait est encore très-conforme
à ce que nous avons dit sur la décomposition du Beurre d'Antimoine par l'addition de l'eau. Ce Beurre attire l'humidité de l'air, parceque l'Acide qu'il contient est extrêmement concentré, & cette humidité produit le même effet que
de l'eau qu'on auroit ajoutée exprès.

XIII. PROCÉDÉ.

Bézoard minéral. Esprit de Nitre bézoardique.

FAITES fondre du Beurre d'Antimoine sur les cendres chaudes, & le versez dans une fiole, ou dans un matras. Jettez dessus peu à peu de bon Esprit de Nitre, jusqu'à ce que la matiere soit entierement dissoute. Il faut ordinairement autant d'Esprit de Nitre que de Beurre d'Antimoine. Il s'élevera pendant la dissolution des vapeurs qu'on doit éviter. Versez votre dissolution qui sera claire & rougeâtre, dans une cucurbite de verre, ou dans une terrine de grais, & la faites évaporer jusqu'à siccité, sur un bain de sable d'une chaleur modérée. Il vous restera une masse blanche pesante un quart de moins que ce que vous aurez employé tant en Beurre qu'en Esprit de Nitre. Laissez-la refroidir, & reversez dessus autant d'Esprit de Nitre que vous en aurez employé la premiere fois. Remettez le vaisseau sur le bain de sable, pour faire évaporer l'humidité comme la premiere fois. Vous aurez une maſſe blanche qui n'aura ni augmenté ni diminué. Verſez deſſus une troiſieme fois une quantité d'Eſprit de Nitre égale à la premiere. Faites évaporer encore l'humidité juſqu'à ſiccité ; puis augmentez le feu, & faites calciner la matiere pendant une demi-heure. Il vous reſtera après ce temps une matiere ſéche, friable, légere, blanche, d'une ſaveur acide, agréable, qui ſe réduira en poudre groſſiere, qu'il faut garder dans une fiole bien bouchée. C'eſt le Bézoard minéral : il n'eſt ni cauſtique ni émétique, & n'a qu'une vertu ſudorifique. On l'a nommé *Bézoard minéral*, parcequ'on a cru qu'il avoit, de même que le Bézoard animal, la propriété de réſiſter au venin.

REMARQUES.

Il n'eſt pas étonnant que l'Acide nitreux verſé ſur le Beurre d'Antimoine, le diſſolve, & s'uniſſe avec lui : car il forme, avec l'Acide marin qui fait partie de cette combinaiſon, une Eau-régale qui, comme on ſçait, eſt le vrai diſſolvant de la partie réguline de l'Antimoine ; mais il y a dans cette diſſolution & dans les changemens qu'elle opere, des choſes

fort remarquables & très-dignes d'attention.

L'union de l'Acide nitreux au Beurre
d'Antimoine, fait perdre à ce composé,
1°. la propriété qu'il a de s'élever à une
très-douce chaleur, & le rend beaucoup
plus fixe : car on parvient à le dessécher
en lui enlevant toute son humidité ; ce
qu'on ne peut faire à l'égatd du Beurre
d'Antimoine pur, qui lorsqu'on lui fait
éprouver un certain degré de chaleur,
au lieu de laisser évaporer son humidité
& de demeurer sec, s'éleve lui-même
tout entier, sans qu'il paroisse qu'on en
ait rien séparé.

2°. Le Beurre d'Antimoine, qui avant
d'avoir été combiné avec l'Acide nitreux, est un caustique & un corrosif
très-violent, devient après cette union
si doux, que non-seulement il peut être
pris intérieurement sans danger, mais
qu'à peine mêmea-t-il une action sensible.

On trouvera une explication raisonna-
ble de ces phénomènes, en considérant, 1°. que l'Acide nitreux combiné
avec les substances métalliques, ne leur
donne point la même volatilité que l'A-
cide marin. De-là il s'ensuit que si à une
combinaison d'une substance métallique

avec l'Acide marin, on ajoute l'Acide nitreux, le nouveau compofé qui en réfultera aura moins de volatilité, & pourra par conféquent, fans s'élever en vapeurs, foutenir un degré de chaleur capable de lui enlever une partie de fon Acide. C'eft ce qui arrive à notre Beurre d'Antimoine, après qu'on y a mêlé l'Efprit de Nitre : en remarquant, 2°. que l'Acide nitreux ne peut fe combiner avec la partie réguline du Beurre d'Antimoine, qu'il ne diminue l'adhérence de l'Acide marin avec cette partie réguline ; d'où il fuit que la combinaifon de l'Acide nitreux facilite encore la féparation de l'Acide marin d'avec le Régule. Or à mefure que l'Acide marin quitte la partie réguline, elle devient plus fixe, & par conféquent plus propre à fupporter le degré de chaleur convenable pour lui enlever tout ce qu'elle a d'Acide, non-feulement marin, mais même nitreux. Il n'eft donc pas étonnant qu'après qu'on a defféché ce qui refte d'Antimoine combiné avec l'Acide nitreux, ce même réfidu n'ait plus la vertu corrofive qu'il ne tient que des Acides dont il eft armé. C'eft pour le dépouiller plus parfaitement d'Acide, qu'on prefcrit après la troisieme déficcation , d’augmenter le feu , & de calciner le réfidu du Beurre d’Antimoine encore pendant une grande demi-heure.

La preuve que l’Acide marin fe fépare de la partie réguline du Beurre d’Antimoine dans les déficcations qu’on fait pour le réduire en Bézoard ; c’eft que fi on fait ces déficcations dans des vaiffeaux fermés , la liqueur qu’on en retire eft une véritable Eau-régale , qu’on a nommée *Efprit de Nitre bézoardique.*

Il refte encore à fçavoir pourquoi le Bézoard minéral , quoique privé d’Acide , n’eft point émétique , tandis que la Poudre d’Algaroth qui eft auffi la partie réguline du Beurre d’Antimoine privée d’Acide , eft un émétique fi fort , & même redoutable par un refte de caufticité.

Pour trouver la raifon de cette différence , il eft bon de remarquer , que quoique nous difions que le Bézoard minéral & la Poudre d’Algaroth ne contiennent plus d’Acide, cela ne doit point être pris à la lettre : au contraire , il y a lieu de croire qu’il refte à l’un & à l’autre une certaine quantité d’Acide , mais qui eft peu confidérable en comparaifon de celle dont on les avoit d’abord chargés. Cela posé, il ne sera pas difficile de trouver une différence dans ces deux préparations d'Antimoine. La Poudre d'Algaroth n'a été privée de son Acide, que par l'addition de l'eau seule, qui n'a fait que se charger de tout ce qu'elle a pu emporter d'Acide, sans rien changer à la disposition de celui qui est resté combiné avec la partie réguline. Or comme l'Acide marin n'est point intimement uni avec la partie réguline dans le Beurre d'Antimoine ; qu'il y conserve encore une partie de ses propriétés, comme d'attirer l'humidité de l'air, de manifester son acidité, &c. que c'est même de-là que dépend la qualité corrosive de cette composition, le peu d'Acide qui reste avec la Poudre d'Algaroth, doit conserver cette qualité : & c'est de-là d'où vient la vertu de cette Poudre qui conserve un peu de la qualité corrosive qu'avoit le Beurre d'Antimoine.

Il n'en est pas de même du reste d'Acide qui peut demeurer uni avec le Bézoard minéral après sa préparation. Cette composition a éprouvé l'action du feu, non-seulement pour sa déssication, mais même pour être calcinée comme nous l'avons vu. Or le feu est capable de produire de grands changemens dans le tiffu des corps. Il doit avoir enlevé au Bézoard tout l'Acide qui ne lui étoit point uni intimement ; & celui qu'il n'a pu enlever à caufe qu'il tenoit trop fort, il a dû l'unir davantage, & le combiner plus étroitement avec la terre métallique : car nous voyons que le feu facilite beaucoup l'action des diffolvans fur les matieres auxquelles ils s'uniffent.

A l'égard de l'éméticité proprement dite de la Poudre d'Algaroth, comme elle ne dépend point de l'union d'aucun Acide avec cette Poudre, puifque nous voyons que les préparations d'Antimoine les plus émétiques, telles que le Régule, le Foie & le Verre, ne contiennent point d'Acide, il faut en trouver une caufe différente de celle de la qualité corrofive. On la trouvera aifément, en faifant attention à la différente maniere dont l'Acide marin feul & l'Eau-régale agiffent fur la partie réguline de l'Antimoine.

L'Acide marin feul ne diffout qu'avec peine le Régule d'Antimoine, & n'en fait point une diffolution intime, comme il eft facile d'en être convaincu par tout ce que nous avons dit à ce fujet : au lieu

que l'Acide marin joint à l'Acide nitreux,
& formant une Eau-régale , comme cela
arrive lorfqu'on prépare le Bézoard ,
diffout intimement & radicalement la
partie réguline de l'Antimoine. Or il eft
certain , que plus les Acides agiffent ef-
ficacement fur les fubftances métalliques,
plus ils leur enlevent de leur phlogiftique ; & on doit fe reffouvenir que les
préparations antimoniales ont d'autant
moins d'éméticité , qu'elles contiennent
moins de phlogiftique , & qu'elles s'é-
loignent davantage de la nature de Régule , pour fe rapprocher de celle de
l'Antimoine diaphorétique : par conſéquent on voit comment le Bézoard minéral , qui eft une efpece de chaux antimoniale , laquelle a été privée de phlogiftique , par la diffolution intime qu'en
ont fait les Acides de l'Eau-régale , peut
n'être point émétique, tandis que la Poudre d'Algaroth qui eft un vrai Régule
d'Antimoine , qui n'a été , pour ainfi dire , qu'effleuré par l'Acide marin , & qui
contient encore beaucoup de phlogiftique , eft un émétique très-violent.

XIV. PROCÉDÉ.

Fleurs d'Antimoine.

PRENEZ un pot de terre non verniffé, qui ait une ouverture latérale,
laquelle puiffe fe fermer avec un bouchon. Placez ce pot dans un fourneau
dont il rempliffe la cavité le plus exactement qu'il fera poffible, & fermez
avec du lut l'efpace qui fera refté entre
ce pot & le fourneau. Placez fur ce pot
trois aludels furmontés d'un chapiteau
aveugle. Allumez du feu dans le fourneau, fous le pot.

Lorfque le fond du pot fera bien rouge, jettez dedans par le trou une petite
cuillerée d'Antimoine en poudre. Remuez en même temps avec une efpatule
de fer un peu courbée, enforte qu'elle
puiffe étendre la matiere au fond du pot.
Bouchez enfuite le trou. Les Fleurs monteront, & s'attacheront aux parois des
aludels. Entretenez le feu enforte que le
fond du pot demeure toujours rouge; &
quand il ne fe fublimera plus rien, remet-
tez-y une même quantité d'Antimoine,
& opérez comme la premiere fois. Continuez

tinuez ainsi à faire sublimer l'Antimoine, jusqu'à ce que vous en ayez réduit en Fleurs la quantité qu'il vous plaira. Laissez alors éteindre le feu : & quand les vaisseaux seront refroidis, déluttez - les. Vous trouverez autour des aludels & du chapiteau des Fleurs attachées, que vous ramasserez avec une plume.

REMARQUES.

L'Antimoine est un minéral volatil, qui peut être réduit en Fleurs ; mais cela ne peut se faire sans occasionner un dérangement notable dans ses parties. La partie réguline & la sulphureuse ne sont plus unies aussi intimement & suivant la même proportion, dans les Fleurs d'Antimoine que dans l'Antimoine même ; aussi ces Fleurs ont-elles une grande vertu émétique, que n'a pas l'Antimoine. Elles sont diversement colorées ; ce qui vient apparemment de ce qu'elles contiennent plus ou moins de Soufre.

On met l'un sur l'autre trois ou quatre aludels tant pour présenter aux Fleurs une plus grande surface à laquelle elles puissent s'attacher, que pour leur donner un espace suffisant, faute dequoi elles pourroient casser les vaisseaux.

Tome I.   T

Si l'on introduit la tuyere d'un soufflet dans le pot qui contient l'Antimoine & qu'on souffle dessus, la sublimation des Fleurs se fait beaucoup plus promptement. Cette régle est générale pour toutes les matieres qu'on fait sublimer & évaporer, par les raisons que nous en avons données ailleurs.

Il est bon qu'il n'y ait point de jour entre le fourneau & le pot qui contient l'Antimoine, pour empêcher que la chaleur ne se communique aux aludels, ausquels les Fleurs s'attachent mieux lorsqu'ils sont froids.

Il reste au fond du pot après l'opération, une portion d'Antimoine demi-calcinée, qui étant pulvérisée & achevée de calciner jusqu'à ce qu'elle ne fume plus, peut servir à faire le Verre d'Antimoine.

XV. PROCÉDÉ.

Réduire le Régule d'Antimoine en Fleurs.

PULVERISEZ le Régule d'Antimoine que vous voudrez réduire en Fleurs: mettez cette poudre dans un pot de terre non verni: adaptez-y, trois ou quatre doigts au-deſſus de la poudre , un petit couvercle de la même terre percé dans ſon milieu d'un petit trou , qui puiſſe entrer facilement dans le pot , & en ſortir quand on voudra : couvrez le haut du pot de ſon couvercle ordinaire : placez ce pot dans un fourneau , dans lequel vous entretiendrez un feu convenable pour faire rougir le fond du pot & fondre le Régule. Quand il aura été ainſi fondu environ pendant une heure , laiſſez éteindre le feu , & refroidir le tout. Levez alors les deux couvercles. Vous trouverez attaché à la ſuperficie du Régule qui ſera en maſſe au fond du pot , des Fleurs blanches reſſemblantes à de la neige , & entre-mêlées de belles aiguilles brillantes & argentines. Détachez-les : il y en aura environ un ſoixante-deuxiéme de la maſſe de Régule que vous aurez employée.

Remettez les couvercles dans le pot , & procédez encore de la même manierē : vous trouverez, lorſque les vaiſſeaux ſeront refroidis, la moitié plus de Fleurs cette ſeconde fois que la premiere.

Continuez ainſi juſqu'à ce que vous ayez réduit en Fleurs tout votre Régule : ce qui exigera un aſſés grand nom-

bre de fublimations, qui vous donneront à mefure que vous avancerez, toujours une plus grande quantité de Fleurs,
proportion gardée cependant avec la
quantité de Régule qui reftera dans le
pot.

REMARQUES.

Nous répétons ici ce que nous venons
de dire dans les remarques fur le précédent procédé ; fçavoir , que le Régule
d'Antimoine peut être entierement enlevé & fublimé par l'action du feu; mais
que cela ne fe peut faire fans qu'il ne re-
çoive une altération & un changement
confidérables. Ces Fleurs de Régule
d'Antimoine font fort différentes de toutes les autres préparations antimoniales :
elles reffemblent à la Matiere perlée , en
ce qu'on ne peut les réduire en Régule,
par quelque moyen que ce foit ; mais
elles en différent, 1°. en ce qu'elles ne
font point fixes : après avoir été fondues
par l'Action du feu , elles fe diffipent entierement en vapeurs : 2°. en ce qu'elles
peuvent être diffoutes, par l'Eau-régale,
à peu près comme le Régule. La matiere perlée , comme on le fçait , eft indif-
foluble dans tous les Acides. .

Lorsque le Régule d'Antimoine est une fois en fusion, il commence à se sublimer en Fleurs; ainsi il est inutile de lui donner un plus grand degré de chaleur, que celui qui est nécessaire pour le faire fondre.

Un pot d'une certaine largeur est préférable à un creuset pour cette opération, parceque la surface supérieure du Régule fondu est plus grande, & que plus cette surface est grande, plus l'évaporation est considérable.

Les deux couvercles qu'on ajuste dedans & sur le pot, sont destinés à retenir le plus qu'il est possible, les émanations du Régule en fusion, sans cependant interdire absolument le libre accès de l'air, dont le concours est utile pour toutes les sublimations métalliques. Malgré ces précautions, on ne peut empêcher qu'il ne se dissipe une partie du Régule en vapeurs qu'on ne peut retenir. On ne retire en Fleurs qu'environ un peu moins des trois quarts de ce qu'on a employé de Régule : le reste s'est évaporé à travers les interstices que laissent les couvercles, qui ne doivent point être luttés, par la raison que je viens de donner.

T iij

CHAPITRE II.
Du Bismuth.

PREMIER PROCÉDÉ.

Retirer le Bismuth de sa mine.

RÉDUISEZ en petits morceaux la mine de Bismuth, & emplissez-en un creuset de fer ou de terre. Placez ce creuset dans un fourneau, & allumez du feu ensorte que les morceaux de mine soient médiocrement rouges. Remuez de temps en temps ces morceaux, & tenez le creuset fermé, si vous vous appercevez que la mine crépite & pétille. Vous trouverez au fond du creuset un culot de Bismuth.

REMARQUES.

Le Bismuth n'a besoin, pour être extrait de sa mine, que d'une simple fusion, sans addition d'aucune matiere inflammable, parcequ'il a naturellement sa forme métallique. Il n'a pas besoin non plus de fondans, parcequ'il est très-fusible : ce qui donne la facilité de le

faire fondre, & de le raffembler en culot, fans être obligé de fondre auffi les
matieres terreufes & pierreufes dans lefquelles il eft engagé. Ces matieres reftent dans leur entier, & le Bifmuth fondu tombe par fon propre poids au fond
du creufet. Il ne faut pas donner, dans
cette occafion, un degré de chaleur plus
fort que celui qui eft néceffaire pour fondre le demi-métal, parceque comme il
eft volatil, il s'en diffiperoit une partie;
& on en retireroit beaucoup moins fi
on faifoit un trop grand feu, & d'autant
moins qu'il y en auroit auffi une portion
qui fe réduiroit en chaux. Il faut, pour
la même raifon, retirer le creufet du
fourneau auffitôt qu'on s'apperçoit que
tout ce que la mine contenoit de Bifmuth eft fondu, & que le culot n'augmente point.

On peut auffi traiter la mine de Bifmuth, comme les mines de Plomb &
d'Etain; c'eft-à-dire, la réduire en poudre fine, la mêler avec du flux noir, un
peu de Borax & de Sel marin; la mettre
dans un creufet bien fermé, & la fondre dans un fourneau de fufion. On trouve pour lors un culot de Régule couvert
de fcories. On retire même par cette

méthode une plus grande quantité de Bifmuth ; & on doit s’en fervir lorfque la mine eft pauvre, parceque dans ce cas on n’en retireroit point du tout par l’autre procédé. Mais il faut avoir attention dans celui-ci, de donner très-promptement le degré de feu néceffaire pour fondre le mélange : car s’il reftoit long-temps dans le feu, on perdroit beaucoup de Bifmuth, à caufe de la grande volatilité de ce demi-métal, & de la facilité qu’il a à fe réduire en chaux.

Le Bifmuth eft affés fouvent pur dans fes matrices terreufes & pierreufes ; & lorfqu’il eft minéralifé, c’eft ordinairement par l’Arfenic, qui étant encore plus volatil que lui, fe diffipe en vapeurs lorfqu’on fond la mine, s’il n’y en a qu’une petite quantité ; s’il s’en trouve beaucoup, & qu’on traite la mine par la fufion avec le flux noir, cet Arfenic fe réduit auffi en Régule, s’unit plus intimement avec le Bifmuth, devient un peu plus fixe par cette union, & augmente la quantité du culot demi-métallique qu’on trouve après la fufion.

Quoique le Bifmuth ne foit ordinairement point minéralifé par le Soufre, ce n’eft pas faute de pouvoir s’y unir : car si on fond ensemble parties égales de Bismuth & de Soufre, on trouve après la fusion que le Bismuth est augmenté de près d'un huitiéme, & a formé une masse disposée en aiguilles à peu près comme l'Antimoine.

Nous aurons occasion, lorsqu'il s'agira de la mine d'Arsenic, de dire encore plusieurs choses qui regardent le Bismuth & sa mine, parceque ces minéraux se ressemblent beaucoup.

M. Geoffroy, fils de l'Académicien, a fait voir dans un Mémoire lu à l'Académie des Sciences, qu'il y a une grande ressemblance entre le Bismuth & le Plomb. Ce Mémoire, qui ne contient que le commencement du travail de M. Geoffroy prouve que l'Auteur soutient dignement la gloire de son nom. Il y est démontré par un très - grand nombre d'expériences, que le feu produit sur le Bismuth les mêmes effets que sur le Plomb. Ce demi-métal se réduit en chaux, en litarge, & en verre comme le Plomb; & ces résultats ont les mêmes propriétés que les préparations de Plomb produites par le même degré de feu. Le Bismuth est capable de vitrifier tous les métaux imparfaits, & de les entraîner à travers les pores des creusets. Ainsi on peut purifier l'Or & l'Argent, & les coupeller par son moyen, de même qu'avec le Plomb. On peut revoir à cette occasion ce que nous avons dit du Plomb.

II. PROCÉDÉ.

Dissoudre le Bismuth par les Acides. Magistère de Bismuth. Encre de sympathie.

METTEZ dans un matras du Bismuth concassé en petits morceaux : versez dessus, peu à peu, deux fois autant d'Eau-forte. Cet Acide attaquera le demi-métal avec vivacité, & le dissoudra entierement avec chaleur, effervescence, vapeurs & gonflement. La dissolution sera claire & limpide.

REMARQUES.

L'Acide nitreux est de tous les Acides celui qui dissout le mieux le Bismuth. Il n'est pas besoin, comme dans la plupart des dissolutions métalliques, de mettre sur un bain de sable la fiole dans laquelle on fait la dissolution : au contraire, il faut avoir attention de ne pas verfer toute l'Eau-forte en même temps, parceque la diſſolution ſe fait avec tant d'activité, que le mêlange ſe gonfle & ſe répand hors du vaiſſeau.

L'addition de l'eau ſeule eſt capable de précipiter la diſſolution de Biſmuth. En noyant cette diſſolution dans beaucoup d'eau, la liqueur ſe trouble, devient blanche, & laiſſe dépoſer un précipité d'un très-beau blanc. C'eſt le blanc dont les Dames font uſage à leur toilette.

L'eau opére cette précipitation, en affoibliſſant l'Acide, qui apparemment ne peut tenir le Biſmuth en diſſolution, à moins qu'il n'ait un certain degré de force.

Si on veut avoir un Magiſtère de Biſmuth d'un beau blanc, il faut employer pour la diſſolution une Eau-forte qui ne ſoit point altérée par le mêlange de l'Acide vitriolique; car cet Acide donne au précipité un blanc ſale tirant ſur le gris. Pluſieurs Auteurs conſeillent, pour précipiter le Biſmuth, de ſe ſervir d'une diſſolution de Sel marin au lieu d'eau pure, croyant que ce Sel doit procurer la précipitation, comme cela arrive à l'égard de l'Argent & du Plomb. Mais M. Pott, Chymiſte Allemand, qui a donné

T vj

une grande diſſertation ſur le Biſmuth ; prétend au contraire que le Sel marin, ni ſon acide, ne peuvent précipiter ce demi-métal, & que ce n'eſt qu'à la faveur de l'eau dans laquelle ces ſubſtances ſont étendues, que ſe fait la précipitation, lorſqu'on les mêle dans notre diſſolution.

On peut précipiter auſſi le Biſmuth avec des Alkalis fixes ou volatils ; mais le précipité n'eſt pas d'un auſſi beau blanc que quand on ne le fait qu'avec l'eau pure.

Si on avoit employé pour faire la diſſolution une plus grande quantité d'eau-forte que celle qui eſt preſcrite dans le procédé, il faudroit auſſi beaucoup plus d'eau pour précipiter le Magiſtère de Biſmuth, parcequ'il y auroit beaucoup plus d'Acide à affoiblir. On doit bien laver ce blanc, pour le débarraſſer de tout l'Acide, & le conſerver dans une bouteille bien bouchée, parceque l'action de l'air le fait brunir, & qu'un reſte d'Acide le rend jaune.

La diſſolution de Biſmuth où l'on n'employe que ce qu'il faut d'Eau-forte c'eſt-à-dire, deux parties de cet Acide ſur une de demi-métal, ſe coagule en

petits criſtaux preſqu'auſſitôt qu'elle eſt
faite.

L'Eau-forte agit ſur le Biſmuth non-
ſeulement lorſqu'il eſt ſéparé de ſa mine,
& réduit en Régule, mais il l'attaque
dans la mine même, & diſſout auſſi en
même temps quelques portions de la mine. C'eſt avec cette diſſolution de la mine de Biſmuth que M. Hellot a fait une
encre de ſympathie fort curieuſe, & qui
différe de toutes celles qui étoient connues. Voici comment M. Hellot prépare
cette liqueur.

» On met en poudre groſſiere la mi-
» ne de Biſmuth. Sur deux onces de
» cette poudre on verſe un mêlange de
» cinq onces d'eau commune, & de cinq
» onces d'Eau-forte. On ne chauffe point
» le vaiſſeau, juſqu'à ce que les premie-
» res ébullitions ſoient paſſées. Enſuite
» on le met ſur un bain de ſable doux,
» & on l'y laiſſe en digeſtion, juſqu'à ce
» qu'on ne voie plus de bulles d'air s'é-
» lever. Lorſqu'il n'en paroît plus à cet-
» te chaleur, on l'augmente juſqu'à fai-
» re bouillir légerement le diſſolvant
» pendant un bon quart-d'heure. Il ſe
» charge d'une teinture à peu près de la
» couleur d'une bierre rouge. La mine

» qui donne cette couleur à l'Eau-forte
» est la meilleure. On laisse refroidir la
» dissolution, en couchant le matras sur
» le côté, afin de la pouvoir décanter
» plus aisément, lorsque tout ce qui a
» été épargné par le dissolvant s'est pré-
» cipité.

» On tient encore incliné le second
» vaisseau dans lequel on a fait la pre-
» miere décantation, pour qu'il se fasse
» un nouveau précipité des matieres
» non dissoutes, & l'on verse la liqueur
» dans un troisiéme vaisseau. Il ne faut
» point filtrer cette liqueur, si on veut
» que le reste du procédé réussisse bien,
» parceque l'Eau-forte dissoudroit quel-
» que portion du papier, ce qui altére-
» roit la couleur de cette liqueur.

» Quand on a cette dissolution que
» M. Hellot nomme impregnation, bien
» clarifiée par trois ou quatre décanta-
» tions, on la met dans une capsule de
» verre avec deux onces de Sel marin
» bien net. Le Sel blanc des marais sa-
» lans est celui qui a le mieux réussi à
» M. Hellot. A son défaut, on peut
» prendre un Sel de gabelle ordinaire,
» purifié par solution, filtration & cris-
» talisation. Mais comme il est rare d'en

» trouver qui ne contienne quelque tein-
» te ferrugineuſe, le Sel blanc des ma-
» rais eſt préférable. On met la capſule
» de verre ſur un bain de ſable doux, &
» on l'y tient juſqu'à ce que ce mêlange
» ſe ſoit réduit par évaporation en une
» maſſe ſaline preſque ſéche.

» Si on veut en retirer l'Eau-réga-
» le, il faut mettre l'impregnation dans
» une cornue, & diſtiller à petit feu au
» bain de ſable. Il y a cependant un in-
» convénient, comme le remarque M.
» Hellot, à ſe ſervir d'une cornue ; c'eſt
» que comme on ne peut agiter la maſ-
» ſe ſaline à meſure qu'elle ſe coagule
» dans la cornue, elle ſe réduit en un
» pain de Sel coloré, compacte, qui ne
» préſente qu'une ſeule ſurface à l'eau
» qui doit le diſſoudre, deſorte que cet-
» te diſſolution dure quelquefois juſqu'à
» cinq à ſix jours. Dans la capſule, au-
» contraire, on réduit la maſſe ſaline en
» Sel grainé, en l'agitant avec une ba-
» guette de verre. Ainſi grainé, il a beau-
» coup plus de ſurface : il ſe diſſout plus
» aiſément, & fournit ſa teinture à l'eau
» en quatre heures de temps. A la vé-
» rité, on eſt plus expoſé aux vapeurs
» du diſſolvant ; & ces vapeurs ſeroient

» dangereuſes, ſi on faiſoit ſouvent cet-
» te opération ſans prendre de précau-
» tions.

» Lorſque la capſule, ou petit vaiſ-
» ſeau qui contient le mêlange de l'im-
» pregnation & du Sel marin, eſt échauf-
» fée, la liqueur qui étoit d'un rouge
» orangé devient rouge cramoiſi ; &
» quand tout le phlegme du diſſolvant
» eſt évaporé, elle prend une belle cou-
» leur d'émeraude. Peu à peu elle s'é-
» paiſſit, & paſſe à la couleur de verd
» de gris en maſſe. Alors il faut avoir
» ſoin de l'agiter avec la verge ou ba-
» guette de verre, afin de grainer ce
» Sel, qu'on ne doit pas tenir au feu juſ-
» qu'à ce qu'il ſoit entierement ſec, par-
» cequ'on courroit le riſque de perdre
» ſans retour la couleur qu'on cherche.
» On s'apperçoit de cette perte, quand
» par trop de chaleur le Sel qui étoit
» verd, paſſe au jaune ſale. En cet état
» il ne change plus en refroidiſſant ;
» mais quand on a ſoin de le retirer du
» feu lorſqu'il eſt encore verd, on le
» voit pâlir peu à peu, & devenir d'un
» beau couleur de roſe, à meſure qu'il
» refroidit.

» On le détache de ce vaiſſeau ,

» pour le faire tomber dans un autre :
» où l'on a mis de l'eau de pluie difti-
» lée ; & l'on tient ce fecond vaiffeau en
» douce digeftion , jufqu'à ce qu'on voie
» que la poudre qui fe précipite au fond
» foit parfaitement blanche. Si au bout
» de trois ou quatre heures cette pou-
» dre eft encore teinte de couleur de
» rofe , c'eft une marque qu'on n'y a pas
» mis affés d'eau pour diffoudre tout le
» Sel qui a enlevé la teinture de l'im-
» pregnation. En ce cas , il faut décan-
» ter la premiere liqueur teinte , & re-
» mettre de nouvelle eau à proportion
» de ce qu'on juge qu'il peut être refté
» de Sel teint mêlé avec le précipité.

» Ordinairement , quand la mine eft
» pure , & ne contient pas beaucoup de
» pierres fufibles , nommées communé-
» ment *Fluor* ou *Quartz* , elle fournit par
» once de la teinture pour huit à neuf
» onces d'eau , & la liqueur eft d'une
» belle couleur de lilas.

» Pour voir l'effet de cette teinture ,
» il faut écrire avec cette liqueur couleur
» de lilas fur de bon papier bien collé, &
» qui ne boive pas. On peut s'en fervir
» auffi à enluminer les feuilles de quel-
» qu'arbre ou de quelque plante dont on

» aura auparavant deffiné le trait légere-
» ment à l'encre de la Chine, ou à la
» pointe d'un crayon de mine de Plomb.
» On laiffera fécher cette écriture ou ce
» deffein enluminé à l'air fec. On n'ap-
» perçoit aucune couleur tant qu'il eft
» froid ; mais fi on le chauffe lentement
» devant le feu, on verra l'écriture ou le
» deffein prendre peu à peu une couleur
» bleue ou bleue verdâtre, qui eft vifible
» tant que le papier conferve un peu de
» chaleur, & qui difparoît entierement
» quand il eft refroidi. »

C'eft cette propriété de difparoître entierement & de redevenir invifible, fans qu'il foit befoin de rien paffer deffus, qui fait la fingularité de cette encre fympathique, & qui la rend différente de toutes les autres, qui, lorfqu'elles ont été une fois rendu vifibles par les moyens qui leur conviennent, ne difparoiffent plus, ou du moins ont befoin d'être effacées par une nouvelle liqueur qu'on paffe deffus.

M. Hellot a varié infiniment les expériences qu'il a faites fur cette matiere, & a donné à fon encre fympathique fucceffivement les propriétés de toutes les autres encres fympathiques connues.

Il réfulte des expériences de M. Hellot, que c'eſt l'Acide du Sel marin qui colore en verd le *magma* ſalin tant qu'il eſt échauffé ; que ſans cet Acide, cette matiere ſaline reſte rouge , & qu'ainſi l'impregnation de la mine de Biſmuth, par l'Eau-forte, peut ſervir de pierre de touche pour s'aſſurer ſi un Sel inconnu qu'on examine contient ou non du Sel marin , ou une portion d'Acide marin.

Il prouve auſſi , dans les Mémoires qu'il a donnés ſur cette matiere, que l'Acide nitreux eſt le véritable diſſolvant de ces mines de Biſmuth , qui contiennent auſſi du bleu d'azur & de l'Arſenic. Cet Acide diſſout tout ce que ces mines contiennent de métallique & de matiere colorante, n'épargnant que la portion ſulphureuſe & arſenicale qui reſte précipitée pour la plus grande partie , & c'eſt cette matiere colorante qui donne la vertu à l'encre ſympathique.

Nous parlerons plus amplement , à l'article de l'Arſenic , de cette matiere des cobolts ou mines d'Arſenic, qui colore en bleu le ſable avec lequel on la vitrifie.

L'Acide vitriolique ne diſſout point , à proprement parler, le Biſmuth. Si on

mêle une partie & demie de ce demi-
métal avec une partie d'Huile de Vitriol,
qu'on diftille le tout jufqu'à ficcité dans
une cornue, qu'on leffive avec de l'eau
ce qui fera refté dans la cornue, la liqueur qu'on en retirera aura une couleur d'un jaune rouge, mais qui ne laiffera rien précipiter en la mêlant avec
des Alkalis; ce qui montre que l'Acide
vitriolique attaque feulement la partie
inflammable du Bifmuth, & ne diffout
point fa terre métallique.

Il diffout d'une maniere plus marquée
la mine de Bifmuth que le Bifmuth même, parceque cette mine, outre la partie réguline, contient encore une matiere arfenicale & une matiere colorante, fur lefquelles il peut avoir plus d'action.

L'Acide du Sel marin attaque & diffout un peu le Bifmuth, mais lentement
& avec peine. On a la preuve que cet
Acide a diffous une portion de notre demi-métal, en mêlant un Alkali fixe ou
volatil avec de l'efprit de Sel, dans lequel on aura tenu du Bifmuth en digeftion pendant un certain temps; car il fe
fait un précipité.

Mais quoique l'Acide marin foit capable de diſſoudre le Biſmuth ; ce n'eſt pas à dire pour cela qu'il ait plus d'affinité avec cette ſubſtance métallique que l'Acide nitreux, comme l'ont cru quelques Chymiſtes, qui ſe ſont imaginés que quand on faiſoit la précipitation du Magiſtère de Biſmuth par une diſſolution du Sel marin, l'Acide de ce Sel quittoit ſa bâſe pour s'unir au Biſmuth qu'il précipitoit, comme cela arrive dans la précipitation du Plomb & de l'Argent par le même Sel, & formoit dans cette occaſion un Biſmuth corné.

M. Pott a obſervé d'abord à ce ſujet, que quand on ne mêle qu'une petite quantité de diſſolution de Sel marin avec la diſſolution de Biſmuth dans l'Acide nitreux, il ne ſe forme point de précipité : or il eſt certain que quelque petite que ſoit la quantité de Sel marin qu'on mêle avec la diſſolution de Plomb ou d'Argent, il ſe forme auſſitôt un précipité dont la quantité eſt proportionnée à celle du Sel qu'on a employé.

Secondement, M. Pott a examiné le précipité de Biſmuth fait par la diſſolution de Sel marin, & il ne lui a point trouvé les propriétés d'une ſubſtance métallique rendue cornée. Ce précipité expofé à un feu très-violent paroît au contraire refractaire , & ne peut être fondu.

CHAPITRE III.

Du Zinc.

PREMIER PROCÉDÉ.

Retirer le Zinc de fa mine , ou de la Pierre calaminaire.

PRENEZ huit parties de Pierre calaminaire réduite en poudre : mêlez-les exactement avec une partie de charbon de bois bien pulvérifé , que vous aurez auparavant calciné dans un creufet pour en retirer toute l'humidité. Mettez ce mélange dans une cornue de grais enduite de lut, de laquelle un tiers demeure vuide. Placez la cornue dans un fourneau de réverbere, dans lequel vous puiffiez pouffer le feu fortement. Adaptez à la cornue un récipient qui contienne un peu d'eau. Allumez le feu : augmentez-le par degrés jufqu'à ce que la chaleur foit auffi forte que celle qui fait fondre le Cuivre. A ce degré de feu, le Zinc métallisé se séparera du mêlange, & se sublimera à l'intérieur du col de la cornue, sous la forme de gouttes métalliques. Cassez la cornue lorsqu'elle sera refroidie, & ramassez le Zinc.

REMARQUES.

Le procédé que nous venons de donner pour extraire le Zinc de la Pierre calaminaire, est tiré des Mémoires de l'Académie des Sciences de Berlin, & est de M. Marggraff, sçavant Chymiste, dont nous avons déja eu occasion de parler à l'article du Phosphore.

Jusqu'à ce que ce procédé fût rendu public, on ne connoissoit aucun moyen de tirer le Zinc directement, & pur, de la Pierre calaminaire.

La plus grande partie du Zinc que nous avons, est tirée d'une mine de difficile fusion, qu'on traite à Goslar, laquelle fournit en même temps du Plomb, du Zinc, & une autre matiere métallique, nommée *Cadmie des fourneaux*, qui contient aussi beaucoup de Zinc, comme nous le verrons par la suite.

Le fourneau dans lequel on fond cette mine est fermé à sa partie antérieure par des especes de lames ou de tables de pierre minces, qui n'ont pas plus d'un doigt d'épaisseur. Cette pierre est grisâtre, & soutient la violence du feu.

On fond la mine à travers les charbons dans ce fourneau, à l'aide des soufflets. On employe douze heures à chaque fonte, & pendant ce temps le Zinc fondu avec le Plomb se résout en fleurs & en vapeurs, dont une bonne partie s'attache aux parois du fourneau sous la forme d'un enduit terreux bien durci. Les Ouvriers ont le soin d'enlever de temps en temps cet enduit, qui sans cela s'épaissiroit à la fin au point de diminuer considérablement la cavité du fourneau.

Il s'attache de plus à la partie antérieure du fourneau, qui est, comme nous avons dit, formée d'une pierre mince, une matiere métallique, qui est le Zinc, qu'on a soin de ramasser à la fin de chaque fusion, en éloignant les charbons ardens de cet endroit. On jette dans le bas une certaine quantité de charbon noir concassé; & à petits coups de marteau, on fait tomber sur le charbon le Zinc qui étoit engagé comme dans une espece de rayon dans l'autre matiere, connue sous

le

le nom latin de *Cadmia fornacum*, &
à laquelle on peut donner le nom françois de *Calamine des fourneaux*. Il tombe fous la forme d'un métal fondu em-
brafé & tout brillant de flamme. Il fe
brûleroit bientôt entierement, & fe réduiroit en fleurs, comme nous le verrons, s'il ne s'éteignoit, & n'avoit la facilité de fe refroidir & de fe figer, en
fe cachant fous le charbon noir qu'on a
eu foin de mettre en bas pour le recevoir.

Le Zinc s'attache par préférence aux
parois antérieurs du fourneau, parceque cet endroit étant le plus mince, eft
auffi le moins chaud. On a même foin
pendant l'opération, pour donner la facilité au Zinc de fe fixer en cet endroit,
de rafraîchir de temps en temps cette
pierre mince, en jettant de l'eau deffus.

On voit par-là que le Zinc ne fe tire
point de fa mine par la fufion & la précipitation en Régule, comme les autres
fubftances métalliques; cela vient de ce
que ce demi-métal eft d'une fi grande volatilité, qu'il ne peut foutenir le degré
de feu néceffaire pour fondre fa mine;
fans fe fublimer. Il eft en même temps
fi combuftible, qu'il s'en fublime une

grande partie en fleurs, qui n'ont point la forme métallique.

M. Marggraff a remédié à ces inconvéniens en traitant la mine de Zinc dans des vaiſſeaux fermés. Il empêche par ce moyen que le Zinc ne puiſſe s'enflammer & ſe réduire en fleurs. Il ſe ſublime donc ſous ſa forme métallique. L'eau qu'on met dans le récipient, ſert à recevoir & à refroidir les gouttes de Zinc qui pourroient être pouſſées hors de la cornue. Comme il faut un feu très-violent pour faire cette opération, ces gouttes qui ſortent extrêmement chaudes pourroient caſſer le récipient.

M. Marggraff à retiré le Zinc par le même procédé, des calamines des fourneaux, qui s'élevent des mines qui contiennent du Zinc, de la Tutie, qui eſt une eſpece de calamine des fourneaux, des fleurs ou chaux de Zinc, & du précipité du Vitriol blanc : toutes matieres qu'on ſçavoit être du Zinc qui n'avoit beſoin que d'être combiné avec le phlogiſtique pour paroître ſous la forme demi-métallique, & dont cependant on n'étoit point encore parvenu à tirer le Zinc.

M. Marggraff obſerve que le Zinc

qu'il retire par son procédé se laisse étendre sous le marteau en lamines assés minces : ce que le Zinc ordinaire ne souffre
pas. Cela vient apparemment de ce que
le Zinc tiré par la méthode de M. Marggraff est plus intimement combiné avec
le phlogistique, & en contient une plus
grande quantité que celui qu'on retire
par la méthode ordinaire.

II. PROCÉDÉ.

Sublimer le Zinc en Fleurs.

PRENEZ un grand creuset qui soit fort
profond : placez ce creuset dans un
fourneau, de maniere qu'il soit incliné
à peu près sous un angle de quarante-
cinq dégrés. Mettez du Zinc dedans, &
allumez dans le fourneau un feu un peu
plus fort que celui qui est nécessaire
pour tenir le Plomb en fusion. Le Zinc
se fondra. Agitez-le avec une verge de
fer : il paroîtra une flamme blanche &
très-brillante : à deux pouces au-dessus
de cette flamme il se formera une épaisse fumée, & avec cette fumée il s'élevera des Fleurs très-blanches qui restent
quelque temps adhérentes aux parois

du creuset, sous la forme d'un coton
fort délié. Lorsque la flamme se rallen-
tira remuez de nouveau, avec la verge
de fer, votre matiere fondue : vous verrez la flamme se renouveller, & les Fleurs
recommencer à paroître en plus grande
abondance. Continuez ainsi, jusqu'à ce
que vous vous apperceviez qu'il ne paroît plus de flamme, & qu'il ne s'éleve
plus de Fleurs.

REMARQUES.

Le Zinc s'enflamme fort aisément,
aussitôt qu'il éprouve un certain degré
de chaleur : ce qui prouve qu'il entre
dans la composition de ce demi-métal
une grande quantité de phlogistique,
qui n'a pas une union fort intime avec
sa terre métallique. Les Fleurs dans
lesquelles le Zinc se résout pendant sa
combustion sont d'une nature tout-à-fait
singuliere, & différent beaucoup de tous
les autres produits qu'on peut retirer
des substances métalliques.

On peut les regarder comme la chaux
même du Zinc, ou sa terre métallique
dépouillée de phlogistique, laquelle se
sublime pendant la combustion de ce demi-métal, vraisemblablement à l'aide du

phlogiſtique qui l'entraîne avec lui , en ſe diſſipant ; car ces Fleurs une fois ſublimées, ſont après cela une ſubſtance des plus fixes : elles ſoutiennent la plus grande violence du feu ſans ſe ſublimer , & ſe réduiſent en une eſpece de verre.

Quelque moyen qu'on ait employé juſqu'à préſent pour rendre la forme métallique aux Fleurs de Zinc , on n'a pu y réuſſir. Traitées comme les autres chaux métalliques dans un creuſet avec des matieres inflammables de toute eſpece , & différentes ſortes de flux réductifs, elles ne ſe remétalliſent point : elles ſe fondent ſeulement avec le flux , & font une eſpece de verre.

A la vérité , M. Marggraff a , comme nous avons dit plus haut , retiré du Zinc de ces Fleurs , en les traitant de même que la Pierre calaminaire dans une cornue avec la poudre de charbon ; mais comme il arrive ſouvent qu'elles emportent avec elles de petites particules de Zinc non décompoſé , cela jette toujours quelqu'incertitude ſur la réduction de ces Fleurs , même par cette méthode.

Si au lieu de mettre le Zinc dans un

creufet découvert, comme nous l'avons prefcrit, pour le réduire en Fleurs, on couvre avec un autre creufet renverfé celui dans lequel eft contenu ce demi-métal ; qu'on lutte enfemble ces deux vaiffeaux ; qu'on les mette dans un fourneau de fufion, & qu'on y faffe auffitôt pendant environ une demi - heure un très-grand feu, on trouvera, après que les vaiffeaux feront refroidis, que tout le Zinc aura quitté le creufet inférieur, & fe fera fublimé fous fa forme métallique dans le creufet fupérieur, fans avoir fouffert de décompofition. Cette expérience prouve qu'il eft néceffaire que le Zinc s'enflamme & fe brûle, pour fe réduire en Fleurs. Comme il ne peut, non plus que les autres corps combuftibles, brûler dans les vaiffeaux fermés, & qu'il eft volatil, il fe fublime fans avoir fouffert de décompofition. On peut fublimer de même le Régule d'Antimoine & le Bifmuth ; mais plus difficilement que le Zinc, qui eft encore plus volatil que ces demi-métaux.

Il eft néceffaire de remuer de temps en temps, avec une verge de fer, le Zinc en fufion, lorfqu'on veut le réduire en Fleurs ; car il fe forme à fa furface une

croûte grife qui met obftacle à fa déflagration, & fous laquelle il fe réduit peu
à peu en une chaux grumeleufe. Ainfi,
pour faciliter l'élévation des Fleurs, il
faut avoir foin de rompre cette croûte,
lorfqu'elle commence à fe former, & à
chaque fois qu'elle fe produit. Il paroît
auffitôt une flamme blanche & très-brillante : à deux pouces au-deffus de cette
flamme, il fe forme une fumée épaiffe,
& avec cette fumée il s'éleve des Fleurs
très-blanches, qui reftent quelque temps
adhérentes aux parois du creufet, fous la
forme d'un coton délié.

M. Malouin, qui a donné plufieurs
Mémoires fur le Zinc, dans lefquels il
s'eft propofé de découvrir la reffemblance que peut avoir ce demi-métal avec
l'Etain, a effayé de calciner le Zinc comme on calcine l'Etain ; mais il a éprouvé
plus de difficulté. Le Zinc, tant qu'il
n'eft pas fondu, ne fe calcine point : il
ne commence à fe réduire en chaux, que
dans le moment qu'il commence auffi à
fe fondre. M. Malouin, en réitérant ainfi
un grand nombre de fois les fufions du
Zinc, eft parvenu à raffembler une certaine quantité de chaux de ce demi-métal, reffemblante aux autres chaux mé-

talliques. Il a traité cette chaux de Zinc
dans un creuset avec la graisse, & cette
chaux s'est remétallisée, & réduite en
Zinc. Il y a tout lieu de croire que la
chaux de Zinc faite par cette méthode,
est moins brûlée que les Fleurs, & qu'elle retient encore une portion de phlogistique.

III. PROCÉDÉ.

*Combiner le Zinc avec le Cuivre. Cuivre
jaune. Similor, &c.*

RÉDUISEZ en poudre une partie &
demie de Pierre calaminaire, & autant de charbon : mêlez ensemble ces
deux poudres, & humectez-les avec un
peu d'eau. Mettez ce mêlange dans un
creuset large, ou quelqu'autre vâse de
terre qui puisse soutenir le feu de fusion.
Introduisez dedans & dessus ce mêlange une partie de Cuivre rouge très-pur,
réduit en lames : mettez de nouvelle
poudre de charbon par-dessus : fermez
le creuset : placez-le dans un fourneau
de fusion : entourez-le de charbons de
tous côtés : laissez ces charbons s'allumer peu à peu. Faites ensuite bien rou-

gir le creuset. Lorsque vous verrez que la flamme aura pris des couleurs pourpre ou verd bleuâtre, découvrez le creuset, & plongez-y une petite verge de fer, pour voir si le Cuivre est en fusion sous la poudre de charbon. Si vous trouvez que le Cuivre est fondu, modérez un peu l'action du feu, & laissez encore votre creuset dans le fourneau pendant quelques minutes. Laissez, après cela, refroidir le creuset : vous trouverez dedans votre Cuivre qui aura pris une couleur d'or, qui aura augmenté de poids d'un quart ou même d'un tiers, & qui cependant sera encore très-malléable.

REMARQUES.

La Pierre calaminaire n'est pas la seule substance avec laquelle on puisse faire le Cuivre jaune : toutes les autres mines qui contiennent du Zinc, les Calamines qui se subliment dans les fourneaux où l'on traite ces mines, la Tutie, le Zinc même en nature, peuvent lui être substitués, & font aussi de très-beau Cuivre jaune : mais il faut, pour y réussir, prendre différentes précautions dont nous allons parler.

V v

Notre procédé est une espece de cémentation ; car la mine de Zinc ne se fond point, & le Zinc est seulement réduit en vapeurs lorsqu'il se combine avec le Cuivre : c'est de-là d'où dépend en partie la réussite de l'opération, & ce qui fait que le Cuivre conserve sa pureté & sa malléabilité, parceque les autres substances métalliques qui pourroient se trouver dans la mine de Zinc ou avec le Zinc, n'ayant point la même volatilité que lui, ne peuvent être réduites en vapeurs. Si on est assuré que la Pierre calaminaire, ou autre mine de Zinc qu'on emploie, est altérée par le mélange de quelqu'autre matiere métallique, il faut mêler de la terre à lutter avec la poudre de charbon, & la matiere contenant du Zinc ; en former une pâte ferme avec de l'eau ; la mettre & la fouler au fond du creuset ; mettre dessus les lames de Cuivre, & de la poudre de charbon pardessus le Cuivre : puis procéder comme nous l'avons dit. Par ce moyen, lorsque le Cuivre est fondu, il ne peut tomber au fond du creuset, ne se mêle point avec la mine, est soutenu sur le mélange, & ne peut se combiner qu'avec le Zinc, qui se sublime en vapeurs, & traverfe le lut pour s'attacher à ce même Cuivre.

On peut auffi purifier la Pierre calaminaire ou autre mine de Zinc , avant de s'en fervir pour faire le Cuivre jaune , fur-tout lorfqu'elles font altérées par de la mine de Plomb , ce qui arrive fouvent. Il faut pour cela torréfier cette pierre à un feu affés fort pour commencer à fondre la matiere plombifére , qui fe réduit en molécules plus groffes , plus pefantes , & moins fragiles. Les particules les plus ténues fe diffipent pendant la torréfaction , avec une partie de la Pierre calaminaire. Cette Pierre calaminaire devient au contraire par la torréfaction, plus tendre , plus légere, & beaucoup plus friable. Lorfque la pierre eft en cet état , il faut la mettre dans une febille propre à laver ; plonger cette febille dans un vaiffeau plein d'eau ; broyer la matiere qu'elle contient. L'eau enlevera la poudre la plus légere, qui eft la Pierre calaminaire, & ne laiffera au fond de la febille que la fubftance la plus lourde , c'eft-à-dire , la matiere plombifére qu'il faut rejetter comme inutile. La poudre de la Pierre calaminaire fe dépofera au fond de l'eau. Il faut la ramaffer après

V vj

avoir décanté l'eau, & s'en servir comme nous avons dit.

La poudre de charbon sert dans notre opération à empêcher le Cuivre & le Zinc de se calciner; c'est pourquoi, lorsqu'on emploie en même temps une grande quantité de matiere, il n'est point nécessaire d'en mettre autant, proportion gardée, que quand on n'en emploie qu'une petite quantité, parceque plus une masse de métal est grande, & moins elle se calcine facilement.

Quoique le Cuivre se mette en fusion dans cette opération, il s'en faut bien néanmoins qu'il soit nécessaire pour cela de donner un feu aussi fort que le Cuivre l'exige ordinairement pour se fondre. La fusibilité qu'il a dans cette occasion lui vient du mêlange du Zinc. L'augmentation du poids de ce métal est due aussi à la quantité de Zinc qui se combine avec lui. Il retire encore un autre avantage de son association avec ce demi-métal, c'est de rester plus long-temps au feu sans se calciner

Le Cuivre jaune bien fait, doit être malléable étant froid. Mais de quelque maniere qu'on le fasse, & quelques proportions de Zinc qu'on y fasse entrer, il ſe trouve toujours n'avoir aucune malléabilité lorſqu'il eſt chaud & rouge.

Si on fait fondre le Cuivre jaune dans un creuſet à grand feu, on remarquera que ce métal s'enflamme preſque comme le Zinc, & qu'il s'éleve de ſa ſurface une grande quantité de fleurs blanches qui voltigent par floccons comme les fleurs de Zinc. Ces floccons ſont en effet des fleurs de Zinc, & la flamme du Cuivre jaune qui eſt pouſſée à grand feu, n'eſt auſſi autre choſe que celle du Zinc même uni au Cuivre qui ſe brûle. Si l'on tient ainſi le Cuivre jaune long-temps en fuſion, on lui fait perdre preſque tout ce qu'il contient de Zinc. On le trouve, après cela, beaucoup diminué de poids, & ſa couleur ſe rapproche de celle du Cuivre rouge. C'eſt pourquoi il eſt néceſſaire, lorſqu'on fait cette opération, de ſaiſir le temps où le Cuivre chargé ſuffiſamment de Zinc, a acquis le plus grand poids & la plus belle couleur, en conſervant le plus de ductilité qu'il eſt poſſible, & d'éteindre le feu dans ce moment, parceque ſi on le laiſſe plus long-temps en fuſion, il ne fait plus que perdre le Zinc auquel il s'étoit uni. L'uſage qu'on acquiére par les différentes tentatives, & la connoiffance particuliere de la Pierre calaminaire qu'on emploie, font néceffaires pour guider furement l'Artifte dans cette opération; car il y a des différences très-confidérables dans les différentes mines de Zinc. Il y en a qui contiennent du Plomb, comme nous l'avons dit; d'autres, du Fer. Ces métaux étrangers venant à fe mêler au Cuivre, en augmentent, à la vérité, le poids, mais ils le rendent en même temps pâle, & lui donnent beaucoup d'aigreur. Il y a certaines Pierres calaminaires qui demandent à être rôties avant qu'on puiffe s'en fervir, & defquelles il s'exhale pendant la torréfaction des vapeurs d'Alkali volatil, qui font fuivies de vapeurs d'Efprit fulphureux : D'autres ne laiffent échapper aucunes vapeurs fi on les torréfie, & peuvent être employées, fans aucune préparation préliminaire : tout cela doit faire, comme on voit, beaucoup de différence dans l'opération.

On peut faire auffi du Cuivre jaune; & on fait des Tombacs & Similors, en fe fervant du Zinc même, au lieu d'employer des mines qui le contiennent. Mais ces compofés n'ont pas la même ductilité à froid, que le Cuivre jaune fait avec la Pierre calaminaire, parceque le Zinc eſt rarement pur, & exempt du mélange du Plomb. Peut-être auſſi la différente maniere dont le Zinc s'unit au Cuivre, contribue-t-elle à cette variété.

Il faut, pour obvier à cet inconvénient, purifier le Zinc de l'alliage du Plomb. La propriété qu'a ce demi-métal de ne pouvoir être diſſous par le Soufre, en fournit un moyen fort aiſé à pratiquer. Il faut pour cela faire fondre le Zinc dans un creuſet, l'agiter rapidement avec une verge de fer, & projetter deſſus alternativement du ſuif & du Soufre minéral; mais le Soufre en beaucoup plus grande quantité que le ſuif. Si le Soufre ne ſe conſume point entierement, & qu'il forme une eſpece de ſcorie à la ſurface du Zinc, c'eſt une marque que ce demi-métal contient du Plomb. Il faut dans ce cas continuer à jetter du Soufre dans le creuſet, en remuant continuellement le Zinc; juſqu'à ce qu'on s'apperçoive que le Soufre ne ſe joint plus avec aucune ſubſtance métallique, & ſe brûle librement ſur la ſurface du Zinc. Le demi-métal eſt alors purifié, parceque le Soufre qui ne peut le diſſoudre s'unit fort aisément avec le Plomb, ou avec les autres substances métalliques auxquelles il pourroit être allié.

Si on mêle le Zinc ainsi purifié avec le Cuivre rouge, à la dose d'un quart ou d'un tiers, & qu'on tienne le mêlange en fonte pendant un certain temps, en l'agitant toujours, on fait un Cuivre jaune qui est aussi ductil étant froid, que celui qui est fait par la cémentation avec la Pierre calaminaire.

A l'égard des Tombacs & Similors, ils se font soit avec le Cuivre rouge, soit avec le Cuivre jaune qu'on recombine de nouveau avec le Zinc. Comme on est obligé, pour leur donner une belle couleur d'or, d'y mêler des doses de Zinc différentes de celles qui font simplement le Cuivre jaune, ils font ordinairement beaucoup moins ductils. M. Geoffroy a donné en 1725. un Mémoire sur cette matiere, dans lequel il examine les produits que donne le mêlange tant du Cuivre rouge que du jaune avec le Zinc, depuis une très-petite jusqu'à très-grande dose.

IV. PROCÉDÉ.

Diffoudre le Zinc dans les Acides minéraux.

AFFOIBLISSEZ de l'Huile de Vitriol concentrée, en la mêlant avec un poids égal d'eau. Mettez dans un matras le Zinc que vous voudrez diffoudre, réduit en petits morceaux. Verfez deffus fix fois fon poids d'Acide vitriolique, affoibli comme nous venons de le dire. Placez le matras fur un bain de fable d'une chaleur douce. Tout le Zinc fe diffoudra fans aucune réfidence. Le Sel neutre métallique qui réfulte de cette diffolution, fe criftalife ; on le nomme *Vitriol blanc*, ou *Vitriol de Zinc*.

REMARQUES.

Quoique le Zinc foit diffoluble dans tous les Acides, & que combiné avec ces mêmes Acides, il offre des phénomènes finguliers, perfonne cependant, avant M. Hellot, n'avoit donné un détail bien circonftancié de ce qui arrive dans ces diffolutions. Ainfi tout ce que nous allons dire à ce fujet, eft tiré des

Mémoires que M. Hellot a donnés sur cette matiere.

Si on distille dans une cornue au bain de sable, à une chaleur graduée, la dissolution de Zinc par l'Acide vitriolique, faite comme il est prescrit dans le procédé, il passe d'abord en pur phlegme presque la moitié de la liqueur. Il vient ensuite une petite quantité d'Esprit acide sulphureux : après quoi il faut augmenter le feu, transporter pour cela la cornue dans un fourneau de réverbere, & continuer la distillation à feu nud. A la premiere impression de ce feu, il se développe une odeur de Foie de Soufre qui devient vive & suffocante vers la fin de la distillation. Au bout de deux heures, les vapeurs blanches paroissent, comme dans la rectification de l'Huile de Vitriol ordinaire. Alors si on change de récipient, on retirera environ la dix-huitiéme partie du total de la dissolution d'une Huile de Vitriol, qui quoique sulphureuse, est cependant si concentrée, qu'en en versant quelques gouttes sur de l'Huile de Vitriol foible, elle y tombe jusqu'au fond avec autant de bruit que si c'étoit de petits morceaux de fer rouge, & elles échauffent autant cette Huile

de Vitriol, que l'Huile de Vitriol ordinaire échauffe l'eau.

Il reste au fond de la cornue une maffe faline, féche, blanche & criftaline,
dont le poids excéde celui du Zinc qu'on
a fait diffoudre d'environ un douziéme
du poids total de la liqueur. Cette augmentation de poids lui vient d'une portion de l'Acide vitriolique qui eft refté
concentrée dans le Zinc, & que le feu
n'a pu en détacher. Cette portion d'A-
cide y eft même fi adhérente, que M.
Hellot ayant tenu pendant deux heures
entieres la cornue qui la contenoit dans
un feu fi violent, que ce vaiffeau com-
mençoit à fe fondre, il n'en eft pas forti
la moindre vapeur.

Ce *Caput mortuum* falin eft figuré en
aiguilles, à peu près comme le Sel fédatif. Il eft brûlant, s'échauffe confidérablement lorfqu'on verfe de l'eau deffus,
& s'humecte à l'air, mais lentement.
L'Efprit-de-Vin mis en digeftion fur ce
Sel pendant huit ou dix jours, y prend
la même odeur que celui qu'on mêle
avec l'Huile de Vitriol concentrée pour
en retirer l'Æther.

Le Zinc fe diffout par les Acides nitreux & marin, à peu près de même

que par l'Acide vitriolique, excepté que l'Acide marin ne touche point à une matiere noire, rare & fpongieufe qu'il fépare du Zinc. M. Hellot s'eft affuré que cette matiere n'eft point du Mercure, & qu'elle ne peut être réduite en fubftance métallique.

Cette habile Chimifte a diftillé auffi les diffolutions de Zinc dans les Acides nitreux & marin. Il a d'abord, comme dans celle qui eft faite par l'Acide vitriolique, paffé une liqueur aqueufe, qui eft devenue acide. Enfin, en pouffant le feu fortement fur la fin de la diftillation, il a retiré une petite quantité des Acides qui avoient fervi à la diffolution; mais cette petite portion d'Acide étoit d'une force extraordinaire. La quantité d'Acide nitreux qu'on retire, eft beaucoup plus confidérable que celle d'Acide marin.

La diffolution du Zinc par l'Acide marin, diftillée jufqu'à ficcité, & pouffée au grand feu, fournit un Sublimé.

Non-feulement le Zinc fe diffout facilement dans tous les Acides, mais fes fleurs s'y diffolvent auffi, à peu près à la même dofe, & avec des phénoménes prefque tous femblables. M. Hellot ayant remarqué que les réſidus de toutes les diſſolutions de Zinc ont beaucoup de reſſemblance avec les fleurs, croit qu'on pourroit réduire ce demi-métal par le moyen des diſſolvans, dans le même état où le met le feu lorſqu'on le ſublime en fleurs.

CHAPITRE IV.
DE L'ARSENIC.

PREMIER PROCÉDÉ.

Retirer l'Arſenic des matieres qui en contiennent. Safre ou Smalth.

RÉDUISEZ en poudre du Cobolt, de la pyrite blanche, ou d'autres matieres arſenicales. Mettez cette poudre dans une cornue à col large & court, dont un grand tiers demeure vuide. Placez cette cornue dans un fourneau de réverbere : luttez-y un récipient : échauffez votre vaiſſeau par degrés , & augmentez le feu juſqu'à ce que vous voyez une poudre ſe ſublimer dans le col de la cornue. Entretenez le feu à ce degré ;

tant que la sublimation continuera à se faire : augmentez-le lorsqu'elle commencera à diminuer, & le poussez autant que les vaisseaux pourront le permettre. Laissez-le éteindre lorsqu'il ne se sublimera plus rien. Vous trouverez, en déluttant les vaisseaux, un peu d'Arsenic qui sera passé dans le récipient sous la forme d'une farine légere. Le col de la cornue sera rempli de fleurs blanches un peu moins fines, dont quelques unes paroîtront comme de petits cristaux, & s'il n'est sublimé beaucoup d'Arsenic, la partie du col de la retorte qui est contigue à son corps, sera garnie d'une matiere pesante, ayant l'apparence d'un verre blanc demi-transparent.

REMARQUES.

L'Arsenic est une substance métallique encore plus volatile que le Zinc; ainsi on ne le peut séparer d'avec les matieres parmi lesquelles il est mélé, qu'en le sublimant : mais il est bon d'observer qu'il n'est point naturellement sous la forme métallique, & que le sublimé blanc qu'on retire du Cobolt, par le procédé que nous avons donné, n'est, à proprement parler, qu'une chaux métallique qui a besoin d'être traitée avec des matieres grasses, comme nous le dirons dans son lieu, pour avoir la forme & le brillant métalliques.

Cette chaux est d'une nature très-singuliere, & différe de toutes les autres chaux métalliques, en ce qu'elle est volatile, & que toutes les autres sont extrêmement fixes, même celles qu'on retire des demi-métaux, car les fleurs de Zinc, qu'on regarde avec raison comme un Zinc calciné, quoique produites par une espece de sublimation, ne sont point du tout pour cela une substance volatile, mais plûtot une matiere très-fixe, puisqu'elles peuvent soutenir le feu le plus violent, & qu'elles se fondent plutôt que de se sublimer. L'Arsenic au contraire, non-seulement se retire de sa mine par sublimation, mais même une fois sublimé, il continue d'être volatil, & se dissipe en vapeurs toutes les fois qu'on lui fait éprouver un certain dégré de chaleur même modéré.

Cette matiere métallique n'étant point combinée avec le phlogistique, se nomme *Arsenic blanc*, ou simplement *Arsenic*, & prend le nom de *Régule d'Arsenic* quand elle est unie avec le phlogiftique, & qu’elle a le brillant métallique.

Quoique l’Arfenic foit volatil, il faut cependant un feu bien fort, fur-tout dans les vaiffeaux fermés, pour le féparer d’avec les mines qui le contiennent, parcequ’il a une grande adhérence avec les matieres terreufes & vitrifiables. Cette adhérence eft fi forte, qu’il peut foutenir le feu de fufion quand il eft ainfi combiné, & qu’il fe vitrifie avec les chaux métalliques & autres matieres fufibles. Il eft impoffible, par cette raifon, de retirer du Cobolt ou autres matieres arfenicales, tout ce qu’elles contiennent d’Arfenic, lorfqu’on ne les traite que dans des vaiffeaux fermés. Si l’on veut débarraffer ces matieres de tout leur Arfenic, quand on en a retiré ce qu’elles peuvent en fournir par la diftillation, il faut les mettre dans un creufet, qu’on laiffera découvert au milieu d’un grand feu. Il en fortira alors encore beaucoup de vapeurs arfenicales. On doit avoir l’attention de remuer de temps en temps, avec une verge de fer, ce qui eft contenu dans le creufet, pour faciliter l’évaporation du refte de l’Arfenic.

Il arrive fouvent que l’Arfenic retiré
de

de ſes mines par la ſublimation, n'a pas une couleur bien blanche, mais qu'il eſt d'un gris plus ou moins noirâtre : cette couleur lui vient de quelques parties de matiere inflammable dont les minéraux arſenicaux ne ſont pas ordinairement tout-à-fait exempts. Une très - petite quantité de phlogiſtique ſuffit pour priver beaucoup d'Arſenic de ſa blancheur, & lui donner une couleur griſe. Lorſqu'il eſt ſali de cette maniere, il eſt facile de lui donner la blancheur qu'il doit avoir : il ne s'agit que de le ſublimer une ſeconde fois, après l'avoir mêlé avec quelque ſubſtance ſur laquelle il n'ait point d'action, comme le Sel marin, par exemple.

Si les matieres dont on retire l'Arſenic contiennent auſſi du Soufre, ce qui ſe rencontre dans certaines pyrites, cet Arſenic ſe ſublime à un degré de chaleur bien moins conſidérable, que lorſqu'il n'eſt uni qu'avec des matieres terreuſes, parcequ'il ſe combine avec le Soufre avec lequel il a beaucoup d'affinité, & que le Soufre eſt dans cette occaſion un interméde qui ſert à ſéparer l'Arſenic d'avec la terre. On peut, en conſéquence de cela, ſe ſervir du Soufre pour retirer l'Arſenic d'avec les terres dans leſquelles ce demi-métal est fixé. Le Soufre , dans ce cas , change la couleur de l'Arsenic , & lui fait prendre des couleurs jaunes , plus ou moins foncées, qui vont jusqu'au rouge, suivant la quantité qui s'en trouve, & le degré de feu qu'ils ont éprouvés ensemble.

La consistence de l'Arsenic est différente , suivant le degré de chaleur qu'il a éprouvé lorsqu'on l'a sublimé. Si la vapeur arsenicale a rencontré un endroit froid , elle se rassemble sous la forme d'une poudre , de même que les Fleurs de Soufre : c'est ce qui arrive à celui qui tombe dans le récipient lorsqu'on le distille. Mais s'il est arrêté dans un endroit chaud, & qu'il ne puisse s'éloigner de cette chaleur , alors il se condense en un corps pesant & compact, demi-transparent , parcequ'il a éprouvé un commencement de fusion.

On ne peut cependant parvenir à le fondre parfaitement , ensorte qu'il devienne fluide comme les autres matieres fondues. Ce n'est pas qu'il soit pour cela réfractaire ; au contraire, le degré de chaleur auquel il commence à se fondre est fort modéré , & il est lui-même très-propre à faciliter la fusion des matieres

réfractaires ; mais c'est qu'il se réduit nécessairement en vapeurs quand il éprouve le degré de chaleur qui lui est nécef-
saire pour se fondre , & que ces vapeurs
brisent les vaisseaux , si elles ne trouvent
point une issue pour s'échapper.

L'Arsenic devenu jaune par le mêlange du Soufre , qu'on nomme aussi *Orpin*
ou *Orpiment* , acquiert plus facilement
la forme d'un Sublimé solide , à cause
qu'il est allié avec un vingtieme , ou même un dixieme de son poids de Soufre ,
qui le rend plus fusible.

L'Arsenic rouge qui contient encore
une plus grande quantité de Soufre , se
fond aussi plus facilement. Il devient
pour lors d'un rouge transparent comme
un rubis. On lui donne aussi , quand il
est sous cette forme , le nom de *Rubis
arsenical.*

Lorsqu'on a intention d'avoir une
combinaison de Soufre & d'Arsenic , il
vaut mieux mêler & distiller ensemble
des minéraux contenant du Soufre & de
l'Arsenic ; comme sont , par exemple, les
pyrites blanches & les pyrites jaunes ,
que de mêler ensemble le Soufre & l'Arsenic purs , parceque la grande volatilité
de ces deux substances met obstacle à

leur union ; au lieu que lorsqu'elles sont combinées avec d'autres matieres , elles peuvent éprouver un degré de chaleur beaucoup plus confidérable , qui favorife leur union.

On ne fe fert point de la diftillation pour retirer l'Arfenic du Cobolt , dans les travaux en grand : on jette la mine confufément avec le bois & le charbon dans un grand fourneau , auquel eft ajuftée une cheminée qui conduit les vapeurs dans un long canal tortueux , dans lequel font placés des morceaux de bois de diftance en diftance. Les vapeurs arfenicales conduites dans ce canal , s'y arrêtent , & fe dépofent tant à fes parois que fur les morceaux de bois qui le traverfent. Les fuliginofités des matieres combuftibles étant plus légeres , montent plus haut , & s'échappent par une ouverture qui eft au bout de ce canal.

L'Arfenic fublimé par cette méthode n'eft point blanc ; mais il a une couleur grife qui lui vient de la matiere inflammable du bois & du charbon avec lefquels la mine a été torréfiée.

Lorfqu'on a retiré du Cobolt tout l'Arfenic qu'il peut fournir, la matiere terreufe & fixe qui refte mêlée avec dif-

férentes matieres fusibles, se vitrifie, &
le verre qu'elle produit est d'une belle
couleur bleue. Il se nomme *Smalth.*
Voici comment on doit préparer ce
verre.

Prenez quatre parties de beau sable
fusible, autant d'un Sel alkali fixe quelconque, bien dépuré, & une portion
de Cobolt dont on aura sublimé l'Arsenic par la torréfaction; le tout bien pulvérisé. Mêlez exactement ensemble ces
différentes substances; mettez le mêlange dans un bon creuset que vous couvrirez, & que vous placerez dans un fourneau de fusion. Faites un grand feu, que
vous soutiendrez toujours de même pendant quelques heures. Assurez-vous,
après ce temps, si la fusion & la vitrification sont bien faites par le moyen d'u-
ne petite verge de fer que vous intro-
duirez dans le creuset, au bout de laquelle il s'attachera dans ce cas une matiere vitrifiée en forme de filets. Si la
matiere est en cet état, retirez le creuset du feu : refroidissez-le en jettant de
l'eau dessus : cassez-le. Vous trouverez
dedans un verre qui doit être d'un bleu
extrêmement foncé & presque noir, si
l'opération a réussi. Ce verre réduit en

poudre subtile, prend une couleur bleue, beaucoup plus claire & plus éclatante.

Si on trouve après l'opération, que le verre est trop peu coloré, il faut refaire une seconde fusion, dans laquelle on fera entrer deux ou trois fois autant de Cobolt. Si au contraire on trouve le verre trop noir, il faut mettre une moindre quantité de Cobolt.

On peut, au lieu du mélange que nous avons prescrit, se servir d'un verre déja tout fait, qui soit blanc & fusible. Mais comme le verre est toujours plus difficile à fondre, & que le mélange du Cobolt le rend encore plus réfractaire, quoiqu'il soit déja entré du Sel alkali dans sa composition, il est bon d'y mêler encore un tiers dù poids du Cobolt, de cendres gravelées pour faciliter la fusion.

Il n'est pas nécessaire, lorsqu'on veut faire l'essai d'un Cobolt, pour sçavoir quelle quantité de verre bleu il peut fournir, de faire l'opération telle que nous l'avons dit : on peut s'épargner beaucoup de temps & de peine, en fondant une partie de Cobolt avec deux ou trois parties de Borax. Ce Sel, qui est très-fusible, a la propriété, lorsqu'il est fondu, de se transformer en une matiere

qui a pour un temps toutes les propriétés d'un verre. Ce verre de Borax prend
dans cette épreuve , à peu près la même
couleur qu'aura le véritable verre ou
Smalth qu'on fera avec le même Cobolt.

Les mines de Bismuth fourniſſent , de
même que le Cobolt , une matiere qui
colore le verre en bleu ; & même le
Smalth fait avec ces mines eſt plus beau
que celui qui vient de la mine d'Arſenic
pure. Il y a des Cobolts qui fourniſſent
en même temps de l'Arſenic & du Biſmuth. Quand on emploie ces Cobolts , il
eſt ordinaire de trouver au fond du creuſet un petit culot de matiere métallique ,
qu'on nomme *Régule de Cobolt.* Ce Régule de Cobolt eſt une eſpece de Biſmuth , qui eſt ordinairement altéré par le
mélange d'une matiere ferrugineuſe &
arſenicale.

Les Fleurs arſenicales les plus peſan-
tes & les plus fixes qu'on retire du Cobolt , ont auſſi la propriété de donner
une couleur bleue aux verres dans la
compoſition deſquels on les fait entrer.
Mais cette couleur eſt foible : elle eſt
dûe à une partie de la matiere colorante
que l'Arſenic a enlevée avec lui. On peut
faire entrer ces Fleurs dans la compoſi-

tion avec laquelle on fait le verre bleu ; non-feulement à caufe du principe colorant qu'elles fourniffent, mais encore parcequ'elles facilitent beaucoup la fufion, l'Arfenic étant un fondant des plus efficaces qu'on connoiffe.

Au refte, tous ces verres bleus ou Smalths contiennent une certaine quantité d'Arfenic ; car il y a toujours une portion de ce demi-métal qui demeure unie avec la matiere fixe du Cobolt, quoiqu'on l'ait torréfiée long-temps, & à très-grand feu. Cette portion d'Arfenic qui s'eft fixée ainfi, fe vitrifie avec la matiere colorante, & entre dans la compofition du Smalth.

Le verre bleu fait avec la partie fixe du Cobolt, a différens noms, fuivant l'état où il eft. Lorfqu'il n'a éprouvé qu'un commencement de fufion, on le nomme *Safre.* Il prend le nom de *Smalth,* quand il eft vitrifié parfaitement : & lorfqu'il eft réduit en poudre, il fe nomme *Azure à poudrer,* & *Azur fin* ou *d'émail,* s'il eft d'une grande fineffe. On s'en fert pour colorer les émaux, la fayence & la porcelaine en bleu.

II. PROCÉDÉ.

Séparer l'Arsenic d'avec le Soufre.

REDUISEZ en poudre l'Arsenic jaune ou rouge que vous voudrez séparer d'avec le Soufre. Humectez cette poudre avec un Alkali fixe réduit en liqueur. Faites sécher doucement ce mélange : mettez-le dans une cucurbite de verre fort haute, à laquelle vous ajusterez un chapiteau. Placez cette cucurbite sur un bain de sable : échauffez doucement les vaisseaux, & augmentez le feu par degrés, jusqu'à ce que vous voyiez qu'il ne se sublime plus d'Arsenic. L'Arsenic, de jaune ou rouge qu'il étoit, se sublime partie en fleurs blanches au haut du chapiteau, & partie en matiere compacte, qui paroît comme vitrifiée, blanche & demi-transparente. Il reste au fond de la cucurbite une combinaison d'Alkali fixe & de Soufre.

REMARQUES.

L'Alkali fixe a plus d'affinité avec le Soufre qu'aucune substance métallique : ainsi il n'est pas étonnant qu'il soit un

X v

interméde convenable pour féparer le
Soufre d'avec l'Arfenic. Il y a cependant
un inconvénient à s'en fervir ; c'eft qu'il
a auffi avec l'Arfenic beaucoup d'affinité : d'où il arrive qu'il en retient toujours
une partie, laquelle demeure fixée avec
lui. On doit, à caufe de cela, faire enforte de ne mêler avec l'Arfenic fulphu-
ré que la quantité d'Alkali qui eft néceffaire pour abforber le Soufre qu'il
contient. Il n'y a que l'expérience & les
différentes tentatives qui puiffent ap-
prendre au jufte la quantité d'Alkali qu'il
faut employer, parceque la quantité de
Soufre que contient l'Arfenic jaune &
rouge eft indéterminée.

Les vaiffeaux doivent être élévés, afin
que le haut du chapiteau où fe condenfent les parties arfenicales, foit moins
échauffé. Il faut, fur la fin de l'opération,
pouffer le feu vivement, jufqu'à faire rougir le fable, parceque les dernieres portions d'Arfenic qui montent, font fortement retenues par l'Alkali fixe.

On peut rectifier & blanchir par le même moyen l'Arfenic qui a une couleur
grife ou noirâtre, parceque l'Alkali fixe
abforbe auffi très-avidement le phlogiftique. Le Mercure eft, de même que l'Al-

kali fixe, un très-bon intermede pour séparer l'Arſenic d'avec le Soufre. Si on
veut l'employer pour cela, il faut réduire
l'Arſenic ſulphuré en poudre très-ſubtile,
en le triturant long-tems dans un mortier
de verre ; quand il eſt bien pulvériſé,
faire tomber deſſus quelques gouttes de
Mercure qu'on exprime à travers une
peau de chamois, & continuer la trituration. La couleur jaune ou rouge de l'Arſenic changera inſenſiblement, & s'ob-
ſcurcira à meſure que le Mercure s'y mê-
lera. Quand le Mercure eſt entierement
éteint, ajoutez de la même maniere un
peu plus de Mercure que la premiere
fois : continuez à triturer pour l'éteindre,
& ajoutez-en ainſi juſqu'à ce que le Mercure reſte coulant. Il ne paroîtra plus
alors dans le mélange aucune couleur ni
jaune ni rouge. Il ſera devenu gris s'il
contient peu de Soufre, & noir s'il en
contient beaucoup.

Mettez ce mélange dans une cucurbite
de verre fort élevée : ajuſtez-y un chapiteau : placez-la ſur un bain de ſable, &
enterrez-la dans le ſable juſqu'à la hauteur du mélange qui y eſt contenu.
Echauffez les vaiſſeaux, & entretenez
pendant l'opération un degré de feu un

peu moins fort que celui qui eſt néceſſaire pour faire ſublimer le Cinnabre. Il
s'attachera à la partie ſupérieure du chapiteau des fleurs blanches arſenicales,
parmi leſquelles il y aura quelques beaux
criſtaux d'Arſenic, & au-deſſous il ſe ſublimera du Cinnabre, qui ne ſera pas
tout-à-fait exempt d'Arſenic. Si vous
voulez avoir votre Cinnabre & votre
Arſenic plus purs, & moins mêlés l'un
avec l'autre, ſéparez le ſublimé ſupérieur
qui eſt arſenical d'avec l'inférieur qui eſt
du Cinnabre. Pulvériſez groſſiérement
l'un & l'autre, & ſublimez-les ſéparément chacun dans un alembic différent.

Le Mercure ſépare le Soufre d'avec
l'Arſenic dans cette occaſion, parcequ'il
a plus d'affinité que lui avec ce minéral.
Il n'eſt pas la ſeule ſubſtance métallique
qui ſoit dans ce cas, comme nous l'avons
vu, puiſqu'il y en a beaucoup d'autres
qui ont plus d'affinité que le Mercure
avec le Soufre, & qui peuvent ſervir
d'interméde pour décompoſer le Cinnabre : cependant ces ſubſtances métalliques ne pourroient point être ſubſtituées
au Mercure dans l'opération préſente,
parcequ'il n'y en a aucune qui n'ait en
même temps avec l'Arſenic une très-

grande affinité, & même auſſi forte qu'a-
vec le Soufre ; au lieu que le Mercure
ne peut en aucune maniere s'unir avec
l'Arſenic.

Cette maniere de ſéparer l'Arſenic d'a-
vec le Soufre, a deux avantages ſur le
procédé par l'Alkali fixe. Le premier,
c'eſt qu'on retire par ce moyen tout l'Arſenic qui étoit contenu dans le mêlange ;
& le ſecond, c'eſt que comme le Mercure
n'abſorbe point d'Arſenic, il n'y a point
de tâtonnement à faire pour ſçavoir la
quantité qu'il en faut mettre : & que
quand même il y en auroit plus qu'il n'en
faudroit pour abſorber tout le Soufre,
cela ne feroit aucun tort à l'opération.
Mais auſſi elle a l'inconvénient d'être
beaucoup plus longue & plus laborieuſe
que l'autre, parce qu'il faut premierement unir le Mercure par une trituration
préliminaire qui eſt très-longue, attendu
qu'elle doit d'abord procurer une premiere union du Soufre avec le Mercure,
& former un Æthiops, ſans quoi le Mercure & l'Arſenic ſulphuré ſe ſublime-
roient ſéparément, & il ne ſe feroit point
de décompoſition. Secondement, quoique le Mercure ſoit ſuffiſamment uni
avec le Soufre de l'Arſenic par la lon-

gue trituration qui précede la sublimation, cela n'empêche pas, comme nous
l'avons vû, que l'Arſenic & le Cinnabre qui ſe ſubliment, ne ſoient en quelque ſorte confondus enſemble, puiſqu'ils
ont beſoin d'une ſeconde ſublimation
particuliere pour être bien purs.

Ces inconvéniens ſont cauſe qu'on emploie plutôt l'Alkali fixe que le Mercure,
parcequ'on s'embarraſſe peu de la perte
que l'on fait de la quantité d'Arſenic qui
reſte unie avec l'Alkali, cette ſubſtance
métallique n'étant ni chere ni rare.

Lorſque l'Arſenic eſt uni à une grande quantité de Soufre, on peut l'en débarraſſer d'une partie ſans aucun interméde : il ſuffit pour cela de le ſublimer
à un feu très-doux & augmenté par degrés inſenſibles. La partie la plus ſulphureuſe monte d'abord ; ce qui vient enſuite eſt plus arſenical & moins ſulphureux. Enfin les dernieres fleurs ſont de
l'Arſenic pur, ou du moins preſque pur,

III. PROCÉDÉ.

Donner à l'Arfenic la forme métallique,
Régule d'Arfenic.

PRENEZ deux parties d'Arfenic blanc réduit en poudre fubtile, une partie de flux noir, une demi-partie de Borax, & autant de limaille de fer non rouillée. Broyez le tout enfemble pour le bien mêler. Mettez ce mêlange dans un bon creufet, & ajoutez par-deffus l'épaiffeur de trois doigts de Sel commun. Couvrez le creufet, & placez-le dans un fourneau de fufion : faites d'abord un feu doux, pour échauffer le creufet également.

Quand il commencera à fortir du creufet des vapeurs arfenicales, augmentez promptement le feu affez pour faire fondre le mêlange. Affurez-vous fi la matiere eft bien fondue, en introduifant dans le creufet une petite verge de fer ; & fi la fufion eft parfaite, retirez le creufet du fourneau. Laiffez-le refroidir. Vous y trouverez, après l'avoir caffé, un Régule d'une couleur métallique, blanche & livide, très-caffant, peu dur, & même friable.

REMARQUES.

L'Arfenic blanc eft, comme nous avons dit, une chaux métallique. Il n'a befoin par conféquent que d'être combiné avec le phlogiftique, pour avoir les propriétés métalliques : c'eft ce qu'on fait dans l'opération dont il eft à préfent queftion.

Le Fer qu'on ajoute ne fert point, comme lorfqu'on fait le Régule d'Antimoine, à précipiter le Régule d'Arfenic, en le féparant de quelque autre fubftance à laquelle il étoit joint : il ne fait dans cette occafion que fe joindre au Régule d'Arfenic, auquel il donne de la folidité & de la confiftence. C'eft pour cette raifon qu'on en fait entrer dans le mélange ; car fans lui le Régule d'Arfenic auroit fi peu de confiftence, qu'à peine pourroit-on le manier fans le réduire en petits morceaux. Le Fer procure encore un autre avantage dans ce procédé : c'eft d'empêcher qu'il ne fe perde une fi grande quantité d'Arfenic en vapeurs. Il retient & fixe en quelque maniere l'Arfenic, avec lequel il s'eft combiné.

Le Cuivre peut être fubftitué au Fer, & procure les mêmes avantages que lui.

Il eft effentiel de retirer le creufet du

fourneau auſſitôt que la matiere eſt fondue , & même de le faire refroidir le plus
promptement qu'il eſt poſſible, pour empêcher que l'Arſenic ne ſe diſſipe en vapeurs : car quand une fois le Régule eſt
formé , s'il reſte plus long-tems dans le
feu , la proportion d'Arſenic diminue
toujours par rapport à celle du métal
qu'on y a mêlé ; enſorte qu'au bout d'un
certain temps , ce ne ſeroit plus un Régule d'Arſenic qui reſteroit dans le creuſet, mais ſimplement du Fer ou du Cuivre un peu allié d'Arſenic. Le Cuivre ,
dans cette occaſion , devient blanc , &
prend une couleur d'Argent , mais que
l'air ternit en peu de temps.

Il eſt facile de voir , par ce que nous
avons dit , que le Régule d'Arſenic fait
par ce procédé , quelque précaution
qu'on prenne , n'eſt pas pur , & contient
toujours une aſſez grande quantité de Fer
ou de Cuivre ; mais il eſt difficile d'éviter cet inconvénient , par les raiſons que
nous avons déja dites ; & ſi l'on veut fondre l'Arſenic ſeul avec les flux réductifs,
la plus grande partie ſe diſſipe en vapeurs
bien avant que le flux ait commencé à ſe
fondre, & ce qui s'en trouve de métalliſé
n'eſt point réuni en une maſſe au fond du

creufet, comme cela arrive dans les autres réductions métalliques ; mais difper-
fé en petites particules, & mêlé avec les
fcories. Il y a pourtant des moyens d'a-
voir un Régule d'Arfenic abfolument
pur, & qui ne foit allié d'aucune fubftance métallique.

Premierement : fi on met dans une
petite cucurbite baffe & couverte d'un
chapiteau aveugle, le Régule d'Arfenic
fait avec le Fer ou le Cuivre ; qu'on place cette cucurbite fur un bain de fable ;
qu'on l'échauffe jufqu'au point que le fable commence à rougir, on verra une
partie du Régule fe fublimer au chapiteau, fans avoir perdu fon brillant métallique. Cette portion de Régule qui fe
fublime ainfi, eft purement arfenicale,
ou du moins ne contient qu'une très-petite portion du métal étranger qu'elle a
peut-être enlevé avec elle. Ce qui refte
au fond de la cucurbite eft le métal
qu'on avoit ajouté, qui contient encore
un peu d'Arfenic, lequel y refte fixé
opiniâtrement, & que la violence du feu
n'en peut détacher dans les vaiffeaux fermés.

Secondement : fi on mêle de l'Arfenic
à parties égales avec du flux noir : qu'on

mette le mélange dans une cucurbite dif-
posée comme celle dont nous venons de
parler, & qu'on lui fasse éprouver un degré de chaleur le plus fort que puisse procurer le bain de sable, il se sublime d'a-
bord au chapiteau des fleurs d'Arsenic
qui sont d'un gris noirâtre, & ensuite un
Régule d'Arsenic d'une couleur métallique blanche assez brillante, mais qui se
ternit bien promptement à l'air. Ce Régule n'a aucune solidité ; il est extrêmement friable, mais il est pur.

Troisiemement : j'ai fait aussi du Régule d'Arsenic pur par un autre moyen, qui
en donne une bien plus grande quantité,
& à une chaleur beaucoup moindre. Il
faut pour cela mêler l'Arsenic en poudre
avec une huile grasse quelconque, enforte que ce mêlange soit comme une pâte liquide ; mettre cette pâte dans une
petite fiole de verre mince, comme celles qu'on nomme communément *Fioles
à médecine* ; placer cette fiole dans un
bain de sable ; échauffer peu à peu jusqu'à ce que le fond du vaisseau qui contient le sable commence à rougir. Il sort
d'abord de la bouteille une partie de
l'huile qui s'exhale en vapeurs, qu'il faut
laisser sortir. Ensuite la partie supérieure

de cette fiole se tapisse intérieurement
d'un enduit brillant & métallique , qui
lui donne l'apparence d'un verre qui a
été mis au teint. Cet enduit est le Régule
d'Arsenic. Il faut , quand il commence
à se sublimer, boucher légerement la bouteille avec un peu de papier , & augmenter un peu le feu jusqu'à ce qu'on voie
qu'il ne se sublime plus rien.

Si on casse la bouteille après cela , on
trouvera sa partie supérieure incrustée
d'un enduit de Régule plus ou moins
épais , à proportion de la quantité d'Arsenic qu'on y aura mis. Ce Régule est en
masse , & a une belle couleur brillante ,
qui m'a paru se soutenir mieux à l'air
que celle du Régule fait par toute autre
méthode , apparemment à cause de la
grande quantité de matiere grasse avec
laquelle il est uni , & dont il est enduit.

Ce Régule d'Arsenic est absolument
pur , & on en retire par cette méthode
une bien plus grande quantité qu'en le
traitant avec le flux noir , parceque la
combinaison de l'Arsenic avec la matiere inflammable se fait beaucoup plus
promptement & plus facilement : d'où il
arrive qu'une partie de l'Arsenic ne se
sublime point d'abord en fleurs grises ,

comme dans l'opération avec le flux noir. D'ailleurs, tout l'Arſenic ſe ſublime en Régule en ſuivant notre procédé: au lieu que quand on ſe ſert du flux noir, il y a toujours une partie aſſez conſidérable de l'Arſenic qui s'unit avec la partie alkaline de ce flux , & qui y demeure fixée. Il ne reſte au fond de la bouteille , dans notre opération , qu'un charbon huileux, léger, mais très-fixe.

Le Régule d'Arſenic, de quelque maniere qu'il ſoit fait , peut être réduit facilement en Arſenic blanc & criſtalin , en le traitant avec un Alkali fixe , ou le Mercure , comme quand on veut le ſéparer d'avec le Soufre.

IV. PROCÉDÉ.

Diſtillation de l'Acide nitreux par l'interméde de l'Arſenic. Eau-forte bleue. Nouveau Sel neutre arſenical.

REDUISEZ en poudre fine la quantité qu'il vous plaira de ſalpêtre purifié. Mêlez-le exactement avec un poids égal d'Arſenic blanc criſtalin bien pulvériſé , ou de fleurs d'Arſenic très-blanches & très-fines. Mettez ce mélange dans une cornue de verre dont la moitié demeure vuide. Placez la cornue dans un fourneau de réverbere : ajustez-y un récipient percé d'un petit trou, dans lequel vous aurez mis un peu d'eau de pluie filtrée. Luttez ce récipient à la cornue avec du lut gras. Mettez d'abord deux ou trois petits charbons allumés dans le cendrier du fourneau, auxquels vous en substituerez d'autres lorsqu'ils seront prêts à s'éteindre. Continuez à échauffer vos vaisseaux par degrés insensibles, & ne mettez des charbons dans le foyer que lorsque la cornue commencera à être bien chaude. Vous verrez bientôt le récipient se remplir de vapeurs d'un rouge foncé tirant sur le roux. Bouchez avec un petit morceau de lut le petit trou du récipient. Ces vapeurs se condenseront dans l'eau de ce vaisseau, & lui donneront une très-belle couleur bleue, qui deviendra d'autant plus foncée, que la distillation s'avancera. Si votre salpêtre n'est pas bien sec, il sortira aussi du col de la cornue des gouttes d'Acide qui tomberont dans l'eau du récipient, & s'y mêleront. Continuez votre distillation, en augmentant peu à peu le feu à mesure qu'elle s'avancera ; mais avec une lenteur extrême, jusqu'à ce que vouz voyiez que la cornue étant bien rouge il ne forte plus rien. Laiffez alors refroidir les vaiffeaux.

Lorfque les vaiffeaux feront froids, déluttez le récipient, & verfez promptement l'Eau-forte bleue qu'il contiendra dans un flacon de criftal, que vous boucherez hermétiquement, parceque cette couleur difparoît en affez peu de temps lorfque la liqueur prend l'air. Vous trouverez dans la cornue une maffe blanche faline qui aura pris la figure du fond de la cornue, & des fleurs d'Arfenic qui fe feront fublimées à fa voûte & à fon col.

Pulvérifez la maffe faline, & la diffolvez dans l'eau chaude. Filtrez la diffolution, pour en féparer quelques parties arfenicales qui refteront fur le filtre. Laiffez la liqueur filtrée s'évaporer d'elle-même à l'air libre. Il s'y formera, quand elle fera fuffifamment évaporée, des criftaux repréfentant des prifmes quadrangulaires, terminés à chaque bout par des pyramides auffi quadrangulaires. Ces criftaux feront amoncelés irrégulierement dans le fond du vaiffeau : il fe trouvera deffus quelques autres criftaux en aiguilles, une végétation faline qui grimpera le long des bords du vaiffeau, & la fur-

face de la liqueur sera ternie par une petite pellicule qui sera comme poudreuse.

REMARQUES.

Outre les propriétés qui lui sont communes avec les substances métalliques,
l'Arsenic en a d'autres, ainsi que nous
l'avons remarqué dans nos Elémens de
Théorie, qui lui sont communes avec les
substances salines : une des plus remarquables d'entre ces dernieres, est celle de
décomposer le Nitre ; de chasser l'Acide
de la base alkaline de ce Sel, pour se substituer à sa place, & de former avec cet
Alkali un Sel neutre très-dissoluble dans
l'eau, qui se cristalise en forme réguliere.

L'examen de ce qui se passe dans cette
décomposition du Nitre par l'Arsenic,
& du nouveau Sel qui en résulte, a été
l'objet du premier Mémoire que j'ai donné à l'Académie des Sciences sur cette
matiere, & c'est de ce Mémoire que-j'ai
tiré le présent procédé. Quoique toute la
dose d'Arsenic prescrite dans ce procédé, n'entre point dans la composition du
nouveau Sel neutre, puisqu'il s'en sublime une partie en fleurs, on ne doit pas
pour cela la juger trop forte ; car nous
voyons d'un autre côté, qu'il y a une
partie

partie du Nitre qui n'eſt point décompo-
ſée. Le Sel en aiguilles n'eſt autre choſe
que du Nitre qui n'a point ſouffert de
décompoſition , & qui fuſe ſur les charbons ardens comme à l'ordinaire.

La précaution de mettre de l'eau dans
le récipient eſt abſolument néceſſaire
pour condenſer les vapeurs nitreuſes qui
ſortent pendant cette diſtillation , leſquelles ſont ſi élaſtiques , ſi volatiles , ſi
peu aqueuſes , que ſans cela il ne s'en
condenſeroit qu'une très-petite partie en
liqueur , & que le reſte demeureroit en
vapeurs , auxquelles il faudroit donner
une iſſue par le petit trou du récipient ,
ſans quoi elles briſeroient les vaiſſeaux
avec impétuoſité : par conſéquent on ne
retireroit preſque point d'Acide , ſur-
tout ſi le Nitre dont on ſe ſert étoit bien
ſec , comme il doit être pour pouvoir
être réduit en poudre fine.

La couleur bleue que l'Acide nitreux
communique à l'eau , eſt très-remarquable. La cauſe qui produit cette couleur
n'eſt point encore connue.

Quoique l'Acide ſoit dans cette occaſion noyé dans beaucoup d'eau , il ſort
cependant de la cornue ſi concentré ,
qu'il forme encore avec cette eau une

Eau-forte très-active, & même fumante, fi on n'a mis que peu d'eau dans le
récipient.

Il eft néceſſaire, dans cette opération ;
plus encore que dans aucune autre, d'é-
chauffer les vaiſſeaux par degrés, & de
procéder avec une extrême lenteur, fans
quoi on court rifque de voir fauter les
vaiſſeaux avec violence, & danger de la
part de l'Artifte, parceque l'Arfenic
agit fur le Nitre avec une vivacité in-
croyable, & que fi un mélange de Nitre
& d'Arfenic eft échauffé jufqu'à un certain point, le Nitre fe décompofe prefque
auſſi rapidement, & avec autant de fracas, que lorfqu'on le fait fulminer avec
une matiere inflammable ; enforte qu'on
feroit porté à croire, en s'en tenant aux
apparences, que le Nitre s'enflamme véritablement dans cette occafion, quoiqu'il ne faſſe que fe décompofer, comme quand on le traite avec l'Acide vitriolique.

La diffolution qu'on fait du *caput mortuum* de cette diftillation, contient en
même temps plufieurs fortes de Sels,
fçavoir, 1°. le Sel neutre arfenical formé de l'Arfenic uni à la bafe du nitre ;
c'eft celui qui forme les criftaux prif-

matiques dont nous avons parlé : 2°. du Nitre qui n'a pas été décomposé : ce font les aiguilles & une portion des végétations : 3°. une petite portion d'Arfenic qui, comme on fçait, eft diffoluble dans l'eau : c'eft lui qui forme la petite pellicule terne qui couvre la furface de la liqueur lorfqu'elle commence à s'évaporer.

On peut confulter fur les propriétés du nouveau Sel neutre arfenical, ce que nous en avons dit dans nos Elémens de Théorie, & dans les Mémoires de l'Académie des Sciences.

V. PROCÉDÉ.

Alkalifer le Nitre par l'Arfenic.

FAITES fondre dans un creufet le Nitre que vous voudrez alkalifer. Lorfqu'il fera fondu, & médiocrement rouge, projettez deffus deux ou trois pincées d'Arfenic réduit en poudre. Il fe fera auffitôt une effervefcence & un bouillonnement confidérables dans le creufet, accompagnés d'un bruit femblable à celui que fait le Nitre qui détonne avec une matiere inflammable. Il s'élevera en

même temps une fumée épaisse , qui d'a-
bord aura l'odeur d'Ail , particuliere à
l'Arsenic ; ensuite elle aura aussi celle de
l'Esprit de Nitre. Quand l'effervescence
sera appaisée dans le creuset, jettez sur le
Nitre encore autant d'Arsenic en poudre
que la premiere fois : vous verrez reparoître les mêmes phénomènes. Continuez ainsi à projetter de l'Arsenic par
petites parties , jusqu'à ce qu'il ne se fasse
plus aucune effervescence , observant de
remuer la matiere avec une verge de fer
à chaque projection , pour mieux mêler
le tout. Augmentez alors le feu , & faites fondre ce qui restera. Tenez-le ainsi
en fusion pendant un quart-d'heure, puis
retirez le creuset du fourneau.Il contiendra un Nitre alkalisé par l'Arsenic.

REMARQUES.

Cette opération est une décomposition
du Nitre par l'Arsenic , de même que la
précédente. Le résultat en est cependant
bien différent; car au lieu d'un Sel capable de se cristaliser , & qui ne donne aucune marque ni d'Acide, ni d'Alkali, on
n'obtient dans cette occasion qu'un Sel
qui se résout en liqueur par l'humidité
de l'air , qui ne se cristalise point , &

qui a toutes les propriétés d'un Alkali.

Ces différences ne viennent que de la maniere dont se fait la décomposition du Nitre, & l'union de l'Arsenic avec la base de ce Sel. Lorsqu'on distille l'Acide nitreux par l'interméde de l'Arsenic, dans l'intention d'obtenir le Sel arsenical, on doit faire l'opération dans des vaisseaux fermés ; ne faire éprouver au mélange que le degré de chaleur nécessaire pour mettre l'Arsenic en état d'agir, & n'administrer cette chaleur que peu à peu, & par degrés insensibles. Au lieu que quand il s'agit d'alkaliser le Nitre par le moyen de l'Arsenic, l'opération se fait dans un creuset, à un degré de chaleur fort, à feu ouvert, & appliqué subitement. La violence de la chaleur, la promptitude avec laquelle elle est appliquée, la vivacité avec laquelle se fait l'union de l'Arsenic avec la base du Nitre ; mais plus que tout cela encore, le libre accès de l'air, font cause que la plus grande partie de l'Arsenic qui se combine d'abord avec la base du Nitre, après avoir dégagé son Acide, est aussitôt enlevée & se dissipe en vapeurs ; par conséquent la base du Nitre n'étant point suffisamment saoulée, manifeste ses propriétés alkalines.

Y iij

Je dis que le concours de l'air contribue encore plus que tout le reste à séparer l'Arsenic d'avec la base alkaline du Nitre, parceque l'expérience m'a appris que le Sel neutre arsenical ne s'alkalise point par l'action de la plus violente chaleur, tant qu'il est dans les vaisseaux fermés, & que l'air extérieur n'a pas de communication avec lui ; mais qu'il se dissipe une partie de l'Arsenic que le Sel contient, si on le pousse à feu ouvert.

Le tumulte & l'effervescence qui arrivent lorsqu'on projette l'Arsenic sur le Nitre en fusion dans le creuset, sont si considérables, & ressemblent si bien à la détonation du Nitre avec une matiere inflammable, qu'on seroit tenté de croire, si on s'en tenoit aux apparences, que l'Arsenic fournit une matiere combustible, & que l'alkalisation du Nitre se fait dans cette occasion de la même maniere que lorsqu'on le fixe par les charbons ; mais en examinant avec attention ce qui se passe, on reconnoît aisément qu'il n'y a point du tout d'inflammation, & que le Nitre s'alkalise par la raison que nous en avons donnée.

Les premieres vapeurs qui s'élevent lorsqu'on projette l'Arsenic sur le Nitre,

font purement arfenicales ; & fi on leur
préfente quelque corps froid , elles s'y
attachent en forme de fleurs. Ces vapeurs font une partie de l'Arfenic même , qui eft enlevée par la chaleur avant
d'avoir pu agir fur le Nitre ; mais elles
font bientôt mêlées de vapeurs nitreufes , produites par l'Acide du Nitre , que
l'Arfenic dégage de fa bafe à mefure qu'il
agit fur ce Sel.

Plus on approche de la fin de l'opération, plus la matiere qui eft dans le creufet perd de fa fluidité , quoiqu'on entre-
tienne toujours dans le fourneau un feu
égal. A la fin elle n'eft plus que comme
une pâte , & il faut beaucoup augmenter le feu pour la remettre en fufion. La
raifon de cela eft, que le Nitre alkalifé
eft beaucoup moins fufible que lorfqu'il
ne l'eft pas. La même chofe arrive lorfqu'on alkalife ce Sel par la déflagration.

Quoique quand le Nitre alkalifé ne
fait plus d'effervefcence avec l'Arfenic,
& qu'on le tient en fufion, ce Sel ne laiffe
plus échapper de vapeurs arfenicales , il
ne s'enfuit pas qu'il foit un Alkali pur,&
qu'il ne contienne plus d'Arfenic : il en
contient encore une grande quantité ,
mais qui lui eft fi fortement unie , que

la violence du feu ne peut l'en féparer : c'eft ce qui a fait donner par quelques Auteurs à ce Sel le nom d'*Arfenic fixé*.

On reconnoît aifément la préfence de l'Arfenic dans ce compofé falin, en le traitant par la fufion avec les fubftances métalliques, fur lefquelles il produit les mêmes effets que l'Arfenic.

Il préfente auffi prefque les mêmes phénomènes, avec les diffolutions métalliques par les Acides, que le Sel neutre arfenical. Il précipite en particulier l'Argent diffous dans l'Acide nitreux en couleur rouge, de même que ce Sel : & les différences qui fe trouvent entre les précipitations faites par le nouveau Sel neutre arfenical, & le Nitre alkalifé par l'Arfenic, ne doivent être attribuées qu'à la qualité alkaline de ce dernier. Voyez les Mémoires de l'Académie, année 1746.

Fin du premier Volume.

TABLE
DES MATIERES
Contenues dans ce Volume.

A

B

Fin de la Table des Matieres.

Errata du Tome premier.

PAGE 14. ligne 4. il , *lisez* , elle. Page 14. ligne 22. aitéré, *lisez* , altéré. Page 20. ligne 11. le débarrasse , *lisez* , se débarrasse. Page 108. ligne 26. qui en a fait cette expérience, *lisez* , qui a fait cette expérience. Page 121. ligne 20. distillation, *lisez* , dissolution. Page 158. ligne 3. en la, *lisez* , en le. Page 162. ligne 16. puis en augmenter , *lisez* , puis augmenter. Page 166. ligne 1. les observations , *lisez*, des observations. Page 244. ligne 17. sous la grille du foyer , *lisez* , au fond du fourneau. Page 278. ligne 6. pour , *lisez* , par. Page 279. ligne 3. altérable , *lisez* , attirable. Page 317. ligne 12. environ une demi once d'une poudre grise , *lisez* , une poudre grise. Page 329. ligne 11. M. de Jussieu le jeune, *lisez* , M. de Jussieu. Page 351. derniere ligne. 1752. *lisez* , 1754. Pag. 291. & 292. ligne 4. Libarius, *lisez* , Libavius Page 370. ligne 3. procure, *lisez* , procurent. Page 374. ligne 27. uraindre , *lisez* craindre. Page 412. ligne 8. dissous , *lisez* , dissoutes. Page 421. ligne 7. la , *lisez* , le. Page 478. ligne 13. s'il n'est sublimé , *lisez* , s'il s'est sublimé.

Errata du Tome second.

PAGE 16. ligne 4. mard, *lifez*, marc. Page 38.
ligne 19. adouciffent, *lifez*, s'adouciffent. Page 78.
ligne 16. avec *lifez*, d'avec. Page 92. ligne 7. diffolubles,
lifez, indiffolubles. Page 106. ligne 21. pourroit,
lifez, pouvoit. Page 134. ligne 2. d'une efpece, *lifez*,
une efpece. Pag. 227. ligne 26. double & fucrée, *lifez*, douce & fucrée. Page 291. ligne premiere, compofé, *lifez*, compofée. Page 315. ligne 29. ne le font
point dans l'efprit-de-vin, *lifez*, ne le font point pour
la plûpart dans l'efprit-de-vin. Page 339. ligne 9. de
le diffoudre, *lifez*, de la diffoudre. Page 470. ligne
17. & ceux, *lifez*, & de ceux. Page 536. ligne 12. fel
ammonial, *lifez*, fel ammoniac. Page 537. ligne 21. fel
amniac, *lifez*, fel ammoniac.

Avis au Relieur.

Nota. Le Relieur aura attention de bien
placer les Cartons, & de mettre celui
marqué XXV. 1°. avant la Feuille b.